Die beschreibende Geometrie, die geometrische Zeichenkunst und die Perspective.

Von

F. Wolff.

Dritte verbesserte Auflage.

Mit 30 Kupfertafeln.

Berlin,
Druck und Verlag von G. Reimer.
1861.

Inhalt.

Erster Abschnitt.

Zweiter Abschnitt.

Die beschreibende Geometrie.

Dritter Abschnitt.
Die geometrische Zeichenkunst.

Vierter Abschnitt.
Die Perspective.

Erster Abschnitt.

Die Projectionslehre.

§. 1.

Wir nehmen zwei unendliche, auf einander normal stehende Ebenen an, um gegen sie die Lage von Punkten und Raumgrößen zu bestimmen. Diese Ebenen nennen wir **Projectionsebenen**, ihre Durchschnittslinie die **Achse**. Die eine der Projectionsebenen bezeichnen wir durch P', die andere durch P'', die Achse durch P. Zuweilen ist noch eine dritte Projectionsebene nöthig; sie wird normal auf jeder von den beiden ersten gedacht, und wir bezeichnen sie durch P'''. In der Folge sind beständig **zwei** Projectionsebenen vorausgesetzt; der dritten werden wir besonders erwähnen, wenn sie erforderlich ist.

§. 2.

Wird durch einen Punkt eine Linie gedacht, welche normal steht auf einer Projectionsebene, so heißt der Punkt, in welchem die Projectionsebene und die Linie sich schneiden, die **Projection** jenes Punktes in dieser Projectionsebene.

Punkte bezeichnen wir hier durch Buchstaben des kleinen lateinischen Alphabets. Und ist ein Punkt durch a bezeichnet, so bezeichnen wir seine Projection in P' durch a', seine Projection in P'' durch a'', seine Projection in P''' durch a'''.

Fig. 1.

§. 3.

Die Ebene, welche durch einen Punkt a und durch seine Projectionen a' und a'' geht, ist normal auf jeder von den Projectionsebenen P' und P''.

Sie ist normal auf P', weil sie durch die Linie aa' geht, welche normal steht auf P'; und sie ist normal auf P'', weil sie durch die Linie aa'' geht, welche normal auf P'' ist.

§. 4.

Die Achse ist normal auf der Ebene, welche durch einen Punkt a geht und durch seine Projectionen a′ und a″.

Denn auf dieser Ebene ist jede der Projectionsebenen normal, mithin auch ihre Durchschnittslinie.

§. 5.

Wird von jedem der Punkte a′ und a″ eine Normale auf die Achse gefällt, so treffen diese Normalen denselben Punkt a^0 der Achse.

Die Achse steht normal auf der Ebene a a′ a″, also auch auf den Linien $a'a^0$ und $a''a^0$, in welchen jene Ebene von den Projectionsebenen geschnitten wird. Alle Linien, welche von a′ ausgehen, und normal auf der Achse sind, fallen in einander, also in $a'a^0$; ebenso fallen alle Linien, welche von a″ ausgehen und normal stehen auf der Achse, in $a''a^0$. Darin liegt der Satz.

§. 6.

Die Linie $a'a^0$ steht normal auf der Projectionsebene P″, und die Linie $a''a^0$ normal auf der Projectionsebene P′.

Die Projectionsebenen stehen normal auf einander; daher ist jede Linie, welche in der einen Projectionsebene liegt, und normal steht auf der Achse, normal auf der anderen Projectionsebene.

§. 7.

Das Viereck $aa'a^0a''$ ist ein Rechteck.

Die Linien a a′ und $a''a^0$ stehen normal auf der Projectionsebene P′, die Linien a a″ und $a'a^0$ normal auf P″; daraus folgt, daß die gegenüberstehenden Seiten des Vierecks parallel sind, und seine Winkel rechte.

§. 8.

Den Punkt der Achse, in welchem sie von den Normalen getroffen wird, die von den Projectionen a′ und a″ auf sie gedacht werden können, bezeichnen wir durch a^0.

Die Linien a a′ und a a″ nennen wir die projicirenden Linien, die Linien a^0a' und a^0a'' die Ordinaten, den Punkt a^0 den Anfangspunkt der Ordinaten des Punktes a.

§. 9.

Die projicirende Linie eines Punktes a, welche zu der einen Projectionsebene gehört, und die Ordinate desselben Punktes a, welche in der anderen Projectionsebene liegt, sind einander gleich.

Denn diese Linien sind gegenüberstehende Seiten des Rechtecks $a a' a^0 a''$.

§. 10.

Die projicirende Linie $a a'$ ist parallel mit der Projectionsebene P'', die projicirende Linie $a a''$ parallel mit der Projectionsebene P'.

Denn die projicirende Linie $a a''$ ist parallel mit der Linie $a'' a^0$ in der Projectionsebene P'', und die projicirende Linie $a a''$ ist parallel mit der Linie $a' a^0$ in der Projectionsebene P'.

§. 11.

1) Ist der Punkt a^0 gegeben, so ist dadurch eine Ebene gegeben, in welcher der Punkt a sich befindet.

Denn der Punkt a liegt in der Ebene, welche in dem Punkte a^0 normal steht auf der Achse.

2) Ist eine von den Ordinaten $a^0 a'$ oder $a^0 a''$ eines Punktes a gegeben, so ist dadurch eine Linie gegeben, in welcher der Punkt a sich befindet.

Denn der Punkt a liegt in der Linie, welche in a' normal steht auf P', oder in a'' auf P''.

3) Sind beide Ordinaten $a^0 a'$ und $a^0 a''$ eines Punktes a gegeben, so ist dadurch der Punkt a selbst bestimmt.

Die Ebene $a' a^0 a''$ ist normal auf jeder von den Projectionsebenen; deshalb fallen die Linien, welche in a' und a'' beziehlich auf P' und P'' normal stehen, in jene Ebene. Die Linien schneiden sich, und weil der Punkt a in jeder von ihnen liegt, so ist es ihr Durchschnittspunkt.

§. 12.

Liegt ein Punkt in der einen Projectionsebene, so fällt seine Projection in dieser Projectionsebene mit ihm zusammen, die projicirende Linie, welche zur anderen Projectionsebene gehört, fällt in die erste Projectionsebene, und seine Projection in der anderen Projectionsebene befindet sich in der Achse; liegt ein Punkt in der Achse, so fallen seine beiden Projectionen mit ihm zusammen. Umgekehrt: befindet sich in der einen Projectionsebene die Projection eines Punktes in der Achse, so liegt der Punkt in der anderen Projectionsebene; liegen beide Projectionen eines Punktes in der Achse, so befindet sich der Punkt selbst in der Achse.

§. 13.

Die Linien, in welchen eine Ebene die Projectionsebenen schneidet, nennen wir die Schnitte der Ebene.

§. 14.

Die Schnitte einer Ebene sind entweder beide parallel mit der Achse, oder es schneiden beide die Achse, und zwar in demselben Punkt, oder sie fallen beide mit der Achse zusammen.

Denn wenn drei Ebenen sich schneiden, so fallen entweder die drei Durchschnittslinien in einander, oder sie schneiden sich sämmtlich in einem Punkt, oder es sind je zwei von ihnen parallel.

§. 15.

Eine Ebene bezeichnen wir hier durch einen Buchstab des großen lateinischen Alphabets. Ist eine Ebene durch **A** bezeichnet, so bezeichnen wir ihren Schnitt in P' durch A', ihren Schnitt in P'' durch A'', ihren Schnitt in P''' durch A'''. Und schneiden die Schnitte einer Ebene **A** die Achse, so bezeichnen wir den Punkt, in welchem das geschieht, durch A^0.

§. 16.

1) Die Lage einer Ebene ist durch ihre Schnitte bestimmt, wenn dieselben parallel mit der Achse sind oder sie schneiden.

Denn man hat alsdann zwei parallele oder zwei sich schneidende Linien, durch welche die Ebene geht.

2) Die Lage einer Ebene ist durch ihre Schnitte nicht bestimmt, wenn sie mit der Achse zusammenfallen.

Denn alsdann ist nur eine Linie gegeben, durch welche die Ebene geht.

3) Fallen die Schnitte einer Ebene in die Achse, und ist noch ihr Schnitt in der dritten Projectionsebene gegeben, so ist die Lage der Ebene bestimmt.

Denn man kennt alsdann zwei sich schneidende Linien, durch welche die Ebene geht.

§. 17.

1) Steht eine Ebene normal auf der einen Projectionsebene, und schneidet sie die andere, so ist ihr Schnitt in der anderen Projectionsebene normal auf der Achse.

Die Ebene und die andere Projectionsebene stehen normal auf der ersten Projectionsebene, deshalb ist ihre Durchschnittslinie, d. h. der Schnitt in der anderen Projectionsebene, normal auf der ersten Projectionsebene, somit normal auf der Achse in ihr.

2) Ist ein Schnitt einer Ebene normal auf der Achse, so schneidet die Ebene die andere Projectionsebene und steht auf derselben normal.

Dieser Schnitt ist normal auf der anderen Projectionsebene, deshalb schneidet die Ebene, welche durch ihn geht, die andere Projectionsebene, und steht normal auf derselben.

3) Steht eine Ebene normal auf beiden Projectionsebenen oder, was dasselbe sagt, normal auf der Achse, so sind ihre beiden Schnitte normal auf der Achse.

Folgt aus 1).

4) Sind beide Schnitte einer Ebene normal auf der Achse, so ist die Ebene normal auf jeder der Projectionsebenen und auf der Achse.

Aus 2).

5) Ist eine Ebene parallel mit einer Projectionsebene, so ist ihr Schnitt in der anderen Projectionsebene parallel mit der Achse.

Denn die Ebene und die mit ihr parallele Projectionsebene werden von der anderen Projectionsebene in parallelen Linien geschnitten.

6) Ist ein Schnitt einer Ebene parallel mit der Achse, und steht die Ebene normal auf der Projectionsebene, so ist sie mit der anderen Projectionsebene parallel.

Denn die Ebene und die andere Projectionsebene stehen dann in parallelen Linien normal auf der ersteren Projectionsebene.

7) Steht eine Ebene schief auf der einen Projectionsebene, und schneidet sie die Achse, so ist ihr Schnitt in der anderen Projectionsebene schief auf der Achse.

Der Schnitt in der ersteren Projectionsebene schneidet die Achse. Daher schneidet auch der Schnitt in der anderen Projectionsebene die Achse. Dieser Schnitt steht schief auf der Achse; denn wollte man annehmen, er sei normal auf ihr, so müßte die Ebene auf der ersteren Projectionsebene normal stehen.

8) Steht ein Schnitt einer Ebene schief auf der Achse, so

schneidet die Ebene die andere Projectionsebene und steht schief auf derselben.

Daß die Ebene die andere Projectionsebene schneidet, erhellet leicht; daß sie auf ihr schief steht, folgt indirect aus 1).

9) Steht eine Ebene normal auf der einen Projectionsebene und schief auf der anderen, so ist ihr Schnitt in der ersteren Projectionsebene schief auf der Achse, der in der anderen auf der Achse normal.

Aus 7) und 1).

10) Steht der eine Schnitt einer Ebene schief auf der Achse, der andere normal, so steht die Ebene normal auf der ersteren Projectionsebene und schief auf der anderen.

Aus 2) und 8).

11) Steht eine Ebene schief auf beiden Projectionsebenen und schneidet sie die Achse, so sind ihre beiden Schnitte schief auf der Achse; ist aber die Ebene parallel mit der Achse, so sind beide Schnitte mit der Achse parallel.

Das Erstere folgt aus 7), das Andere indirect.

12) Stehen beide Schnitte einer Ebene schief auf der Achse, oder sind beide mit der Achse parallel, so steht die Ebene schief auf beiden Projectionsebenen, schneidet im erstern Fall die Achse, und ist im andern mit ihr parallel.

Das Erstere folgt aus 8), das Andere indirect.

§. 18.

Die Projectionen einer geraden Linie werden gebildet durch die Projectionen ihrer sämmtlichen Punkte.

§. 19.

1) Steht eine gerade Linie normal auf einer Projectionsebene, so ist ihre Projection in dieser Projectionsebene ein Punkt. Er fällt mit dem Punkt zusammen, in welchem die Linie die Projectionsebene schneidet.

Denn die projicirenden Linien sämmtlicher Punkte der Linie fallen in die Linie selbst.

2) Ist die Projection einer geraden Linie ein Punkt, so steht die Linie normal auf der Projectionsebene.

Denn die projicirenden Linien sämmtlicher Punkte der Linie

und diese Punkte selbst fallen alsdann in die Linie, welche in jenem Punkt auf der Projectionsebene normal steht.

3) Steht eine gerade Linie schief auf einer Projectionsebene, oder ist sie parallel mit einer Projectionsebene, so ist ihre Projection in dieser Projectionsebene eine gerade Linie.

Die projicirenden Linien sämmtlicher Punkte der Linie werden aufgenommen von der Ebene, welche, durch die Linie gehend, normal auf der Projectionsebene gedacht werden kann. Der Schnitt dieser Ebene ist sonach die Projection der Linie.

4) Ist die Projection einer geraden Linie eine gerade Linie, so steht die Linie nicht normal auf der Projectionsebene.

Indirect aus 1).

§. 20.

Wenn eine Linie auf einer Projectionsebene schief steht oder mit ihr parallel ist, und es wird durch die Linie eine Ebene gedacht, welche normal steht auf der Projectionsebene, so heißt diese Ebene die projicirende Ebene der Linie zu dieser Projectionsebene.

Die projicirende Ebene enthält die projicirenden Linien sämmtlicher Punkte der Linie. Die Linie, in welcher die projicirende Ebene und die Projectionsebene sich schneiden, ist daher die Projection der Linie in dieser Projectionsebene.

Die Projection einer geraden Linie, welche auf einer Projectionsebene schief steht oder mit ihr parallel ist, kann auch dadurch erhalten werden, daß man die Projectionen zweier ihrer Punkte construirt, und durch diese Projectionen eine gerade Linie legt. Und wenn man durch die Projectionen zweier Punkte a und b in jeder Projectionsebene eine gerade Linie construirt, so sind die Linien a'b' und a''b'' die Projectionen der geraden Linie, welche durch die Punkte a und b sich denken läßt.

Ist eine Linie durch ab bezeichnet, so bezeichnen wir ihre Projection auf P' durch a'b', ihre Projection auf P'' durch a''b'', ihre Projection auf P''' durch a'''b''', ihre projicirende Ebene zu P' durch abP', ihre projicirende Ebene zu P'' durch abP'', die zu P''' durch abP'''.

Fig. 2.

§. 21.

1) Liegt eine Linie in der einen Projectionsebene, so fällt ihre Projection in dieser Projectionsebene mit ihr zusammen, und ihre Projection in der anderen Projectionsebene liegt in der Achse; und umgekehrt.

2) Liegt eine Linie in der Achse, so liegen auch ihre Projectionen in der Achse; und umgekehrt.

3) Ist eine Linie parallel mit einer Projectionsebene, so ist ihre Projection in der anderen Projectionsebene parallel mit der Achse, und die projicirende Ebene zur anderen Projectionsebene ist parallel mit der ersteren Projectionsebene.

Denn ist eine Linie ab parallel mit P′, so ist $aa' = bb'$, also $a''a^0 = b''b^0$, mithin die Projection a″b″ parallel der Achse. Nun werden die projicirende Ebene abP″ und die Projectionsebene P′ von der Projectionsebene P″ in parallelen Linien geschnitten (nämlich in a″b″ und der Achse), und unter gleichen Winkeln (nämlich rechten); daher sind die projicirende Ebene abP″ und die Projectionsebene P′ parallel.

Eben so läßt sich der Satz erweisen, wenn ab parallel mit P″ angenommen wird. Es ist aber niemals erforderlich, einen Beweis für den Fall zu wiederholen, daß man die Projectionsebenen vertauscht, weil sie einerlei Beziehung zu einander haben.

Ist übrigens eine Linie parallel mit einer Projectionsebene, so ist sie es auch mit ihrer Projection in derselben.

4) Ist eine Projection einer Linie parallel mit der Achse, so ist die Linie parallel mit der anderen Projectionsebene, und auch die projicirende Ebene, welche zu jener Projection gehört.

Ist die Projection a″b″ parallel mit der Achse, so sind die projicirende Ebene abP″ und die Projectionsebene P′ parallel, weil beide von der Projectionsebene P″ alsdann in parallelen Linien und unter gleichen Winkeln geschnitten werden. Ist aber abP″ parallel mit P′, so ist auch die in abP″ liegende Linie ab parallel mit der Projectionsebene P′.

5) Ist eine Linie parallel mit jeder von den Projectionsebenen, so sind ihre beiden Projectionen mit der Axe parallel,

und jede ihrer projicirenden Ebenen ist parallel mit der Projectionsebene, zu welcher sie nicht gehört.

Folgt aus 3).

Hierbei ist die Linie parallel mit der Achse.

6) Sind beide Projectionen einer Linie parallel mit der Achse, so ist die Linie selbst mit der Achse parallel, also auch mit jeder Projectionsebene.

Da die Projection a'b' parallel ist mit der Achse, so sind die projicirende Ebene abP' und die Projectionsebene P'' parallel. Die genannten Ebenen werden also von der projicirenden Ebene abP'' in parallelen Linien geschnitten, und diese Linien sind ab und a''b''. Und weil nun ab und a''b'' parallel sind, auch wegen der Voraussetzung die Achse und a''b'', so folgt, daß ab parallel ist mit der Achse.

7) Schneidet eine Linie eine der Projectionsebenen, so wird diese Projectionsebene von der projicirenden Ebene geschnitten, welche zur anderen Projectionsebene gehört, und die Linie, in welcher das geschieht, steht normal auf der Achse.

Geom. II §. 18. 2), und §. 17. 1) des vorliegenden Buches.

Die auf der Achse normal stehende Linie, in welcher eine projicirende Ebene die Projectionsebene schneidet, zu der sie nicht gehört, nennen wir den Normalschnitt jener projicirenden Ebene oder den Normalschnitt in dieser Projectionsebene.

Man wird wohl thun, Folgendes zu beachten: Wenn eine projicirende Ebene einer Linie beide Projectionsebenen schneidet, so ist ihr Schnitt in der Projectionsebene, zu welcher sie gehört, die Projection jener Linie in dieser Projectionsebene, ihr Schnitt in der anderen Projectionsebene der Normalschnitt jener projicirenden Ebene oder der Normalschnitt in der anderen Projectionsebene; und wenn eine Projectionsebene von beiden projicirenden Ebenen einer Linie geschnitten wird, so geschieht das von der zu ihr gehörenden projicirenden Ebene in der Projection, von der anderen im Normalschnitt.

8) Durch den Durchschnittspunkt einer Linie mit einer Projectionsebene gehen jedesmal die Projection und der Normalschnitt in dieser Projectionsebene.

Geom. II. §. 18. 2).

9) Schneiden sich die Projection einer Linie und der Normalschnitt in einer Projectionsebene, so schneidet die Linie selbst die Projectionsebene in dem Durchschnittspunkt der genannten Linien.

Der Durchschnittspunkt der Projection und des Normalschnitts befindet sich in jeder der beiden projicirenden Ebenen, ist also ein Punkt ihrer Durchschnittslinie, d. h. der Linie selbst. Darin liegt, daß die Linie durch jenen Punkt geht. Und sie schneidet die Projectionsebene in ihm; denn fiele die Linie mit der Projectionsebene zusammen, so fiele auch ihre projicirende Ebene, welche zur anderen Projectionsebene gehört, mit der ersteren Projectionsebene zusammen, und dann fände in derselben kein Normalschnitt Statt.

10) Schneidet eine Linie eine der Projectionsebenen, so schneidet ihre Projection in der anderen Projectionsebene die Achse, und der Punkt, in welchem dies geschieht, ist die Projection des Durchschnittspunktes der Linie und der Projectionsebene.

Durch den Durchschnittspunkt der Linie mit der Projectionsebene geht der Normalschnitt in dieser Projectionsebene, der Normalschnitt und die Projection in der anderen Projectionsebene treffen die Achse in demselben Punkt, und die Projection in der anderen Projectionsebene kann dabei nicht mit der Achse zusammenfallen, nach 1), daher schneidet diese Projection die Achse. Der Normalschnitt ist die projicirende Linie des Durchschnittspunktes zur anderen Projectionsebene; daraus erhellet der zweite Theil des Satzes.

11) Schneidet eine Projection einer Linie die Achse, so schneidet die Linie die andere Projectionsebene.

Denn schnitte die Linie die andere Projectionsebene nicht, so müßte jene Projection entweder parallel mit der Achse sein oder in ihr liegen.

12) Steht eine Linie normal auf einer Projectionsebene, so ist ihre Projection in der anderen Projectionsebene normal auf der Achse.

Die projicirende Ebene, welche zur anderen Projectionsebene gehört, ist normal auf der ersten Projectionsebene; denn sie geht durch die Linie, welche normal auf der ersten Projectionsebene steht. Diese projicirende Ebene und die andere Projectionsebene sind also auf der ersten Projectionsebene normal, daher ist auch ihre Durchschnittslinie, welches die Projection ist, auf der ersten Projectionsebene normal und normal auf der Achse.

13) Hat eine Linie, welche nicht auf einer von den Projectionsebenen normal steht, eine solche Lage, daß durch sie eine Ebene gedacht werden kann, welche normal ist auf der Achse, so stehen ihre beiden Projectionen auf der Achse normal und treffen denselben Punkt der Achse.

Die Durchschnittslinien jener Ebene mit den Projectionsebenen stehen, wie leicht erhellet, normal auf der Achse, und die Ebene selbst ist normal auf jeder von den Projectionsebenen. Die projicirenden Ebenen fallen daher mit jener Ebene zusammen, und die Projectionen mit jenen Durchschnittslinien.

Ueberhaupt also, läßt sich durch eine Linie eine Ebene denken, welche normal steht auf der Achse, so ist entweder die eine Projection ein Punkt, und die andere steht normal auf der Achse, oder beide Projectionen stehen normal auf der Achse und treffen denselben Punkt der Achse. Zugleich erhellet, daß die Normalschnitte die Projectionen in sich aufnehmen.

14) Ist eine Projection einer Linie normal auf der Achse, so kann durch die Linie eine Ebene gedacht werden, welche normal auf der Achse steht.

Ist die Projection normal auf der Achse, so ist sie normal auf der anderen Projectionsebene; daher ist die projicirende Ebene, welche zu der Projection gehört, normal auf der anderen Projectionsebene. Auf dieser projicirenden Ebene sind demnach beide Projectionsebenen normal, und dann ist auch ihre Durchschnittslinie, d. h. die Achse, auf derselben normal. In der projicirenden Ebene liegt aber die Linie. Also giebt es eine Ebene, welche durch die Linie geht und normal steht auf der Achse.

Man bemerke für die Folge, daß eine Ebene normal steht auf der Achse, sobald sie auf einer Projectionsebene normal steht in einer Linie, welche mit der Achse rechte Winkel bildet.

15) Hat eine Linie eine solche Lage, daß durch sie keine Ebene gelegt werden kann, welche normal steht auf der Achse, so ist keine von ihren Projectionen auf der Achse normal.

Folgt indirect aus 14).

16) Ist eine Projection einer Linie nicht normal auf der Achse, so läßt sich durch die Linie keine Ebene legen, welche normal auf der Achse steht.

Die Linie ist entweder auf der anderen Projectionsebene normal oder nicht. Nimmt man nun an, es wäre durch sie eine Ebene möglich, welche normal steht auf der Achse, so stößt man auf einen Widerspruch, im erstern Fall gegen 12); im andern gegen 13).

Steht also die eine Projection einer Linie schief auf der Achse, so ist die andere Projection entweder schief auf der Achse oder parallel mit ihr; eben so, wenn die eine Projection mit der Achse parallel ist.

§. 22.

Der Punkt, in welchem eine Linie eine Projectionsebene schneidet, heiße der Durchgang der Linie in dieser Projectionsebene, das Stück des Normalschnitts, welches zwischen dem Durchgang und der Achse liegt, die Durchgangsordinate.

Ist eine Linie durch ab bezeichnet, so bezeichnen wir ihren Durchgang in P' mit a^I, ihren Durchgang in P'' mit b^{II}; (den im Alphabet vorangehenden Buchstab setzen wir in P'). Den Punkt, in welchem die Achse von der Durchgangsordinate des Punktes a^I getroffen wird, bezeichnen wir durch a^{II}; den Punkt, in welchem die zu b^{II} gehörende Durchgangsordinate die Achse trifft, durch b^I. Der Punkt a^{II} ist die Projection des in P' liegenden Punktes a^I auf P'', eben so ist b^I die Projection des in P'' liegenden Punktes b^{II} auf P'. Bei dieser Bezeichnung erhalten wir in den Linien $a^I b^I$ und $a^{II} b^{II}$ die Projectionen desjenigen Stücks der Linie ab, welches die Durchgänge begränzen.

§. 23.

1) Die Lage einer geraden Linie ist gegeben, sobald die Projectionen von zweien ihrer Punkte gegeben sind.

Denn dadurch sind die Punkte gegeben, also auch die Linie, welche durch sie geht.

2) Die Lage einer geraden Linie, welche auf einer Projectionsebene normal steht, ist gegeben durch den Punkt, welcher ihre Projection auf jener Projectionsebene ausmacht.

Denn sie fällt mit der Linie zusammen, welche in diesem Punkt auf der Projectionsebene normal steht.

3) Eine gerade Linie, welche eine solche Lage hat, daß durch sie keine Ebene gedacht werden kann, welche auf der Achse normal steht, ist durch ihre Projectionen gegeben.

Die projicirenden Ebenen der Linie schneiden sich; denn fielen sie in einander, so müßte jede von ihnen auf beiden Projectionsebenen normal stehen, also auch auf der Achse, und die Linie hätte alsdann eine solche Lage, daß durch sie eine Ebene gedacht werden könnte, welche auf der Achse normal steht. Die Linie liegt in jeder von ihren projicirenden Ebenen. Sie ist deshalb deren Durchschnittslinie.

4) Steht eine Linie nicht normal auf einer Projectionsebene, hat sie aber eine solche Lage, daß sich durch sie eine Ebene denken läßt, welche auf der Achse normal steht, so ist die Linie durch ihre Projectionen nicht gegeben.

Denn die projicirenden Ebenen der Linie fallen in einander, nämlich beide in jene auf der Achse normal stehende Ebene, gewähren daher keine Durchschnittslinie. Der Satz erhellet auch daraus, daß die Projectionen aller Linien zusammenfallen, welche in jener auf der Achse normal stehenden Ebene sich denken lassen.

§. 24.

1) Liegt ein Punkt in einer Linie, so befinden sich seine Projectionen in den Projectionen der Linie.

Denn die projicirenden Linien des Punktes fallen in die projicirenden Ebenen der Linie; und wenn die Linie normal steht auf einer Projectionsebene, so fällt die projicirende Linie des Punktes, welche zu dieser Projectionsebene gehört, in die Linie selbst.

2) Befinden sich die Projectionen eines Punktes in den Projectionen einer Linie, und hat die Linie eine solche Lage, daß durch sie keine Ebene gedacht werden kann, welche auf der Achse normal steht, so liegt der Punkt in der Linie.

Die projicirenden Ebenen der Linie schneiden sich. Die projicirenden Linien des Punktes fallen in die projicirenden Ebenen und schneiden sich in deren Durchschnittslinie. Diese ist aber die Linie selbst, und der Durchschnittspunkt der projicirenden Linien ist jener Punkt.

3) Liegen die Projectionen eines Punktes in den Projectionen einer Linie, und steht die Linie normal auf einer Projectionsebene, so befindet sich der Punkt in der Linie.

Die projicirende Linie des Punktes, welche zu der Projectionsebene gehört, auf der die Linie normal steht, fällt mit der Linie zusammen. Daher liegt der Punkt zunächst in der Richtung der Linie. Und er befindet sich in der Linie selbst, weil sie von der andern projicirenden Linie geschnitten wird.

4) Liegen die Projectionen eines Punktes in den Projectionen einer Linie, und hat die Linie eine solche Lage, daß durch sie eine Ebene gedacht werden kann, welche normal auf der Achse steht, ohne daß die Linie dabei normal auf einer Projectionsebene wäre, so befindet sich der Punkt nicht nothwendig in der Linie.

Denn die Projectionen eines jeden Punktes, welcher in jener auf der Achse normal stehenden Ebene sich befindet, fallen in die Richtungen von den Projectionen der Linie.

§. 25.

Hat eine Linie ab eine solche Lage, daß durch sie eine Ebene E gedacht werden kann, welche normal steht auf der Achse, und steht die Linie nicht normal auf einer von den Projectionsebenen P′ und P″, so läßt sich durch die Linie keine Ebene denken, welche normal steht auf den Projectionsebenen P′ und P‴, oder auf den Projectionsebenen P″ und P‴.

Die Ebenen P‴ und E sind parallel. Eine Ebene H, welche durch die Linie ab geht und normal stände auf den Projectionsebenen P′ und P‴ (oder P″ und P‴), müßte daher, weil sie P‴ schnitte, auch die mit P‴ parallele Ebene E schneiden. Dann wären die beiden sich schneidenden Ebenen E und H normal auf der Projectionsebene P′ (oder P″), und deshalb würde auch ihre Durchschnittslinie, welche ab ist, normal auf dieser Projectionsebene stehen. Das wäre aber ein Widerspruch gegen die Voraussetzung.

§. 26.

Liegen die Projectionen eines Punktes in den Projectionen einer Linie, und hat die Linie eine solche Lage, daß durch sie eine Ebene gedacht werden kann, welche auf der Achse normal steht, ohne daß dabei die Linie normal ist auf einer von den Projectionsebenen, so liegt der Punkt in der Linie, wenn noch die dritte Projection des Punktes in der dritten Projection der Linie sich befindet.

Dies ergiebt sich aus dem vorigen Paragraph und aus §. 24. 2). Was nämlich für die Projectionsebenen P′ und P″ gilt, behält auch für die Projectionsebenen P′ und P‴ oder P″ und P‴ Giltigkeit.

§. 27.

1) Befinden sich beliebig viele Punkte in einer Ebene, welche auf einer Projectionsebene normal steht, so liegen in dieser Projectionsebene die Projectionen der Punkte in einer geraden Linie, und zwar in dem Schnitt der Ebene.

Denn die projicirenden Linien der Punkte fallen in die Ebene.

2) Liegen in einer Projectionsebene die Projectionen mehrerer Punkte in einer geraden Linie, so werden diese Punkte sämmtlich aufgenommen von der Ebene, welche durch jene Linie geht und auf der Projectionsebene normal steht.

Denn in diese Ebene fallen die projicirenden Linien der Punkte.

3) Liegen beliebig viele Punkte in einer Ebene, welche auf der Achse normal steht, so befinden sich in jeder Projectionsebene die Projectionen der Punkte in einer geraden Linie, und diese Linien stehen normal auf der Achse, die eine mit der anderen in demselben Punkt.

Die Linien, in welchen jene Ebene die Projectionsebenen schneidet, stehen in demselben Punkt normal auf der Achse, und die Ebene ist normal auf jeder von den Projectionsebenen. Die projicirenden Linien der Punkte fallen demnach in die Ebene und ihre Projectionen in jene Linien.

4) Liegen in einer Projectionsebene die Projectionen mehrerer Punkte in einer geraden Linie, und steht diese normal auf der Achse, so befinden sich jene Punkte in der Ebene, welche durch die Linie geht und auf der Achse normal steht.

Nach 2) befinden sich die Punkte in der Ebene, welche durch jene Linie geht und normal steht auf der Projectionsebene. Jene Ebene ist aber auf der Achse normal, [§. 21. 14)].

5) Liegen drei Punkte nicht in einer geraden Linie, und steht die Ebene, welche durch sie geht, nicht normal auf einer Projectionsebene, so befinden sich in dieser Projectionsebene die Projectionen jener Punkte nicht in einer geraden Linie.

Denn befänden sich die Projectionen in einer geraden Linie, so müßte nach 2) die Ebene, welche durch die Punkte geht, auf der Projectionsebene normal stehen.

6) Befinden sich in einer Projectionsebene die Projectionen dreier Punkte nicht in einer geraden Linie, so liegen die Punkte selbst nicht in einer geraden Linie, und die Ebene, welche durch sie geht, ist nicht normal auf dieser Projectionsebene.

Denn wollte man annehmen, es lägen die Punkte in einer geraden Linie, oder es stände die Ebene, welche durch sie geht, normal auf der Projectionsebene, so müßten sich die Projectionen der Punkte in einer geraden Linie befinden.

§. 28.

1) Liegen zwei Linien in einander, so liegen in jeder Projectionsebene ihre Projectionen in einander.

Denn ihre projicirenden Ebenen, welche zu einer Projectionsebene gehören, fallen zusammen.

2) Liegen zwei Linien in einer Ebene, welche auf einer Projectionsebene normal steht, so fallen in dieser Projectionsebene die Projectionen der Linien in eine gerade Linie, und zwar in die Durchschnittslinie jener Ebene mit der Projectionsebene.

Denn die projicirenden Ebenen der Linien, welche zu dieser Projectionsebene gehören, fallen in jene Ebene.

3) Liegen in einer Projectionsebene die Projectionen zweeir Linien in einer geraden Linie, so befinden sich die Linien in der Ebene, welche durch jene Linie geht und normal steht auf der Projectionsebene.

Denn in jener Ebene befinden sich sämmtliche Punkte der Linien nach §. 27. 2).

4) Befinden sich zwei Linien in einer Ebene, welche normal steht auf der Achse, so fallen in jeder Projectionsebene die Projectionen der Linien in eine gerade Linie, und diese Linien stehen normal auf der Achse, die eine mit der anderen in demselben Punkt.

Folgt aus §. 27. 3), indem man den Satz auf sämmtliche Punkte der Linien anwendet.

5) Liegen in einer Projectionsebene die Projectionen zweier Linien in einer geraden Linie, welche auf der Achse normal steht, so befinden sich beide Linien in der Ebene, welche durch jene Linie geht und normal steht auf der Achse.

Aus §. 27. 4).

6) Befinden sich in jeder der Projectionsebenen die Projectionen zweier Linien in einer geraden Linie, und stehn die Projectionen nicht normal auf der Achse, so liegen die Linien in einander.

Die projicirenden Ebenen jeder von den Linien schneiden sich; und die projicirenden Ebenen der einen Linie fallen mit denen der anderen zusammen. In der gemeinschaftlichen Durchschnittslinie der projicirenden Ebenen finden sich daher beide Linien.

7) Liegen in jeder der Projectionsebenen die Projectionen zweier Linien in einander, und stehen die Projectionen normal auf der Achse, so liegen die Linien nicht nothwendig in einander. Sie fallen aber zusammen, wenn auch ihre Projectionen in der dritten Projectionsebene in einer geraden Linie sich befinden.

Die Linien liegen zunächst nicht nothwendig in einander, weil ihre Lage nicht bestimmt ist. Fallen aber noch ihre Projectionen in der dritten Projectionsebene zusammen, so liegen sie in einander wegen 6).

8) Sind zwei Linien parallel, und steht die Ebene, welche durch sie gelegt werden kann, nicht normal auf einer Projectionsebene, so sind in dieser Projectionsebene die Projectionen der Linien parallel.

Denn nach §. 27. 5) liegt nicht die Projection irgend eines Punktes der einen Linie in der Projection der anderen Linie.

9) Sind zwei Linien parallel, und steht ihre Ebene normal auf der einen Projectionsebene, aber nicht auf der anderen, so fallen die Projectionen in der ersteren Projectionsebene in einander, und die in der anderen sind parallel.

Aus 2) und 8).

10) Sind die Projectionen zweier Linien in der einen Projectionsebene parallel, und liegen die in der anderen in einander,

so sind die Linien parallel, und ihre Ebene steht normal auf der anderen Projectionsebene, aber nicht auf der ersteren.

Die Projectionen stehen nicht normal auf der Achse; denn sonst müßten, da die einen in einander liegen, auch die anderen zusammenfallen. Die projicirenden Ebenen jeder Linie schneiden sich demnach. Die projicirenden Ebenen, welche zur ersteren Projectionsebene gehören, sind parallel, denn sie stehen in parallelen Linien normal auf dieser Projectionsebene; die projicirenden Ebenen der anderen Projectionsebene fallen in einander. Die ersteren projicirenden Ebenen werden demnach von den anderen in zwei parallelen Linien geschnitten, und diese sind die Linien unseres Satzes. Die Ebene, welche durch die Linien geht, ist normal auf der anderen Projectionsebene nach 3), und sie ist nicht normal auf der erstern, weil sonst in dieser die Projectionen zusammen fielen.

11) Sind zwei Linien parallel, und steht ihre Ebene nicht normal auf einer von den Projectionsebenen, so sind in jeder derselben die Projectionen der Linien parallel.

Aus 8).

12) Sind die Projectionen zweier Linien in jeder Projectionsebene parallel, und stehen sie nicht normal auf der Achse, so sind die Linien parallel, und ihre Ebene steht nicht normal auf einer der Projectionsebenen.

Die projicirenden Ebenen, welche zu je einer Projectionsebene gehören, sind parallel; und die projicirenden Ebenen der einen Projectionsebene schneiden die der anderen. Dies geschieht in vier Linien, von welchen je zwei parallel sind, und unter ihnen befinden sich die Linien.

13) Sind die Projectionen zweier Linien in jeder Projectionsebene parallel, und stehen sie normal auf der Achse, so sind die Linien nicht nothwendig parallel. Sie sind indeß parallel, wenn ihre Projectionen in der dritten Projectionsebene parallel sind oder in einander fallen.

Die Linien sind zunächst nicht nothwendig parallel, weil ihre Lage unbestimmt bleibt. Das Uebrige folgt aus 12) und 10).

14) Schneiden sich zwei Linien, und steht ihre Ebene nicht normal auf einer Projectionsebene, so schneiden sich die Projectionen der Linien in dieser Projectionsebene.

Wir wollen die Linien durch ab und cd bezeichnen, ihren Durchschnittspunkt mit n; die Projectionsebene sei P'. Nach §. 24. 1) liegt n' in a'b' und zugleich in c'd', so daß die Projectionen a'b' und c'd' den Punkt n' gemeinschaftlich haben. Es sei q irgend ein anderer Punkt der Linie cd. Da q nicht in ab liegt, so wird nach §. 27. 5) auch q' nicht in a'b' liegen. Die Projectionen a'b' und c'd' haben deshalb außer dem Punkt n' keinen Punkt gemeinschaftlich, und dann schneiden sie sich. (Daß die Projectionen nicht in einander fallen, folgt auch leicht indirect.)

15) Schneiden sich zwei Linien, und steht ihre Ebene normal auf der einen Projectionsebene, aber nicht auf der anderen, so fallen ihre Projectionen in der ersten Projectionsebene zusammen, die in der anderen schneiden sich.

Aus 2) und 14).

16) Schneiden sich die Projectionen zweier Linien in der einen Projectionsebene, und liegen die in der anderen in einander, so schneiden sich die Linien, und ihre Ebene steht normal auf der anderen Projectionsebene, aber nicht auf der ersteren.

Daß die Linien sich in einer Ebene befinden und dieselbe normal steht auf der anderen Projectionsebene, erhellet aus 3). Diese Ebene ist nicht normal auf der ersteren Projectionsebene, denn sonst müßten in derselben die Projectionen der Linien zusammenfallen. Die Linien schneiden sich endlich; denn wollte man annehmen, sie wären parallel oder lägen in einander, so würden auch ihre Projectionen parallel sein nach 11), oder in einander liegen.

17) Schneiden sich zwei Linien, und steht ihre Ebene nicht normal auf einer der Projectionsebenen, so schneiden sich die Projectionen der Linien in jeder von den Projectionsebenen.

Aus 14).

18) Schneiden sich in jeder von den Projectionsebenen die Projectionen zweier Linien, treffen die Normalen, von den Durchschnittspunkten auf die Achse gefällt, denselben Punkt der Achse, und stehen nicht die Projectionen einer der Linien normal auf der Achse, so schneiden sich die Linien, und ihre Ebene steht schief auf jeder der Projectionsebenen.

Bezeichnen wir den Durchschnittspunkt der Projectionen in P' mit n', so ist der Durchschnittspunkt in P'' durch n'' zu bezeichnen, und die Linien haben den Punkt n gemeinschaftlich. Die Linien haben keinen Punkt weiter gemeinschaftlich, denn sonst müßten ihre Projectionen die Projectionen dieses Punktes gemeinschaftlich haben. Deshalb schneiden sich die Linien. Daß ihre Ebene schief steht auf jeder von den Projectionsebenen, folgt leicht indirect.

19) Liegen zwei Linien nicht in einer Ebene, so schneiden sich entweder in jeder der Projectionsebenen ihre Projectionen, aber in Punkten, welche so liegen, daß die Normalen, von ihnen auf die Achse gefällt, nicht denselben Punkt der Achse treffen, es sei denn, daß die eine der Linien sich in einer Ebene befände, welche normal zur Achse steht; oder es sind ihre Projectionen in der einen Projectionsebene parallel, und die in der anderen schneiden sich; oder es sind die Projectionen in jeder von den Projectionsebenen parallel, dann aber normal auf der Achse.

Es erhellet leicht, daß die Projectionen der Linien in jeder der Projectionsebenen sich schneiden können. Die Normalen, von den Durchschnittspunkten auf die Achse gefällt, müssen dabei verschiedene Punkte der Achse treffen, weil sonst die Linien einen Punkt gemeinschaftlich haben würden, es sei denn, daß durch die eine der Linien eine Ebene sich denken ließe, normal zur Achse. — Durch zwei Linien, welche nicht in einer Ebene liegen, sind immer zwei parallele Ebenen möglich. Deshalb können die projicirenden Ebenen von zweien solchen Linien, welche zu einer Projectionsebene gehören, parallel ausfallen, und dann sind auch die Projectionen der Linien in dieser Projectionsebene parallel. Stehen diese Projectionen nicht normal auf der Achse, so schneiden sich die Projectionen in der anderen Projectionsebene; denn wären sie parallel, oder fielen sie in einander, so müßten die Linien parallel sein. Stehen aber jene Projectionen normal auf der Achse, so bilden auch die Projectionen in der anderen Projectionsebene mit der Achse rechte Winkel. In dem Gesagten liegt der Satz.

20) Schneiden sich die Projectionen zweier Linien in jeder von den Projectionsebenen, und in Punkten, welche so liegen, daß die Normalen, von ihnen auf die Achse gefällt, nicht densel-

den Punkt der Achse treffen; oder schneiden sich die Projectionen in der einen von den Projectionsebenen, und sind die in der anderen parallel, so befinden sich die Linien nicht in einer Ebene.

Denn lägen die Linien in einer Ebene, so würden, nach den früheren Sätzen, ihre Projectionen anders ausfallen, als es vorausgesetzt ist.

21) Sind in jeder von den Projectionsebenen die Projectionen zweier Linien parallel, und stehen sie dabei normal auf der Achse, so ist es nicht nothwendig, daß die Linien nicht in einer Ebene liegen. Sie befinden sich aber nicht in einer Ebene, wenn ihre Projectionen in der dritten Projectionsebene sich schneiden.

Der erste Theil des Satzes erhellet, insofern die Lage der Linien nicht bestimmt ist; der andere folgt aus 20).

§. 29.

1) Liegen zwei Ebenen in einander, so liegen auch ihre Schnitte in einander, und umgekehrt.

2) Sind zwei Ebenen parallel, so sind ihre Schnitte parallel.

Denn sie werden von jeder der Projectionsebenen in parallelen Linien geschnitten.

3) Sind in jeder von den Projectionsebenen die Schnitte zweier Ebenen parallel, und schneiden sie die Achse, so sind die Ebenen parallel.

Denn die Ebenen gehen dann durch sich schneidende beziehlich parallele Linien.

4) Schneiden sich zwei Ebenen, und befindet sich ihre Durchschnittslinie in einer von den Projectionsebenen, so fallen in dieser Projectionsebene die Schnitte beider Ebenen mit der Durchschnittslinie zusammen.

5) Schneiden sich zwei Ebenen, und ist ihre Durchschnittslinie parallel mit einer Projectionsebene, so sind in dieser Projectionsebene die Schnitte der Ebenen parallel.

Jeder von den Schnitten ist parallel mit der Durchschnittslinie, daher sind sie selbst parallel.

6) Sind in einer Projectionsebene die Schnitte zweier Ebenen parallel, und schneiden sich die Ebenen, so ist ihre Durchschnittslinie parallel mit jener Projectionsebene.

Denn sie ist parallel mit den Schnitten.

7) Schneiden sich zwei Ebenen, und schneidet ihre Durchschnittslinie eine Projectionsebene, so schneiden sich in dieser Projectionsebene die Schnitte der Ebenen, und zwar in dem Durchgang ihrer Durchschnittslinie.

Nach Geom. II. §. 18. 2) gehen die Schnitte der Ebenen durch den Durchgang ihrer Durchschnittslinie, und die Schnitte können nicht in einander fallen, weil sonst die Ebenen in einander fielen.

8) Schneiden sich die Schnitte zweier Ebenen in einer Projectionsebene, so schneiden sich die Ebenen, und der Durchschnittspunkt der Schnitte ist der Durchgang ihrer Durchschnittslinie.

Die Ebenen können nicht parallel sein oder in einander fallen, denn sonst müßten die Schnitte parallel sein oder in einander liegen: die Ebenen schneiden sich daher. Den Durchschnittspunkt der Schnitte haben die Ebenen gemeinschaftlich; er ist deshalb ein Punkt ihrer Durchschnittslinie. Die Durchschnittslinie befindet sich nicht in der Projectionsebene [indirect aus 4)], folglich schneidet sie die Projectionsebene in jenem Punkt, und er ist ihr Durchgang.

9) Schneiden sich zwei Ebenen, liegt ihre Durchschnittslinie in der einen Projectionsebene, und schneidet sie die Achse, so fallen in dieser Projectionsebene die Schnitte der Ebenen mit der Durchschnittslinie zusammen, und die in der anderen schneiden die Achse; ist aber die Durchschnittslinie mit der Achse parallel, so sind die Schnitte in der anderen Projectionsebene parallel mit der Achse.

Aus 4) und 5).

10) Schneiden sich zwei Ebenen, schneidet ihre Durchschnittslinie die eine Projectionsebene und ist sie mit der anderen parallel, so schneiden sich die Schnitte in der ersteren Projectionsebene in dem Durchgang der Durchschnittslinie, und die Schnitte in der anderen Projectionsebene sind parallel (wenn nämlich zwei Statt finden).

Aus 7) und 5).

11) Schneiden sich die Schnitte zweier Ebenen in der einen Projectionsebene, und sind die in der anderen parallel, so schneiden sich die Ebenen, ihre Durchschnittslinie schneidet die erste Projectionsebene und ist parallel mit der anderen.

Aus 8) und 6).

12) Schneiden sich zwei Ebenen, und ist ihre Durchschnittslinie parallel mit jeder von den Projectionsebenen, so sind die Schnitte der Ebenen parallel mit der Achse.

Die Durchschnittslinie ist parallel mit der Achse, Geom. II. §. 66., und jeder Schnitt ist parallel mit der Durchschnittslinie, daher sind die Schnitte parallel mit der Achse.

13) Sind in jeder von den Projectionsebenen die Schnitte zweier Ebenen parallel, und parallel mit der Achse, so sind entweder die Ebenen parallel, oder sie schneiden sich, und ihre Durchschnittslinie ist parallel mit jeder Projectionsebene. Das erste tritt ein, wenn die Schnitte in der dritten Projectionsebene parallel sind, das andere, wenn die Schnitte in der dritten Projectionsebene sich schneiden.

Aus 3) und 11).

14) Schneiden sich zwei Ebenen, und schneidet ihre Durchschnittslinie jede von den Projectionsebenen, so schneiden sich in jeder Projectionsebene die Schnitte der Ebenen in dem Durchgang der Durchschnittslinie.

Aus 7).

15) Schneiden sich in jeder von den Projectionsebenen die Schnitte zweier Ebenen, so schneiden sich die Ebenen, und ihre Durchschnittslinie schneidet die Projectionsebenen in den Durchschnittspunkten der Schnitte.

Aus 8).

§. 30.

1) Ist eine Ebene parallel mit einer Projectionsebene, und steht eine Linie normal auf der Ebene, so ist in der Projectionsebene, mit welcher jene Ebene parallel ist, die Projection der Linie ein Punkt, und in der anderen Projectionsebene steht die Projection der Linie normal auf dem Schnitt der Ebene.

Die Ebene, welche mit der einen Projectionsebene parallel ist, schneidet die andere Projectionsebene, und ihr Schnitt in dieser Projectionsebene ist parallel mit der Achse. Die Linie, welche auf der Ebene normal steht, ist auch normal auf der mit der Ebene parallelen Projectionsebene. Die Projection der Linie in dieser Projectionsebene ist deshalb ein Punkt, und die Projection in der anderen Projectionsebene steht normal auf der

Achse, mithin auch normal auf dem mit der Achse parallelen Schnitt.

2) Ist eine Ebene parallel mit einer Projectionsebene, und ist in dieser Projectionsebene die Projection einer Linie ein Punkt, so steht diese Linie normal auf jener Ebene.

Die Linie steht normal auf der Projectionsebene, und dann auch normal auf jeder Ebene, welche mit dieser Projectionsebene parallel ist.

3) Steht eine Linie normal auf einer Ebene, und ist die Ebene nicht parallel mit einer von den Projectionsebenen, so sind die Projectionen der Linie normal auf den Schnitten der Ebene.

Ist die Ebene nicht parallel mit einer von den Projectionsebenen, so steht die Linie nicht normal auf einer von den Projectionsebenen; denn wäre sie normal auf der einen, so müßte diese Projectionsebene mit jener Ebene parallel sein, weil beide auf derselben Linie normal ständen. Die Ebene sei durch **E** bezeichnet, die auf ihr normal stehende Linie durch **ab**. Wir wollen darthun, daß **a′b′** normal steht auf **E′**. Die projicirende Ebene **abP′** steht normal auf **P′**, zugleich normal auf **E**, weil sie durch die Linie **ab** geht, welche normal steht auf **E**. Es sind also die beiden Ebenen **E** und **P′** normal auf der Ebene **abP′**. Deshalb ist ihre Durchschnittslinie **E′** normal auf **abP′**, und auch normal auf der Linie **a′b′**, welche in **abP′** sich befindet und von **E′** geschnitten wird. Die Projection **a′b′** und der Schnitt **E′** stehen daher normal auf einander. Eben so kann gezeigt werden, daß **a″b″** normal steht auf **E″**.

4) Stehen die Projectionen einer Linie normal auf den Schnitten einer Ebene, und schneiden diese Schnitte die Achse, so steht die Linie normal auf der Ebene.

Die Projectionen der Linie stehen nicht normal auf der Achse, weil sonst die Schnitte der Ebene der Achse parallel sein müßten. Deshalb schneiden sich die projicirenden Ebenen der Linie. Um zu zeigen, daß die Linie auf der Ebene normal steht, thun wir dar, daß die projicirenden Ebenen auf der Ebene normal stehen, Geom. II. §. 60. Die Ebene sei **E**, die Linie **ab**. Die projicirende Ebene **abP′** und die Projectionsebene **P′** stehen normal auf einander. Ihre Durchschnittslinie ist die Projection

$a'b'$. In P', als der einen von diesen Ebenen, befindet sich der Schnitt E', und er steht, wegen der Voraussetzung, normal auf $a'b'$. Deshalb ist der Schnitt E' normal auf der anderen von den beiden Ebenen, nämlich auf der projicirenden Ebene abP'. Die Ebene E geht durch den Schnitt E'. Deshalb ist sie normal auf abP', oder, was dasselbe sagt, es ist die projicirende Ebene abP' normal auf der Ebene E. Eben so ist abP'' auf E normal.

5) Stehen die Projectionen einer Linie normal auf den Schnitten einer Ebene, und sind diese Schnitte parallel mit der Achse, so steht die Linie nicht nothwendig normal auf der Ebene. Sie ist aber auf der Ebene normal, wenn auch ihre Projection in der dritten Projectionsebene normal ist auf dem Schnitt der Ebene in dieser Projectionsebene.

Die Projectionen der Linie stehen normal auf der Achse. Zunächst ist also die Lage der Linie nicht bestimmt. Das Uebrige folgt aus 4).

6) Steht eine Linie nicht normal auf einer Ebene, und schneiden die Schnitte der Ebene die Achse, so sind nicht beide Projectionen der Linie normal auf den Schnitten der Ebene.

Indirect aus 4).

7) Stehen nicht beide Projectionen einer Linie normal auf den Schnitten einer Ebene, und schneiden diese Schnitte die Achse, so steht die Linie nicht normal auf der Ebene.

Indirect aus 3).

8) Sind die Schnitte einer Ebene parallel mit der Achse, und steht eine Linie nicht normal auf dieser Ebene, so können doch die Projectionen der Linie normal auf den Schnitten der Ebene sein; dann hat aber die Linie eine solche Lage, daß durch sie eine Ebene gedacht werden kann, welche normal auf der Achse steht.

§. 31.

Die Projection eines n ecks auf einer Projectionsebene wird gebildet durch die Projectionen seiner sämmtlichen Punkte auf dieser Projectionsebene.

§. 32.

1) Steht die Ebene eines n ecks normal auf einer Projectionsebene, so ist die Projection des n ecks in dieser Projections-

ebene eine gerade Linie. Sie fällt mit dem Schnitt der Ebene zusammen. Umgekehrt: ist die Projection eines **n**ecks eine gerade Linie, so befindet sich das **n**eck in der Ebene, welche in dieser geraden Linie auf der Projectionsebene normal steht.

2) Steht die Ebene eines **n**ecks nicht normal auf einer Projectionsebene, so ist die Projection des **n**ecks in dieser Projectionsebene ein **n**eck. Und umgekehrt: ein **n**eck als Projection gehört jedesmal einem **n**eck an, und die Ebene desselben steht schief auf der Projectionsebene.

Denn je drei auf einander folgende Eckpunkte des **n**ecks befinden sich nicht in einer geraden Linie.

§. 33.

Eine begränzte gerade Linie, welche mit einer Projectionsebene parallel ist, ist ihrer Projection in dieser Projectionsebene gleich.

Die Linie ist mit ihrer Projection parallel, und die projicirenden Linien der Endpunkte sind parallel. Die Linie, die projicirenden Linien ihrer Endpunkte, und die Projection der Linie bilden deshalb ein Rechteck. Und da die Linie und ihre Projection gegenüberstehende Seiten desselben abgeben, so sind beide gleich.

§. 34.

Bildet eine begränzte Linie **ab** mit einer Projectionsebene den Winkel α, so ist die Projection der Linie in dieser Projectionsebene gleich $ab \operatorname{Cos} \alpha$.

Wenn die Linie normal auf der Projectionsebene steht, hat die Projection 0 zu ihrem Maaß, denn sie ist ein Punkt; und es ist in diesem Fall $ab \operatorname{Cos} \alpha = ab \operatorname{Cos} 90^\circ = ab \cdot 0 = 0$. Liegt die Linie in der Projectionsebene, so ist die Projection der Linie gleich; alsdann ist aber der Winkel, welchen die Linie mit der Projectionsebene bildet, gleich 0°, und es ist $ab \operatorname{Cos} 0^\circ = ab \cdot 1 = ab$. Steht endlich die Linie schief auf der Projectionsebene, so denke man in der projicirenden Ebene von dem einen Endpunkte der Linie, parallel mit der Projection, eine Linie gezogen bis zu der projicirenden Linie des anderen Endpunktes; dadurch entsteht ein rechtwinkliges Dreieck, welches die Linie **ab** zur Hypotenuse, die gezogene Linie zur einen Kathete hat; diese Kathete ist gleich der Projection, und sie bildet mit der Hypotenuse den Winkel α; die Kathete ist aber gleich ab Cos α, somit auch die Projection.

§. 35.

Ist die Ebene eines neck mit einer Projectionsebene parallel, so ist das neck congruent mit seiner Projection in dieser Projectionsebene.

Denn die Projection hat alle Seiten mit dem neck beziehlich gleich, und auch alle Winkel, weil die Schenkel derselben parallel sind.

Fig. 3.

§. 36.

Bildet die Ebene eines Dreiecks abc mit einer Projectionsebene den Winkel α, so ist die Projection des Dreiecks in dieser Projectionsebene gleich abc Cos α.

Der Satz erhellet sofort, wenn die Ebene des Dreiecks auf der Projectionsebene normal steht, oder mit ihr zusammenfällt. Es bleibt der Beweis zu führen für den Fall, daß die Ebene des Dreiecks einen schiefen Winkel α mit der Projectionsebene bildet. Die Projectionsebene sei P'. Die Ebene des Dreiecks schneide die Projectionsebene in der Linie xz. Die Linien a'x, b'y, c'z seien normal auf xz, alsdann stehen auch die Linien ax, by, cz normal auf xz. Für jedes der Dreiecke nba und nbc werde nb als Grundlinie angenommen; dann ist die Höhe des ersteren Dreiecks xy, die des anderen yz, der Inhalt des ersteren Dreiecks $\frac{1}{2}nb \cdot xy$, der des anderen $\frac{1}{2}nb \cdot yz$, und

$$abc = \tfrac{1}{2}nb \cdot xy + \tfrac{1}{2}nb \cdot yz = \tfrac{1}{2}xz \cdot nb.$$

Nimmt man bei den Dreiecken n'b'a' und n'b'c' die Linie n'b als Grundlinie, so sind xy und yz die Höhen dieser Dreiecke, und es folgt

$$a'b'c' = \tfrac{1}{2}xz \cdot n'b'.$$

Es ist n'b' die Projection von nb. Bei der angegebenen Construction ist der Winkel byb' gleich α geworden, zugleich ist dieser Winkel der Neigungswinkel, welchen die Linie nb mit der Projectionsebene bildet. Daher ist nach §. 34. $n'b' = nb \, \mathrm{Cos}\,\alpha$. Und jetzt folgt

$$a'b'c' = \tfrac{1}{2}xz \cdot n'b' = \tfrac{1}{2}xz \cdot nb \, \mathrm{Cos}\,\alpha = abc \, \mathrm{Cos}\,\alpha.$$

Das ist der Satz.

§. 37.

Bildet die Ebene eines n ecks abcd.... mit einer Projectionsebene den Winkel α, so ist die Projection des n ecks in dieser Projectionsebene gleich abcd.... $\times \operatorname{Cos} \alpha$.

Der Satz ersieht sich leicht, wenn man das n eck in Dreiecke zerlegt.

§. 38.

Die Projectionen einer krummen Linie werden gebildet durch die Projectionen ihrer sämmtlichen Punkte.

§. 39.

1) Befindet sich eine krumme Linie in einer Ebene, welche auf einer Projectionsebene normal steht, so ist in dieser Projectionsebene die Projection der krummen Linie eine gerade Linie. Sie fällt mit dem Schnitt der Ebene zusammen.

Nach §. 27. 1).

2) Ist eine Projection einer krummen Linie eine gerade Linie, so befindet sich die krumme Linie in einer Ebene, welche in jener Projection auf der Projectionsebene normal steht.

Nach §. 27. 2).

3) Befindet sich eine krumme Linie in einer Ebene, welche nicht normal steht auf einer Projectionsebene, so ist in dieser Projectionsebene die Projection der krummen Linie eine krumme Linie.

Nach §. 27. 5).

4) Eine krumme Linie als Projection gehört jedesmal einer krummen Linie an, und dieselbe findet sich nicht in einer Ebene, welche auf der Projectionsebene normal steht.

Die Linie kann nicht gerade sein, weil sonst auch die Projection gerade sein würde; und sie kann nicht in einer Ebene sich befinden, welche normal auf der Projectionsebene steht, weil sonst ebenfalls die Projection gerade ausfiele.

5) Jede von den Projectionen einer Linie von doppelter Krümmung ist eine krumme Linie.

Indirect aus 2).

§. 40.

Durch die projicirenden Linien sämmtlicher Punkte einer Curve, welche zu einer Projectionsebene gehören, läßt sich eine

Fläche denken. Diese Fläche nennen wir die projicirende Fläche der Curve zu jener Projectionsebene.

Die projicirende Fläche einer Curve zu einer Projectionsebene wird beschrieben durch eine gerade Linie, welche man längs der Curve führt, während man sie beständig auf jener Projectionsebene normal erhält. Sie wird ferner beschrieben durch eine gerade Linie, welche man längs der Projection der Curve führt, indem sie immer normal ist auf der Projectionsebene.

Alle Normalen, welche man aus beliebigen Punkten einer Curve auf eine Projectionsebene fällt, werden aufgenommen von der projicirenden Fläche der Curve zu dieser Projectionsebene. Und alle Normalen, welche man in beliebigen Punkten der Projection einer Curve auf der Projectionsebene errichtet, fallen in die projicirende Fläche der Curve für diese Projectionsebene.

§. 41.

1) Berühren sich eine Curve von einfacher Krümmung und eine gerade Linie, und steht die Ebene, in welcher sich beide befinden, nicht normal auf einer Projectionsebene, so berühren sich in dieser Projectionsebene die Projectionen der beiden Linien, und der Berührungspunkt der Projectionen ist die Projection des Berührungspunktes der Linien.

Zunächst erhellet, daß die Projectionen beider Linien die Projection des Punktes gemeinschaftlich haben, in welchem sich die Linien berühren. Die beiden Punkte der Curve, welche dem Berührungspunkte zunächst liegen, befinden sich auf einer Seite der projicirenden Ebene der Tangente; deshalb befinden sich auch die Projectionen dieser Punkte auf einer Seite von der Projection der Tangente (weil nämlich die projicirenden Linien der projicirenden Ebene parallel gehen). Darin liegt aber, daß die Projection der Curve und die Projection der Tangente sich berühren in dem Punkte, welcher die Projection des Berührungspunktes ausmacht.

2) Befinden sich in einer Projectionsebene als Projectionen eine krumme Linie und eine gerade, welche sich berühren, wird zu der krummen Linie die projicirende Fläche, zu der geraden die projicirende Ebene gedacht, und werden diese beiden Flächen durch eine Ebene geschnitten, so erhält man eine krumme Durch-

schnittslinie und eine gerade, beide berühren sich, und der Punkt, in welchem das geschieht, hat zur Projection in jener Projectionsebene den Berührungspunkt der zuerst erwähnten Linien.

Zunächst erhellet, daß die Durchschnittslinien den Punkt gemeinschaftlich haben, welchem als Projection der Berührungspunkt der Linien in der Projectionsebene zugehört. Die beiden Punkte der krummen Linie in der Projectionsebene, welche dem Berührungspunkte zunächst liegen, befinden sich auf einer Seite der geraden Linie, die projicirenden Linien dieser Punkte daher auf einer Seite der projicirenden Ebene. Die beiden Punkte der krummen Linie in der Durchschnittsebene, welchen jene Punkte als Projectionen zugehören, liegen daher dem Punkte zunächst, welchen die krumme Linie und die gerade in der Durchschnittsebene gemeinschaftlich haben, und auf einer Seite der geraden Linie. Deshalb berühren sich diese beiden Linien in dem Punkte, der ihnen gemeinschaftlich ist.

3) Werden die Projectionen einer Curve von einfacher Krümmung durch die Projectionen einer geraden Linie berührt, haben die Berührungspunkte eine solche Lage, daß die Normalen, von ihnen auf die Achse gefällt, denselben Punkt der Achse treffen, und stehen die Projectionen der geraden Linie nicht normal auf der Achse, so berühren sich die Curve und die gerade Linie, und zwar in dem Punkte, welchem jene Berührungspunkte als Projectionen angehören.

Die Punkte, in welchen die Projectionen sich berühren, seien n′ und n″; die gerade Linie sei ab; die Ebene, in welcher sich die Curve befindet, sei durch E bezeichnet. — Die Curve und die Linie ab haben den Punkt n gemeinschaftlich. Die projicirende Ebene abP′ wird von der Ebene E geschnitten; die gerade Linie, in welcher das geschieht, sei cd. Die Curve und die Linie cd berühren sich nach 2), und in demjenigen Punkte der Curve, dessen Projection in P′ der Punkt n′ ist, d. h. in dem Punkt n. Die projicirende Ebene abP″ und die Ebene E schneiden sich ebenfalls; die Linie, in welcher es geschieht, sei gh. Die Curve und die Linie gh berühren sich nach 2) in dem Punkte der Curve, dessen Projection auf P″ der Punkt n″ ist, also in n. Die drei Ebenen abP′, abP″ und E schneiden sich in den drei Linien ab, cd, gh. Die beiden Linien cd und gh sind in demselben Punkte n Tangenten für die Curve; deshalb fallen sie in einander. Dann fällt auch die dritte Linie ab mit ihnen zusammen, und ist somit Tangente für die Curve in dem Punkt n.

4) Berühren sich eine Curve von doppelter Krümmung und eine gerade Linie, so berühren sich auch die Projectionen der Linien, und die Punkte, in welchen die Projectionen sich berühren, sind die Projectionen des Berührungspunktes der Linien selbst.

Der Berührungspunkt und die beiden Punkte der Curve, welche demselben zunächst liegen, bestimmen eine Ebene. In dieser Ebene befindet sich die Tangente. Steht die Ebene nicht normal auf einer von den Projectionsebenen, so folgt der Satz aus 1); steht aber die Ebene normal auf einer oder auf beiden Projectionsebenen, so folgt der Satz, indem das Berührungselement unendlich klein ist, und die ihm benachbarten Punkte der Curve sich außerhalb der Ebene befinden. Vergl. Geom. III. §. 231.

5) Werden die Projectionen einer Curve von doppelter Krümmung durch die Projectionen einer geraden Linie berührt, treffen die Normalen, von den Berührungspunkten auf die Achse gefällt, denselben Punkt der Achse, und stehen die Projectionen der geraden Linie nicht normal auf der Achse, so ist die gerade Linie Tangente für die krumme Linie, und zwar in dem Punkt, welchem jene Berührungspunkte als Projectionen angehören. Stehen aber die Projectionen der geraden Linie normal auf der Achse, so ist sie nicht nothwendig Tangente für die krumme Linie, es sei denn, daß die Projectionen in der dritten Projectionsebene dasselbe in der bekannten Weise bedingen.

6) Schneiden sich eine krumme Linie und eine gerade, und befinden sich nicht beide in einer Ebene, welche auf einer Projectionsebene normal steht, so schneiden sich ihre Projectionen. Und umgekehrt, schneiden sich die Projectionen einer krummen Linie und einer geraden, treffen die Normalen, von den Durchschnittspunkten auf die Achse gefällt, denselben Punkt der Achse, und stehen die Projectionen der geraden Linie nicht normal auf der Achse, so schneiden sich die Linien.

Indirect.

7) Berühren sich zwei Curven, und befindet sich keine in einer Ebene, welche auf einer Projectionsebene normal steht, so berühren sich die Projectionen der Curven.

Denn die Projectionen haben einen Punkt gemeinschaftlich und in demselben eine gemeinschaftliche Tangente.

8) Berühren sich die Projectionen zweier Curven, treffen die Normalen, von den Berührungspunkten auf die Achse gefällt, denselben Punkt der Achse, und steht keine der gemeinschaftlichen Tangenten, welche die Projectionen in den Berührungspunkten haben, auf der Achse normal, so berühren sich die Curven.

Denn die Curven haben einen Punkt gemeinschaftlich und für denselben eine gemeinschaftliche Tangente.

9) Schneiden sich zwei Curven, befinden sie sich nicht in einer Ebene, welche auf einer Projectionsebene normal steht, noch die Tangenten für ihren Durchschnittspunkt in einer Ebene, welche normal steht auf der Achse, so schneiden sich die Projectionen der Curven.

Denn die Projectionen haben einen Punkt gemeinschaftlich und die Tangenten für den Durchschnittspunkt der Projectionen schneiden sich.

10) Schneiden sich die Projectionen zweier Curven, und treffen die Normalen, von den Durchschnittspunkten auf die Achse gefällt, denselben Punkt der Achse, so schneiden sich die Curven.

Denn sie haben einen Punkt gemeinschaftlich, und können sich nicht berühren.

11) Berühren sich die Projectionen zweier Curven, treffen die Normalen, von den Berührungspunkten auf die Achse gefällt, denselben Punkt der Achse, und stehen die gemeinschaftlichen Tangenten, welche die Projectionen in den Berührungspunkten haben, auf der Achse normal, so können die Curven sich berühren oder sich schneiden, welches nach den Projectionen in der dritten Projectionsebene zu beurtheilen ist.

Wir haben es nicht nothwendig erachtet, hier alle Gesetze aufzustellen, welche sich darbieten. Man wird die fehlenden leicht selbst zu entwickeln vermögen, sollte man an ihnen Interesse nehmen, oder derselben bedürfen.

Zweiter Abschnitt.

Die beschreibende Geometrie.

Einleitung.

§. 42.

Die Auflösung einer Constructions-Aufgabe ist entweder theoretisch oder praktisch. Unter der theoretischen Auflösung verstehen wir die Herleitung oder Angabe des Verfahrens, durch welches eine verlangte Raumgröße zu erhalten ist; die praktische Auflösung ist die wirkliche Ausführung jenes Verfahrens in einem besonderen Fall. Bei der theoretischen Auflösung reicht man mit rein geometrischen, d. h. bloß gedachten, Raumgrößen aus. Die praktische Auflösung erheischt, daß die Raumgrößen durch physische Körper, (wozu auch auf Papier gezeichnete Linien zu rechnen sind) repräsentirt werden. Ehe construirt werden kann, muß ermittelt sein, wie zu construiren ist; die theoretische Auflösung geht deshalb der praktischen voran.

In der ebenen Elementargeometrie pflegt man die theoretische Auflösung und die praktische zu vereinigen. Man vollzieht nämlich die Auflösung sogleich an einer gezeichneten Figur, und die Verbindung beider Auflösungen kann in der ebenen Elementargeometrie erfolgen, da die praktische Auflösung durch Zeichnung keine Schwierigkeiten herbeiführt.

In der körperlichen Geometrie läßt sich die theoretische Auflösung einer Constructions-Aufgabe nicht ohne Weiteres mit einer praktischen verbinden: Der praktischen Auflösung steht eine Schwierigkeit entgegen, welche daraus erwächst, daß man Punkte, Linien und Flächen im körperlichen Raume nicht eben so einfach zu repräsentiren vermag, als man Punkte und Linien in einer Ebene durch Zeichnung herstellt.

Die praktische Ausführung der Constructionen im körperlichen Raume bildet den Gegenstand dieses Abschnitts.

Um im körperlichen Raume praktisch zu construiren, müssen die Raumgrößen in demselben repräsentirt sein in einer Weise, welche alle Operationen mit ihnen gestattet. Das Mittel zu einer solchen Repräsentation wird in den Projectionen dargeboten.

Die Constructionen im körperlichen Raum haben hauptsächlich ein technisches Interesse. Auch diesem genügt die erwähnte Repräsentation. Bei technischen Anwendungen wird die eine der Projectionsebenen in horizontaler, also die andere in verticaler Lage angenommen: Die projicirenden Linien zu der horizontalen Projectionsebene sind alsdann lothrechte Linien, und da die Ordinaten in der verticalen Projectionsebene gleich sind den projicirenden Linien zur horizontalen Projectionsebene, so kann man aus den Projectionen in der horizontalen Projectionsebene und den dazu gehörigen projicirenden Linien die Projectionen in der verticalen Projectionsebene finden, und umgekehrt Raumgrößen herstellen, welche gegebenen Projectionen zugehören. Die Projection eines Gegenstandes auf einer horizontalen Projectionsebene wird sein **Grundriß**, die Projection auf der verticalen sein **Aufriß** genannt. Grundriß und Aufriß bilden den **Entwurf**.

Für das Zeichnen von Projectionen ist die Lage der Projectionsebenen gleichgiltig. Beide können deshalb in **einer** Ebene angenommen werden. Bei dieser Annahme kommt das Zeichnen der Projectionen in beiden Projectionsebenen auf das Zeichnen in einer Ebene zurück.

Die Wissenschaft, welche lehrt, wie man durch Zeichnung in einer Ebene die Projectionen von Raumgrößen findet, und wie man mit Raumgrößen construirt, welche durch Projectionen gegeben sind, heißt die **beschreibende Geometrie**.

Die beschreibende Geometrie hat die Projectionslehre zu ihrer Grundlage.

Erstes Kapitel.

Die einfachen Constructionen.

---

§. 43.

Jede der unendlichen Projectionsebenen theilt die andere in zwei Theile. Die Achse ist Gränze eines jeden von diesen Theilen. Größere Bestimmtheit zu erlangen, werden wir von jetzt an unter P' und P'' nur die einen Theile der Projectionsebenen verstehen, die anderen beziehlich durch $P_{,}$ und $P_{,,}$ bezeichnen. Die Projectionsebene, deren Theile P' und $P_{,}$ sind, soll fernerhin die erste Projectionsebene heißen, die andere, welche P'' und $P_{,,}$ zu Theilen hat, die zweite; Projectionen und Schnitte, welche in der ersten Projectionsebene liegen, sollen erste Projectionen, erste Schnitte genannt werden, Projectionen und Schnitte in der zweiten Projectionsebene, zweite Projectionen, zweite Schnitte, u. s. f. Den unendlichen Raum theilen die Projectionsebenen in vier Theile; sie sind einzeln begränzt durch P' und P'', P'' und $P_{,}$, $P_{,}$ und $P_{,,}$, und durch $P_{,,}$ und P'.

Die erste Projectionsebene nehmen wir in der Folge in horizontaler, die zweite also in verticaler Lage an. Der Leser stelle sich vor, die erste Projectionsebene befinde sich unter ihm, die zweite stehe ihm gegenüber. Der dem Leser zugewendete oder vordere Theil der ersten Projectionsebene sei P', der ihm abgewendete oder hintere Theil ist dann $P_{,}$, der obere Theil der zweiten Projectionsebene sei P'', der untere ist dann $P_{,,}$.

Die Buchstaben, deren wir uns zur Bezeichnung von Projectionen oder Schnitten bedienen, werden wir eben so markiren, wie die Theile der Projectionsebenen, in welchen sich die Buchstaben befinden. Liegt demnach ein Punkt a in dem Raume, dessen Gränzen P' und P'' sind, oder, bei der festgesetzten Lage der Projectionsebenen, oben und vorn, so bezeichnen wir seine Projectionen durch a' und a''; liegt der Punkt a dagegen zwischen P'' und $P_{,}$, oder oben und hinten, so bezeichnen wir seine Projectionen durch a'' und $a_{,}$. Umgekehrt, ein Punkt a, dessen Projectionen a' und $a_{,,}$ sind, liegt unten und vorn, d. h. zwischen P' und $P_{,,}$, ein Punkt, dessen Projectionen $a_{,}$ und $a_{,,}$ sind, hinten und unten, nämlich zwischen $P_{,}$ und $P_{,,}$.

Der Raum, welcher durch P' und P'' begränzt ist, mag der erste Raum heißen. Punkte, deren Lage beliebig ist, werden wir jedesmal in dem ersten Raum annehmen; ihre Projectionen fallen dann in P' und P''. Linien und Flächen, welche durch den ersten Raum gehen, werden wir uns zunächst nicht weiter vorstellen, als sie innerhalb des ersten Raumes liegen; daher auch ihre Projectionen und Schnitte zunächst nicht weiter zeichnen, als sie in P' und P'' enthalten sind. Die anderen Räume und die anderen Theile der Projectionsebenen werden wir nur betreten, wenn die Constructionen uns in sie führen.

Um alles, was in beiden Projectionsebenen vorkommt, in einer Ebene zu zeichnen, nehmen wir an, die zweite Projectionsebene sei um die Achse gedreht worden, bis P'' mit $P_{,}$ zusammengefallen ist; $P_{,,}$ liegt dann in P'. Stellt demnach in einer Zeichnung eine gerade Linie die Achse vor, so wird auf der einen Seite derselben alles das sich zeigen, was in P' und in $P_{,,}$ enthalten ist, auf der anderen alles das, was in P'' und in $P_{,}$ vorkommt.

Bei der oben festgesetzten Lage der Projectionsebenen erhält die dritte Projectionsebene eine verticale Stellung. P''' soll ferner nur den obern Theil der dritten Projectionsebene bezeichnen, den untern soll $P_{,,,}$ vorstellen. Die Buchstaben in diesen Theilen werden wir markiren wie die Theile selbst. Die Achse, in welcher die dritte und die erste Projectionsebene sich schneiden, bezeichnen wir durch P^{2}, die, in welcher die dritte und zweite sich schneiden, durch P^3. Die Achsen P, P^2, P^3 nennen wir beziehlich die erste, zweite und dritte Achse. Die Buchstaben, deren wir uns zur Bezeichnung von Punkten bedienen, welche in der zweiten oder dritten Achse liegen, markiren wir wie diese Achsen, nämlich durch ² und ³, wenn diese Buchstaben in der ersten Achse durch ⁰ markirt sein würden. Die dritte Projectionsebene werden wir, wenn sie erforderlich ist, in der Regel um die zweite Achse gedreht vorstellen, bis sie mit der ersten Projectionsebene zusammengefallen ist.

Wenn ein Punkt oder eine Linie durch die Projectionen gegeben ist, oder eine Ebene durch ihre Schnitte, so werden wir schlechthin sagen, der Punkt, die Linie, die Ebene sei gegeben; und wenn wir sagen, man solle einen Punkt, eine Linie oder eine Ebene construiren, so verstehen wir darunter, man solle die Projectionen des Punktes, der Linie construiren, oder die Schnitte der Ebene.

Punkte in den Projectionsebenen, welche nicht Projectionen oder Durchgänge ɛc. sind, oder nicht als solche beachtet zu werden brauchen, werden wir durch unmarkirte Buchstaben bezeichnen, und dazu vorzugsweise die letzteren des Alphabets wählen. Es wird übrigens aus dem Zusammenhange leicht erhellen, ob ein Punkt im Raume oder in einer Projectionsebene liegt.

§. 44. Aufgabe.

Es sind die Projectionen eines Punktes a auf den beiden ersten Projectionsebenen gegeben, man soll die Projection dieses Punktes auf der dritten Projectionsebene construiren.

Auflösung. Es mögen Fig. 4. die Projectionen a' und a'' gegeben sein. Man construire $a'a^2$ normal auf P^2. Dann ist a^2 der Anfangspunkt der Ordinaten für die zweite Achse. Die Ordinate in der dritten Projectionsebene ist gleich der projicirenden Linie zur ersten Projectionsebene; und diese projicirende Linie ist wiederum gleich der Ordinate in der zweiten Projectionsebene. Man mache daher a^2a''' gleich a^0a'', und a''' ist die verlangte dritte Projection des Punktes a.-

Die Auflösung bleibt ungeändert, wenn der Punkt a nicht in dem ersten Raum sich befindet. Fig. 5. zeigt die Construction in dem Fall, daß a unten und vorn angenommen ist. Die

Linien $a^0 a_{,,}$ und $a^2 a_{,,,}$ fallen zum Theil mit den Linien $a^0 a'$ und $a^2 a'$ zusammen.

§. 45. Aufgabe.

Es ist ein Punkt a gegeben und eine gerade Linie cd, man soll durch den Punkt a eine gerade Linie ab construiren, welche mit der Linie cd parallel ist.

Auflösung. I. Es mögen Fig. 6. die Projectionen der Linie cd nicht normal auf der Achse stehen.

In diesem Falle ziehe man a'b' parallel mit c'd', und a''b'' parallel mit c''d'', und man hat die Projectionen der Linie ab.

II. Die Projectionen der Linie cd bilden mit der Achse rechte Winkel, Fig. 7.

Von der Linie sind die beiden Punkte c und d gegeben, weil aus den auf der Achse normal stehenden Projectionen die Lage der Linie nicht zu entnehmen ist. Die Projectionen der verlangten Linie gehen, die eine durch a', die andere durch a'', und stehen normal auf der Achse. Sie reichen zur Bestimmung der Linie nicht aus, und sie soll deshalb durch zwei von ihren Punkten bestimmt werden. Ein Punkt der verlangten Linie ist a, es bedarf daher nur der Construction eines zweiten Punktes. Er ergiebt sich vermittelst der dritten Projectionsebene folgendergestalt: Man nehme die zweite Achse P^2 an einer beliebigen Stelle, construire die Projectionen a''', c''', d''' nach dem vorigen Paragraph, und ziehe a'''b''' parallel mit c'''d'''. Die Linie a'''b''' und die Normale von a' auf die erste Achse gefällt, sind die Projectionen der verlangten Linie in der dritten und ersten Projectionsebene, und sie bestimmen die Linie. In der Linie nehme man jetzt den Punkt b beliebig an. Dies geschieht, indem man in der dritten Projection den Punkt b''' beliebig nimmt, die Normale $b'''b^2$ auf die zweite Achse fällt, und die Normale verlängert bis zu ihrem Durchschnitte b' mit der ersten Projection der Linie. Die Punkte b''' und b' sind die dritte und die erste Projection eines in der Linie befindlichen Punktes b. Es bleibt noch übrig, die zweite Projection des Punktes b zu finden. Sie wird erhalten, wenn man $b^0 b''$ gleich $b^2 b'''$ macht.

§. 46. Aufgabe.

Die Durchgänge einer gegebenen Linie **ab** zu construiren.

Auflösung. I. Die eine der Projectionen a'b' sei mit der Achse parallel, die andere a''b'' schneide dieselbe Fig. 8. — Die Linie **ab** ist in diesem Fall parallel mit der zweiten Projectionsebene und schneidet die erste. Den Durchgang der Linie in der ersten Projectionsebene zu erhalten, verlängere man a''b'' bis zum Durchschnitt a^{II} mit der Achse, und construire den Normalschnitt $a^{II}a^{I}$ in der ersten Projectionsebene. Sein Durchschnitt a^{I} mit der Projection a'b' ist der verlangte Durchgang.

II. Beide Projectionen der Linie schneiden die Achse, Fig. 9.— Die Linie schneidet beide Projectionsebenen. — Man verlängere jede Projection bis zur Achse, und construire in jeder von den Projectionsebenen den Normalschnitt. Die Punkte a^{I} und b^{II}, in welchen die Normalschnitte und die Projectionen sich schneiden, sind die Durchgänge.

Fig. 10. stellt den Fall dar, daß sich in der zweiten Projectionsebene die Projection und der Normalschnitt unten schneiden, d. h. in P_{II}.

III. Die Projectionen der Linie stehen normal auf der Achse, Fig. 11., und es sind die beiden Punkte **a** und **b** der Linie gegeben, damit sie bestimmt sei. — Die Durchgänge zu finden, bedarf es der dritten Projectionsebene. — Man nehme die Achse P^2 an einer beliebigen Stelle, und construire a''' und b'''. Die dritte Projection a'''b''' der Linie verlängere man bis zu ihrem Durchschnitt a^{III} mit der zweiten Achse, und construire den Normalschnitt $a^{III}a^{I}$. Der Punkt a^{I}, in welchem er die erste Projection schneidet, ist der Durchgang der Linie in der ersten Projectionsebene. Man verlängere ferner die dritte Projection a'''b''' bis zum Durchschnitt b_{III} mit der dritten Achse, welche in der ersten P liegt. Wenn man in der zweiten Projectionsebene von b_{III} aus den Normalschnitt der dritten projicirenden Ebene construirte, so würde in dem Durchschnitt dieses Normalschnitts mit der zweiten Projection der zweite Durchgang sich ergeben. Der erwähnte Normalschnitt ist parallel mit der Achse P, und seine Entfernung von ihr ist gleich xb_{III}. Daher wird der zweite Durchgang b_{II} gefunden, indem man $b^{I}b_{II}$ gleich xb_{III} nimmt.

Die Construction würde hier etwas kürzer ausgefallen sein, wenn man die Achse P^2 in die Linie a′b′ gelegt hätte.

§. 47.

1) Schneidet eine gerade Linie eine Projectionsebene, und wird durch die Linie eine Ebene construirt, so schneidet die Ebene jene Projectionsebene, und der Schnitt geht durch den Durchgang. Geom. II. §. 18. 2).

2) Ist eine gerade Linie parallel mit einer Projectionsebene, und wird durch die Linie eine Ebene gedacht, welche die Projectionsebene schneidet, so werden der Schnitt der Ebene und die Projection der Linie in jener Projectionsebene parallel, oder fallen in einander.

Nach Geom. II. §. 18. 1) ist sowohl die Projection der Linie als der Schnitt der Ebene parallel mit der Linie, folglich sind beide parallel. Fällt aber die Ebene mit der projicirenden Ebene der Linie zusammen, so fallen der Schnitt und die Projection in einander.

§. 48. Aufgabe.

Zwei gegebene Linien ab und cd schneiden sich in einem Punkte n, man soll die Schnitte der Ebene E construiren, welche durch die Linien geht.

Auflösung. I. Jede von den Linien schneidet beide Projectionsebenen, Fig. 12. — Nach dem ersten Satze des vorigen Paragraphen schneidet die Ebene E jede von den Projectionsebenen und die Schnitte gehen durch die Durchgänge der Linien. — Man construire daher die Durchgänge der Linien, und ziehe die Linien $a^I c^I$ und $b^{II} d^{II}$; die erstere ist der Schnitt E′, die andere der Schnitt E″. — Schneidet der eine von den Schnitten die Achse, so schneidet der andere die Achse in demselben Punkt, nach §. 14. Der Punkt E^0 liegt also in einer geraden Linie, sowohl mit den beiden Durchgängen a^I und c^I, als mit den Durchgängen b^{II} und d^{II}. Wegen dieses Umstandes bedarf es, wenn vermittelst des einen Schnittes der Punkt E^0 gefunden ist, zur Construction des anderen Schnittes nur eines Durchganges, denn der andere Schnitt wird erhalten in der geraden Linie, welche man durch E^0 und den Durchgang zeichnet. Dies ist beachtenswerth für den Fall, daß man zu einem der Durchgänge nicht wohl gelangen kann. Wir empfehlen übrigens die

Construction aller Durchgänge. Sie gewähren ein Mittel, die Genauigkeit der Construction zu prüfen.

In Figur 13 ist unsere Aufgabe, unter der Voraussetzung, daß jede der Linien beide Projectionsebenen schneidet, noch einmal behandelt. Die Linie ab ist in einer solchen Lage angenommen, daß ihr Durchgang in der ersten Projectionsebene in $P_{,}$ fällt; die Linie cd dergestalt, daß sie die zweite Projectionsebene in $P_{,,}$ schneidet. Die Construction ist wie zuvor. Man erhält den ersten Schnitt in der Linie $a_{I}c^{I}$, den zweiten in der Linie $b^{II}d_{II}$.

II. Die eine der Linien, nämlich ab, schneidet beide Projectionsebenen, die andere, cd, schneidet die erste Projectionsebene und ist parallel mit der zweiten, Fig. 14. — Nach dem ersten Satze des vorangegangenen Paragraphen schneidet die Ebene E beide Projectionsebenen, weil die Linie ab beide schneidet; wegen des zweiten Satzes fällt der zweite Schnitt der Ebene parallel mit der zweiten Projection der Linie cd aus. — Der erste Schnitt der Ebene wird gefunden wie in I., der zweite, wenn man durch die Punkte E^{0} und b^{II} eine gerade Linie zeichnet, oder durch einen dieser Punkte eine Linie parallel mit der Projection $c''d''$.

III. Die eine der Linien, nämlich ab, schneidet die erste Projectionsebene und ist parallel mit der zweiten, die andere, cd, schneidet die zweite Projectionsebene, und ist parallel mit der ersten, Fig. 15. — Es folgt aus §. 47., daß der erste Schnitt durch den Durchgang der Linie ab geht, und parallel ausfällt mit der ersten Projection der Linie cd, und daß der zweite durch den Durchgang der Linie cd geht, und parallel wird mit der zweiten Projection der Linie ab. — Die Schnitte werden also erhalten, indem man durch a^{I} eine Linie zeichnet parallel mit $c'd^{I}$ und durch d^{II} eine Linie parallel mit $a^{II}b''$. Ist vermittelst des einen Schnittes, etwa E′, der Punkt E^{0} gefunden, so ergiebt sich der zweite auch, indem man durch E^{0} und d^{II} eine gerade Linie zieht, oder durch E^{0} eine Linie, welche parallel ist mit $a^{II}b''$.

IV. Beide Linien schneiden die eine Projectionsebene, und sind parallel mit der anderen, (ohne Figur). — Die Ebene, welche durch die Linien geht, ist parallel mit der anderen Projectionsebene, steht also normal auf der ersten, und ihr Schnitt in dieser Projectionsebene ist parallel mit der Achse. Der Schnitt wird erhalten, wenn man durch die Durchgänge eine gerade Linie zeichnet, oder durch den einen von ihnen eine Linie, welche mit der Achse parallel ist.

V. Die eine Linie ab ist parallel mit beiden Projectionsebenen, die andere cd schneidet beide. — Die Projectionen der Linie ab sind mit der Achse parallel. — Es schneidet die Ebene E beide Projectionsebenen, ihre Schnitte sind mit der Achse parallel, und sie gehen durch die Durchgänge der Linie cd.

VI. Die eine Linie ab ist parallel mit beiden Projectionsebenen, die andere cd schneidet die eine Projectionsebene, etwa die erste, und ist parallel mit der zweiten. — Die Ebene E ist parallel mit der zweiten Projectionsebene und schneidet die erste. Ihr Schnitt in der ersten Projectionsebene geht durch den Durchgang der Linie cd, und ist parallel mit der Achse.

§. 49. Aufgabe.

Es sind zwei parallele Linien ab und cd gegeben, man soll die Ebene E construiren, welche durch sie geht.

Auflösung. I. Jede von den Linien schneidet beide Projectionsebenen, Fig. 16. — Nach §. 47. 1) schneidet die Ebene E jede von den Projectionsebenen, und die Schnitte gehen durch die Durchgänge der Linien. Die Construction stimmt daher überein mit der im vorigen Paragraph unter I.

II. Jede von den Linien schneidet die erste Projectionsebene und ist parallel mit der zweiten, Fig. 17. — Die Ebene E schneidet nach §. 47. die erste Projectionsebene, und der Schnitt geht durch die Durchgänge a^1 und c^1. Der zweite Schnitt ist nach demselben Paragraph parallel mit den zweiten Projectionen der Linien, und er geht durch den Punkt E^0, welchen man sich vermittelst des ersten Schnitts verschafft. — Wenn die ersten Projectionen der Linien in eine gerade Linie fallen, ist die Ebene E der zweiten Projectionsebene parallel.

III. Jede von den Linien ist parallel mit beiden Projectionsebenen, Fig. 18. — Bei der gegebenen Lage der Linien schneidet die Ebene beide Projectionsebenen. Die Schnitte der Ebene gehen nach §. 47. parallel mit den Projectionen der Linien. Um sie zu zeichnen, bedarf man daher von jedem nur eines Punktes. — Eine gerade Linie, welche die beiden parallelen Linien ab und cd schneidet, befindet sich in der Ebene E und schneidet deren Schnitte; die Durchgänge einer solchen Linie sind sonach Punkte, durch welche die Schnitte sich bestimmen. — Um eine Linie zu erhalten, welche die beiden parallelen Linien ab und cd schneidet, nehme man in ab beliebig einen Punkt n, in cd einen Punkt q, und construire die Linie nq. Ein Punkt n wird aber beliebig in der Linie ab angenommen, wenn man seine Projection n' in der Projection a'b' beliebig nimmt, und seine zweite Projection bestimmt, indem man die Normale n'n° fällt, und dieselbe verlängert bis zur Projection a''b''; oder wenn man den Punkt n° beliebig nimmt, und durch ihn normal auf der Achse die Linie n'n'' zeichnet. Der Punkt q in cd findet sich eben so. Die Linien n'q' und n''q'' sind die Projectionen der Linie nq. — Man bestimme die Durchgänge n^{I} und q^{II}, und lege durch diese die Schnitte E' und E'': damit ist die Aufgabe gelöst.

§. 50. Aufgaben.

1) Es ist eine gerade Linie ab gegeben, und außerhalb derselben ein Punkt c, man soll die Ebene E construiren, welche durch beide geht.

Auflösung. Man construire durch den Punkt c eine Linie cq, welche entweder die Linie ab schneidet, oder welche mit ihr parallel ist, und lege durch beide Linien eine Ebene; sie ist die verlangte.

2) Es sind drei Punkte a, b, c gegeben, welche nicht in einer geraden Linie liegen, man soll die Ebene construiren, welche durch sie geht.

Auflösung. Man construire durch zwei der Punkte, etwa a und b, eine gerade Linie, durch den dritten Punkt c eine gerade Linie, welche entweder die erstere schneidet, oder mit ihr parallel ist, und lege durch beide Linien eine Ebene; diese ist die verlangte.

§. 51. Aufgabe.

Es sind zwei sich schneidende Ebenen E und F gegeben, man soll deren Durchschnittslinie ab construiren.

Auflösung. I. Die Schnitte der Ebenen schneiden sich in jeder von den Projectionsebenen, Fig. 19. — Die Punkte, in welchen die Schnitte sich schneiden, sind die Durchgänge der Durchschnittslinie, nach §. 29. 15). — In den Normalen $a^{I}a^{II}$ und $b^{II}b^{I}$

hat man daher die Durchgangsordinaten, und in den Linien a'b' und a''b'' die Projectionen der verlangten Durchschnittslinie.

In Fig. 20. ist die Aufgabe bei derselben Voraussetzung gelöst, nur sind die Ebenen in einer solchen Lage genommen, daß ihre ersten Schnitte sich in $P_{,}$ schneiden und die zweiten in $P_{,,}$.

II. Die Schnitte der Ebenen in der einen Projectionsebene schneiden sich, die in der anderen sind parallel, Fig. 21. — Nach §. 29. 11) schneidet, bei unserer Figur, die Durchschnittslinie die erste Projectionsebene, und zwar in dem Durchschnittspunkt der Schnitte, und ist parallel mit der zweiten. Die erste Projection der Durchschnittslinie ist daher parallel mit der Achse; die zweite Projection ist parallel mit den Schnitten in der zweiten Projectionsebene, welches aus §. 47. erhellet. — Den Durchgang a' der Durchschnittslinie hat man in dem Durchschnittspunkt der Schnitte E' und F'. Die erste Projection a'b' wird erhalten, wenn man durch a' eine Linie parallel mit der Achse zeichnet; und um die zweite zu construiren, fälle man die Durchgangsordinate a'a'' und ziehe a''b'' parallel mit den zweiten Schnitten.

III. Die Schnitte der Ebenen sind parallel mit der Achse, Fig. 22. — Die Durchschnittslinie der beiden Ebenen ist parallel mit jeder von den Projectionsebenen nach §. 29., die Projectionen der Durchschnittslinie sind daher parallel mit der Achse. — Man stelle sich eine Ebene G vor, welche die Durchschnittslinie ab der beiden Ebenen E und F schneidet in irgend einem Punkte c. Die Ebene G schneidet sowohl die Ebene E als die Ebene F, die Durchschnittslinien der Ebene G mit den Ebenen E und F schneiden sich, und ihr Durchschnittspunkt ist jener beliebige Punkt c der Durchschnittslinie ab. Vermittelst der Ebene G und der Durchschnittslinien derselben mit den Ebenen E und F kann man also einen Punkt der Durchschnittslinie ab erhalten, und mehr bedarf es nicht, sie zu construiren, weil ihre Projectionen parallel sind mit der Achse. — Man construire demnach

1) die Ebene G. Damit die Ebene G die Durchschnittslinie ab der Ebenen E und F schneide, lege man sie dergestalt, daß sie die Achse schneidet. Es ist bequem, die Ebene G normal auf der einen Projectionsebene zu nehmen; sie werde aber nicht auch normal auf der anderen genommen. Man zeichne demnach

etwa G′ schief auf der Achse, und G″ normal auf derselben. Die Ebene G schneidet alsdann die Linie ab, steht normal auf der ersten Projectionsebene, und schief auf der zweiten.

2) construire man die Durchschnittslinie hn der Ebenen G und E, und die Durchschnittslinie pq der Ebenen G und F. Dies geschieht nach I. Die Projectionen der Linien hn und pq in der ersten Projectionsebene fallen in einander, die in der zweiten schneiden sich. Der Punkt c″, in welchem die Projectionen h″n″ und p″q″ sich schneiden, ist die zweite Projection des Punktes c, welcher den Durchschnittspunkt der Linien hn und pq ausmacht; die erste Projection c′ wird gefunden, wenn man die Normale c″c° fällt und sie verlängert bis zum Durchschnitt mit den ersten (in einander liegenden) Projectionen der Linien hn und pq. Vergl. §. 28.

3) ziehe man durch c′ die Linie a′b′, und durch c″ die Linie a″b″ parallel mit der Achse; und man hat die Projectionen der verlangten Durchschnittslinie.

Dieselbe Auflösung ist noch einmal bei Fig. 23. in Anwendung gebracht. Die Lage der Ebenen E und F ist hier so genommen, daß ihre Durchschnittslinie in dem Raum zwischen P′ und $P_{\prime\prime}$ liegt.

§. 52. Aufgabe.

Es ist eine Ebene E gegeben und eine gerade Linie ab, welche die Ebene E schneidet, man soll den Durchschnittspunkt n finden.

Auflösung. Jede Ebene K, welche man durch die Linie ab legt, schneidet die Ebene E in einer Linie cd, welche sich mit der Linie ab in dem Punkte n schneidet. Der verlangte Durchschnittspunkt wird also erhalten in dem Durchschnittspunkt der Linien cd und ab.

I. Steht die gerade Linie ab nicht normal auf einer von den Projectionsebenen, so kann jede ihrer projicirenden Ebenen als die Ebene K dienen. Man construire demgemäß Fig. 24.

1) die Schnitte der einen projicirenden Ebene, etwa abP′. Der Schnitt in der ersten Projectionsebene ist die Projection a′b′, der Schnitt in der zweiten ist der Normalschnitt.

2) construire man die Durchschnittslinie cd der Ebenen abP′, und E. Die Punkte c′ und d″, in welchen die Schnitte

dieser Ebenen sich schneiden, sind die Durchgänge; die Normale $c^I c^{II}$ ist der Normalschnitt in der ersten Projectionsebene, also $c^{II} d^{II}$ die zweite Projection; der Normalschnitt $d^{II} d^I$ in der zweiten Projectionsebene und die Projection $d^I c^I$ in der ersten Projectionsebene fallen beziehlich mit dem Normalschnitt und der Projektion von ab zusammen.

3) bestimme man den Durchschnittspunkt n der Linien ab und cd. Die zweite Projection desselben ist der Punkt n″, in welchem die zweiten Projectionen der Linien sich schneiden, die erste wird erhalten, wenn man die Normale $n'' n^0$ fällt, und sie verlängert bis zum Durchschnitt n′ mit den ersten Projectionen der Linien. In dem Punkt n wird die Ebene E von der Linie ab geschnitten.

II. Es stehe die Linie ab normal zur ersten Projectionsebene.

Eine Fig. 25. durch ab gelegte Ebene K steht normal auf der ersten Projectionsebene, ihr zweiter Schnitt also normal auf der Achse. Vermittelst der Durchschnittslinie cd der Ebenen E und K ergiebt sich wie zuvor der Punkt n.

In Fig. 26. ist die durch ab gelegte Ebene K parallel mit der zweiten Projectionsebene genommen. Die parallelen Ebenen K und P″ werden alsdann von der Ebene E in parallelen Linien cd und E″ geschnitten; und da auch cd parallel ist mit c″d″ (es ist cd mit P″ parallel), so sind E″ und c″d″ parallel. Der Durchschnittspunkt zwischen den Linien ab und cd ist der verlangte Punkt n.

§. 53. Aufgabe.

Es sind zwei gerade Linien ab und cd gegeben, welche nicht in einer Ebene liegen, man soll durch die eine cd eine Ebene E construiren, welche mit der anderen ab parallel ist.

Auflösung. Man nehme in der Linie cd einen Punkt n beliebig, construire durch ihn eine Linie gh parallel mit der Linie ab, und lege durch die Linien cd und gh eine Ebene. Diese ist die verlangte Ebene E.

§. 54. Aufgabe.

Es ist eine Ebene E gegeben, und außerhalb derselben ein Punkt a, man soll durch den Punkt a eine Ebene F construiren, welche mit der Ebene E parallel ist.

Auflösung. I. Beide Schnitte der Ebene E stehen schief auf der Achse, Fig. 27. — Man construire durch den Punkt a eine Linie bc, welche parallel ist mit der Ebene E, und durch die Linie bc eine Ebene, welche mit der Ebene E parallel ist. Sie ist die verlangte Ebene F. — Damit die Linie bc durch den Punkt a gehe, müssen ihre Projectionen durch die des Punktes a gelegt werden. Damit die Linie bc parallel sei mit der Ebene E, construire man sie parallel mit irgend einer Linie in der Ebene E. Zu dieser Linie wähle man einen der Schnitte, etwa E″. Die zweite Projection des Schnittes E″ fällt mit ihm selbst zusammen, die erste liegt in der Achse. Die zweite Projection der Linie bc wird demgemäß erhalten, wenn man durch a″ eine Linie parallel mit E″ construirt, die erste, wenn man durch a′ eine Linie zeichnet parallel mit der Achse. — Damit die Ebene F parallel der Ebene E sei, müssen ihre Schnitte parallel gehen mit denen der Ebene E, und damit sie zugleich durch die Linie bc gehe, muß ihr erster Schnitt durch den Durchgang der Linie bc gelegt werden. Man construire daher den Durchgang b′ der Linie bc, durch ihn den Schnitt F′ parallel mit E′ und durch F° den Schnitt F″ parallel mit E″, oder, was dasselbe ist, mit b″c″. Damit ist die Aufgabe gelöst.

II. Der eine Schnitt E′ der Ebene E steht normal auf der Achse, der andere E″ schief, Fig. 28. — Die Ebene E steht normal auf der zweiten Projectionsebene. Die mit ihr parallele Ebene F nimmt dieselbe Lage an. Der Punkt a befindet sich daher in der Ebene F, sobald seine zweite Projection in dem zweiten Schnitt der Ebene liegt. — Man construire demgemäß durch a″ den Schnitt F″ parallel mit E″, und durch F° den Schnitt F′ parallel mit E′.

III. Stehen beide Schnitte der Ebene E auf der Achse normal, so construire man die Schnitte der Ebene F durch die Projectionen des Punktes a und normal auf der Achse.

IV. Die Schnitte der Ebene E sind mit der Achse parallel, Fig. 29. — Um in dem gegenwärtigen Fall durch den Punkt a eine Linie bc zu erhalten, parallel mit der Ebene E, construire man in der Ebene E eine Linie dg, welche die Schnitte dieser Ebene schneidet, und welche nicht in einer auf der Achse normal stehenden Ebene sich befindet, und lege alsdann durch den Punkt a eine Linie parallel mit dg. Die Linie dg wird erlangt, indem man die Durchgänge d^{I} und g^{II} in den Schnitten der Ebene E nimmt, dergestalt, daß die Normalen, von ihnen auf die Achse gefällt, verschiedene Punkte der Achse treffen. Die Projectionen der Linie bc sind durch die Projectionen des Punktes a zu legen, parallel mit denen der Linie dg. — Damit die Ebene F durch die Linie bc gehe, und parallel der Ebene E sei, müssen ihre Schnitte durch die Durchgänge der Linie bc gelegt werden und parallel den Schnitten der Ebene E.

§. 55. Aufgabe.

Es sind zwei nicht in einer Ebene liegende oder zwei sich schneidende Linien ab und cd gegeben, und ein Punkt g, man soll durch den Punkt eine Ebene construiren, welche parallel ist mit jenen Linien.

Auflösung. Man construire durch den Punkt g eine Linie hn parallel mit der Linie ab, und eine Linie pq parallel mit cd, und darauf die Ebene E, welche durch die Linien hn und pq geht: sie ist die verlangte.

§. 56. Aufgabe.

Es ist eine Ebene E gegeben, und ein Punkt a, man soll durch den Punkt eine Linie bc construiren, welche auf der Ebene normal steht.

Auflösung. Durch die Projectionen des Punktes a Fig. 30. zeichne man Linien, welche normal stehen auf den Schnitten der Ebene E. Diese Linien sind die Projectionen der verlangten Linie bc. Sind Fig. 31. die Schnitte der Ebene E mit der Achse parallel, so ist die Lage der Linie bc durch ihre Projectionen nicht bestimmt. Die Bestimmung wird erreicht, wenn man sich außer dem Punkte a vermittelst der dritten Projectionsebene noch einen zweiten Punkt der Linie verschafft. Es ist zu dem Ende der Durchgang b^{I} construirt worden; jeder andere Punkt der Linie hätte eben so gut zur Bestimmung gedient.

§. 57. Aufgabe.

Es ist eine Ebene E gegeben und eine gerade Linie ab, man soll durch die Linie ab eine Ebene H construiren, welche auf der Ebene E normal steht.

Auflösung. Durch irgend einen Punkt n der Linie ab construire man eine Linie nq normal auf der Ebene E, und durch die Linien ab und nq lege man eine Ebene; sie ist die verlangte Ebene H. — Man nehme also Fig. 32. in den Projectionen der Linie ab die Projectionen n′ und n″ des Punktes n, ziehe n′q′ normal auf E′, n″q″ normal auf E″, und man hat die Projectionen der Linie nq, welche durch n geht und auf E normal steht. Man construire ferner die Durchgänge a^{I}, b^{II}, n^{I}, q_{II}, und zeichne eine gerade Linie durch a^{I} und n^{I}, und eine zweite durch b^{II} und q_{II}. Diese Linien sind die Schnitte der verlangten Ebene H. — In Fig. 33. ist der Fall behandelt, daß die Schnitte der Ebene E mit der Achse parallel sind. Der Gang der Auflösung ist der vorige, nur ist zur Bestimmung der Linie nq und ihrer Durchgänge die dritte Projectionsebene zu Hilfe genommen. — Befindet sich die Linie ab in der Ebene E, so ändert das die Auflösung nicht.

§. 58. Aufgabe.

Es ist ein Punkt a gegeben, und eine gerade Linie bc, man soll durch den Punkt a eine Ebene E construiren, welche auf der Linie bc normal steht.

Auflösung. Man construire irgend eine Ebene H, welche normal steht auf der Linie bc, und dann durch den Punkt a eine Ebene, welche mit der Ebene H parallel ist; sie ist die verlangte Ebene E. — Die Ebene H Fig. 34. wird erhalten, indem man den Schnitt H′ normal auf b′c′ zeichnet und von H^{0} aus den Schnitt H″ normal auf b″c″. Die Ebene E, welche durch a geht und mit H parallel ist, findet man nach §. 54.; man construirt nämlich durch a eine Linie dg, parallel mit einem Schnitt H″ der Ebene H, und durch dg die Ebene E mit der Ebene H parallel.

Es ist nicht nothwendig, die Schnitte der Ebene H zu zeichnen, denn man kann sofort durch a″ die Projection $d^{II}g''$ construiren normal auf b″c″, durch a′ die Projection $d^{I}g'$ parallel der Achse, alsdann durch den Durchgang d^{I} den Schnitt E′ normal auf b′c′, und von E^{0} aus den Schnitt E″ parallel $d^{II}g''$.

§. 59. Aufgabe.

Es ist ein Punkt a gegeben und eine gerade Linie bc, man

soll durch den Punkt a eine gerade Linie construiren, welche auf der Linie bc normal steht.

Auflösung. Man construire durch den Punkt a eine Ebene E, welche auf der Linie bc normal steht, bestimme den Punkt n, in welchem die Ebene E und die Linie bc sich schneiden, und lege eine gerade Linie durch die Punkte a und n; diese ist die verlangte. — Die Construction wird Fig. 35. folgendermaßen durchgeführt:

1) Um die Ebene E zu erhalten, welche durch a geht und auf bc normal steht, construire man (nach Anleitung des vorigen Paragraphen) die Linie $a''d^{II}$ normal auf $b''c''$, $a'd^{I}$ parallel der Achse, durch d^{I} den Schnitt E' normal auf $b'c'$, und durch E^{0} den Schnitt E'' parallel $a''d^{II}$.

2) Den Durchschnittspunkt n der Ebene E und der Linie bc zu finden, construire man zuvörderst die Linie hq, in welcher sich die Ebene E und die projicirende Ebene bcP' schneiden. Der erste Schnitt dieser projicirenden Ebene ist die Projection $b'c'$, der zweite ist der Normalschnitt $q^{I}q^{II}$. Die Durchgänge der Linie hq sind die Punkte h^{I} und q^{II}, die Projectionen also die Linien $h^{I}q^{I}$ und $h^{II}q^{II}$. — Der Punkt n'', in welchem die zweiten Projectionen der Linien bc und hq sich schneiden, ist die zweite Projection des Punktes n. Die erste wird gefunden, wenn man von n'' eine Normale auf die Achse fällt, und sie bis zum Durchschnitt n' mit $b'c'$ verlängert.

3) sind die Linien $a'n'$ und $a''n''$ zu zeichnen. Diese sind die Projectionen der verlangten Linie.

§. 60. Aufgabe.

Es sind zwei nicht in einer Ebene befindliche Linien ab und cd gegeben, man soll die Linie pq construiren, welche auf jeder von jenen Linien normal steht.

Auflösung. Durch die eine der gegebenen Linien, etwa ab, construire man eine Ebene E, welche parallel ist mit der anderen gegebenen Linie cd; durch die andere Linie, cd, lege man eine Ebene F normal auf der Ebene E; und in dem Punkte p, in welchem die erste Linie ab und die Ebene F sich schneiden, errichte man eine Normale pq auf der Ebene E: die Normale pq ist die verlangte Linie.

Ausführung der Construktion Fig. 36:

1) Construktion der Ebene E. — Man nehme in ab den Punkt n beliebig, construire durch ihn eine Linie gh parallel mit cd, und lege durch die beiden sich schneidenden Linien ab und gh eine Ebene; sie ist die Ebene E. — Die Projectionen des Punktes n erhält man in den Punkten n' und n'', in welchen eine auf der Achse normal stehende Linie n'n'' die Projectionen der Linie ab schneidet. Die Projectionen $g^I h^I$ und $g^{II} h^{II}$ der Linie gh sind durch n' und n'' parallel mit denen der Linie cd zu zeichnen. Man construire die Durchgänge a^I, g^I, h^{II}. Die durch a^I und g^I gezeichnete Linie bildet den Schnitt E', die durch E^0 und h^{II} gehende ist der Schnitt E''.

2) Construction der Ebene F, welche durch die Linie cd geht und normal steht auf der Ebene E. — Man nehme in cd beliebig einen Punkt s, fälle von ihm eine Normale sv auf die Ebene E, und lege durch die beiden sich schneidenden Linien cd und sv eine Ebene; dies ist die Ebene F. — Nachdem die Projectionen s' und s'' in denen der Linie cd genommen worden, zeichne man s'v' normal auf E' und s''v'' normal auf E'', und man hat die Projectionen der Linie sv. Man bestimme die Durchgänge c^I, d^{II}, v^{II}. Durch d^{II} und v^{II} ist der Schnitt F'' zu legen; der Schnitt F' geht durch F^0 und c^I.

3) Construction des Punktes p, in welchem die Linie ab und die Ebene F sich schneiden. — Man construire die Durchschnittslinie tz der Ebenen E und F; der Punkt, in welchem die Linien ab und tz sich schneiden, ist der Punkt p. — Die Punkte, in welchen die Schnitte der Ebenen E und F sich schneiden, sind die Durchgänge t^I und z^{II}. Durch diese findet man in bekannter Weise die Projectionen der Linie tz. Der Punkt, in welchem die ersten Projectionen ab und tz sich schneiden, ist die erste Projection p' des Punktes p; die zweite p'' ist der Punkt, in welchem die zweiten Projectionen sich treffen.

4) Construction der Linie pq, welche in p auf der Ebene E normal steht. — Man zeichne p'q' normal auf E', und p''q'' normal auf E'', und man hat die Projectionen der Linie pq, welche auf ab normal steht und zugleich auf cd.

In Fig. 37. ist die Construction für den Fall durchgeführt,

daß die Projectionen der Linien ab und cd in der ersten Projectionsebene parallel sind, und die in der zweiten sich schneiden. Die Ebene E, welche durch ab geht und mit cd parallel ist, wird hier in der projicirenden Ebene abP' dargeboten. Um die Ebene F zu construiren, welche durch cd geht und auf E normal steht, ist in cd der Punkt s genommen, von ihm die Normale sv auf E gefällt, und durch cd und sv eine Ebene gelegt. Die Linie sv wird parallel mit der ersten Projectionsebene, der Schnitt F' daher parallel mit der Projection s'v'. Nachdem die Linie gh construirt ist, in welcher die Ebenen E und F sich schneiden, hat man in dem Durchschnittspunkt der Projectionen a''b'' und g''h'' die zweite Projection p'' des Punktes p, in welchem die Linie ab von der Ebene F geschnitten wird; die erste Projection p' findet sich in der ersten Projection der Linie ab. Die Linie pq, durch p normal auf E construirt, ist die verlangte Linie, welche auf ab und auf cd normal steht. Sie ist hier parallel mit der ersten Projectionsebene.

Sind die Projectionen der Linien ab und cd in der einen Projectionsebene parallel und dabei parallel mit der Achse, so steht die Linie pq, welche mit jeder von den Linien ab und cd rechte Winkel bilden soll, normal auf der anderen Projectionsebene, und zwar in dem Punkt, in welchem die Projectionen der Linien ab und cd in dieser Projectionsebene sich schneiden. — Sind endlich die Projectionen der Linien ab und cd parallel in jeder von den Projectionsebenen, also normal auf der Achse, so steht die Linie pq, welche mit jeder von ihnen rechte Winkel bildet, normal auf der dritten Projectionsebene, und zwar in dem Durchschnittspunkt der dritten Projectionen.

Zweites Kapitel.

Vom Herabschlagen.

---

§. 61.

Eine begränzte gerade Linie, welche durch ihre Projectionen gegeben ist, herabschlagen, soll heißen, eine gerade Linie zeichnen, welche gleich ist jener Linie. Einen gegebenen Winkel oder ein gegebenes neck herabschlagen, soll eben so heißen, einen Winkel zeichnen, welcher jenem Winkel gleich, oder ein neck, welches jenem neck congruent ist.

Einen gegebenen Punkt, welcher sich in einer gegebenen Ebene befindet, mit dieser Ebene auf eine Projectionsebene herabschlagen, soll heißen, in der Projectionsebene denjenigen Punkt bestimmen, mit welchem jener Punkt zusammenfallen würde, wenn man die Ebene um ihren Schnitt in der Projectionsebene drehte, bis sie in die Projectionsebene fällt. Es wird hiernach von selbst deutlich sein, was wir darunter verstehen, eine gegebene Linie, einen Winkel, ein neck mit einer Ebene auf eine Projectionsebene herabschlagen.

Punkte, Linien u. s. f., welche durch Herabschlagen erhalten werden, nennen wir herabgeschlagene Punkte, Linien u. s. f. Ist ein Punkt durch a bezeichnet, und wird er mit einer Ebene herabgeschlagen, so bezeichnen wir den herabgeschlagenen Punkt durch (a); wird derselbe Punkt a mit einer zweiten Ebene herabgeschlagen, so bezeichnen wir den herabgeschlagenen Punkt, welcher sich hierdurch ergiebt, durch [a]; wird derselbe Punkt a noch mit einer dritten, vierten u. s. w. Ebene herabgeschlagen, so bezeichnen wir die hierdurch sich ergebenden Punkte durch $[a]^2$, $[a]^3$ u. s. w.

§. 62. Aufgabe.

Eine Ebene E Fig. 38. steht normal auf der ersten Projectionsebene, in der Ebene E befindet sich eine begränzte gerade Linie ab, welche normal steht auf dem Schnitt E', man soll die Linie ab mit der Ebene E auf die erste Projectionsebene herabschlagen.

Auflösung. Man denke die Ebene E um den Schnitt E' gedreht, bis sie mit der ersten Projectionsebene zusammenfällt. Während der Drehung bleibt offenbar die Linie ab normal auf dem Schnitt E'; sie wird daher noch auf diesem Schnitt normal stehen, wenn die Ebene E mit der Projectionsebene zusammengefallen ist. Die Projection a''b'' ist der Linie ab gleich. Demgemäß erhält man die verlangte Linie, wenn man in a' auf dem Schnitt E' die Normale a'(b) errichtet und dieselbe gleich macht der Projection a''b''.

§. 63. Aufgabe.

Es ist Fig. 39. eine begränzte gerade Linie ab gegeben, man soll dieselbe mit der projicirenden Ebene, welche zur ersten Projectionsebene gehört, auf diese Projectionsebene herabschlagen.

Auflösung. In der projicirenden Ebene abP' befinden sich die Linien ab, die projicirenden Linien aa' und bb' und die Projection a'b'. Diese Linien bilden im Allgemeinen ein Trapez. Die parallelen Seiten desselben sind die projicirenden Linien aa' und bb', und sie stehen normal auf a'b'. — Man denke die projicirende Ebene abP' um den Schnitt a'b' gedreht, bis sie mit der ersten Projectionsebene zusammenfällt. Das Trapez wird dadurch in die Projectionsebene gebracht, die Linie ab als eine Seite desselben. Das Trapez in der Projectionsebene zu erhalten, hat man aber nur nöthig, die projicirenden Linien aa' und bb' mit abP' auf die erste Projectionsebene herabzuschlagen, welches nach dem vorigen Paragraphen auszuführen ist. — Man construire also a'(a) normal auf a'b' und gleich a°a'', b'(b) normal auf a'b' nnd gleich b°b'', und ziehe (a)(b). Dies ist die mit abP' auf P' herabgeschlagene Linie ab.

§. 64. Zusatz.

Man stelle sich das Trapez abb'a' vor, und denke von dem einen Endpunkte der Linie ab, etwa a, parallel mit a'b' eine Linie gezogen bis in die Richtung der projicirenden Linie des anderen Endpunktes, b. Es entsteht hierdurch ein rechtwinkliges Dreieck. Die Hypotenuse desselben ist die Linie ab, die eine Kathete ist gleich der Projection a'b', und die andere Kathete ist gleich der Differenz der projicirenden Linien aa' und bb', oder, was dasselbe ist, gleich der Differenz der Ordinaten $a''a^0$ und $b''b^0$. — Will man daher eine Linie construiren, welche der Linie ab gleich ist, so ziehe man Fig. 39. a''y parallel der Achse, nehme xy gleich a'b', und ziehe b''y. Diese Linie ist gleich ab; denn das Dreieck b''xy ist dem erwähnten Dreieck congruent.

§. 65. Aufgabe.

Eine Ebene E Fig. 40. steht schief auf der ersten Projectionsebene, in der Ebene E befindet sich ein Punkt n, man soll diesen Punkt n mit der Ebene E auf die erste Projectionsebene herabschlagen.

Von der Ebene E ist in der Figur nur der eine Schnitt E' angegeben. Sie ist bestimmt, durch diesen Schnitt und durch den Punkt n.

Auflösung. Man construire $n'a^1$ normal auf E', und denke die Linie a^1n. Diese Linie steht (Geom. II. §. 57.) normal auf E'. Indem man die Linie a^1n mit der Ebene E auf die erste Projectionsebene herabschlägt, löst man die Aufgabe. Beim Herabschlagen fällt die Linie a^1n, weil sie auf E' normal steht, in die Richtung $n'a^1$. Es ist daher bloß noch die Länge von a^1n zu ermitteln. Das Dreieck $nn'a^1$ ist rechtwinklig; es hat die Linie a^1n zur Hypotenuse, die eine Kathete ist $n'a^1$, die andere ist n'n, welches gleich ist $n''n^0$. — Man nehme daher n^0y gleich $n'a^1$; dann ist n''y gleich der Linie a^1n, (wegen der Congruenz der Dreiecke $n''n^0y$ und $nn'a^1$); und mache $a^1(n)$ gleich n''y. Damit ist die Aufgabe gelöst.

Diese Aufgabe findet oft Anwendung.

§. 66. Aufgabe.

Es ist eine Ebene E gegeben, man soll den Schnitt E''

derselben mit der Ebene auf die erste Projectionsebene herabschlagen.

Auflösung. Man nehme Fig. 41. in dem Schnitt E″ den Punkt b″ beliebig, construire b″b′ normal auf der Achse, b′a′ normal auf dem Schnitt E′, und denke die Linie a′b″. Nach Geom. II. §. 57. steht a′b″ normal auf E′. Das Dreieck a′E°b″ ist daher bei a′ rechtwinklig. Dies Dreieck schlage man mit der Ebene E auf die erste Projectionsebene herab: dabei wird der Schnitt E″ in der verlangten Weise herabgeschlagen. — Von dem Dreieck a′E°b″ hat man die Kathete a′E° und die Hypotenuse E°b″. Man verlängere also die Normale b′a′ über E′ hinaus, nehme E°b″ in den Zirkel, schneide mit dieser Ausspannung von E° aus die Verlängerung von b′a′ in (b″), und ziehe E°(b″). a′(b″)E° ist das herabgeschlagene Dreieck, also E°(b″) der mit E auf die erste Projectionsebene herabgeschlagene Schnitt E″. Eben so in Fig. 42.

Diese Aufgabe kommt häufig zur Anwendung.

§. 67. Aufgabe.

Es ist Fig. 43. eine gerade Linie ab gegeben, man soll den Winkel α herabschlagen, welchen sie mit der ersten Projectionsebene bildet.

Auflösung. Der Winkel α wird von der Linie ab mit ihrer Projection a′b′ gebildet. Man construire deshalb den Durchgang a′, und schlage die Linie ab mit ihrer projicirenden Ebene abP′ auf die Projectionsebene herab: dadurch erhält man den Winkel α. — Zu dem Ende construire man den Durchgang b″, errichte auf a′b′ die Normale b′(b″), und nehme b′(b″) gleich b′b″. Hierdurch ist der Normalschnitt b′b″ mit abP′ auf P′ herabgeschlagen. Man ziehe also noch a′(b″); dies ist die mit abP′ auf P′ herabgeschlagene Linie ab, und der Winkel b′a′(b″) ist der verlangte Winkel α. Statt des Durchganges b″ hätte man auch irgend einen anderen Punkt der Linie ab mit abP′ auf P′ herabschlagen können. — Leichter erhält man den Winkel α, wenn man das Dreieck a′b′b″ mit der projicirenden Ebene abP′ auf P″ herabschlägt; man darf dazu nur b′(a′) gleich b′a′ nehmen und (a′)b″ ziehen.

Sind die Durchgänge der Linie nicht zugängig, so schlage man irgend ein Stück ab der Linie mit abP′ auf P′ herab, wie in Fig. 39. §. 63., und ziehe durch irgend einen Punkt z in (a)(b) eine Linie parallel mit a′b′. Sie bildet mit (a)(b) den Winkel α. Ferner erhellet, daß auch der Winkel b″yx gleich α ist (§. 64.).

§. 68. Aufgabe.

Es ist eine Ebene E gegeben, man soll den Winkel α herabschlagen, welchen sie mit der ersten Projectionsebene bildet.

Auflösung. Man nehme Fig. 44. in dem Schnitt E″ den Punkt b^{II} beliebig, construire $b^{II}b^{I}$ normal auf der Achse, $b^{I}a^{I}$ normal auf dem Schnitt E′, und denke die Linie $a^{I}b^{II}$. Die Linien $a^{I}b^{I}$ und $a^{I}b^{II}$ bilden den Winkel α. Den Winkel α herabzuschlagen, schlage man das Dreieck $a^{I}b^{I}b^{II}$ herab. Das Dreieck ist bei b^{I} rechtwinklig, seine Katheten sind $b^{II}b^{I}$ und $b^{I}a^{I}$. — Man nehme also $b^{I}(a^{I})$ gleich $b^{I}a^{I}$ und ziehe $b^{II}(a^{I})$. Der Winkel $b^{I}(a^{I})b^{II}$ ist der herabgeschlagene Winkel α.

§. 69. Aufgabe.

Es sind Fig. 45. zwei sich schneidende Linien ab und cd gegeben, man soll den Winkel herabschlagen, welchen die Linien bilden.

Auflösung. Man construire die Ebene E, welche durch die Linien geht, und schlage die Linien mit der Ebene E auf eine der Projectionsebenen herab; dadurch erhält man den verlangten Winkel. — Die Construction wird folgendermaßen ausgeführt: Man construire nur den einen Schnitt E′ der Ebene vermittelst der Durchgänge a^{I} und c^{I}. Durch den Schnitt E′ und den Punkt n, in welchem die Linien sich schneiden, ist die Ebene E bestimmt. Der Punkt n werde mit der Ebene E auf die erste Projectionsebene herabgeschlagen. Dies geschieht nach §. 65., indem man $n'h^{I}$ normal auf E′ construirt, $n^{0}y$ gleich $n'h^{I}$ und $h^{I}(n)$ gleich yn″ nimmt. Man ziehe noch $a^{I}(n)$ und $c^{I}(n)$. Diese Linien sind die mit E auf P′ herabgeschlagenen Linien ab und cd, also ist $a^{I}(n)c^{I}$ der Winkel, welchen jene Linien bilden.

§. 70. Aufgabe.

Es ist Fig. 46. eine Ebene E gegeben, und eine Linie ab,

welche die Ebene E schneidet, man soll den Winkel α herabschlagen, unter welchem die Linie gegen die Ebene geneigt ist.

Auflösung. Der Winkel α ist der Winkel, welchen die Linie ab mit ihrer Projection auf der Ebene E bildet. Man müßte also diese Projection construiren und den Winkel herabschlagen, welchen die Linie ab mit derselben macht. Kürzer ist folgender Weg: Von irgend einem Punkt n der Linie ab fälle man eine Normale nq auf die Ebene E. Der Winkel β, welchen die Normale nq mit der Linie ab bildet, ergänzt den verlangten Winkel α zu einem rechten. Man schlage also den Winkel β herab, und construire seinen Complementswinkel: dieser ist α. — Nachdem man den Punkt n in der Linie ab genommen, und die Normale nq gefällt hat, geschieht das Herabschlagen des Winkels β, welchen nq und ab bilden, nach dem vorigen Paragraph. Man construirt nämlich den einen Schnitt F'' der Ebene F, welche durch die Linien ab und nq geht, und schlägt den Durchschnittspunkt n der Linien mit F auf P'' herab, indem man $n''p^{II}$ normal auf F'' zeichnet, $n^{0}y$ gleich $n''p^{II}$, und $p^{II}(n)$ gleich $n'y$ macht. Durch den herabgeschlagenen Punkt (n) und durch b^{II} geht die mit F auf P'' herabgeschlagene Linie ab, durch (n) und q^{II} die eben so herabgeschlagene Linie nq. Der Winkel $q^{II}(n)b^{II}$ ist also β, und wenn man (n)z normal auf $q^{II}(n)$ errichtet, entsteht der verlangte Winkel α.

§. 71. Aufgabe.

Es sind zwei sich schneidende Ebenen E und F gegeben, man soll den Neigungswinkel α dieser Ebenen herabschlagen.

Auflösung. Man construire die Durchschnittslinie ab der beiden Ebenen, und lege durch irgend einen Punkt n dieser Durchschnittslinie eine Ebene V, welche auf derselben normal steht. Die Linien ng und nh, in welchen die Ebene V beziehlich die Ebenen E und F schneidet, bilden den Neigungswinkel α der Ebenen E und F. Um den Neigungswinkel zu erhalten, hat man daher die Linien ng und nh mit der Ebene V auf eine der Projectionsebenen herabzuschlagen.

Ausführung der Construction Fig. 47:

1) Da die Ebene V normal stehen soll auf der Durch-

schnittslinie ab, so müssen ihre Schnitte normal genommen werden auf den Projectionen der Linien ab. Da ferner die Ebene V durch einen beliebigen Punkt der Linie ab zu legen ist, so zeichne man den Schnitt V' durch einen beliebigen Punkt t der Projection a'b', Die Punkte g' und h', in welchen der Schnitt V' die Schnitte E' und F' trifft, sind die Durchgänge der Linien gn und hn, in welchen die Ebene V die Ebenen E und F schneidet, unter n den Punkt verstanden, in welchem die Linie ab von der Ebene V geschnitten wird.

2) Die Punkte g' und h' sind Punkte der mit der Ebene V auf die erste Projectionsebene herabgeschlagenen Linien gn und hn. Wäre also noch der Punkt n mit der Ebene V auf die erste Projectionsebene herabgeschlagen, so könnte man die herabgeschlagenen Linien zeichnen. Zum Herabschlagen des Punktes n diene die Linie tn. In der Linie tn schneiden sich die projicirende Ebene abP' und die Ebene V; daher liegt die Linie in jeder von diesen Ebenen. — Die Linie tn steht normal auf dem Schnitt V'; denn die Ebenen abP' und P' stehen normal auf einander, und der Schnitt V' befindet sich in der einen dieser Ebenen, nämlich in P', und steht normal auf der Durchschnittslinie beider, also auch normal auf der anderen Ebene abP' und auf der Linie tn in ihr. Die Linie tn steht ferner normal auf ab; denn die Linie ab steht normal auf der Ebene V, also auch auf der Linie tn in dieser Ebene.

3) Weil tn auf ab normal steht, läßt sich tn dadurch erhalten, daß man die Linie ab mit der projicirenden Ebene abP' auf die erste Projectionsebene herabschlägt, und von t aus auf die herabgeschlagene Linie ab eine Normale fällt. Die Linie ab in der angegebenen Weise herabzuschlagen, schlage man das Dreieck a'b''b' herab; und dies geschieht, indem man b'(b'') normal auf a'b' und gleich b'b'' construirt. a'(b'') ist die mit abP' auf P' herabgeschlagene Linie ab. Von t aus fälle man auf a'(b'') die Normale t(n); diese ist die mit abP' auf P' herabgeschlagene Linie tn.

4) Da die Linie tn auf dem Schnitt V' normal steht, fällt sie in die Projection a'b', wenn sie mit der Ebene V auf die erste Projectionsebene herabgeschlagen wird. Um daher den Punkt

n mit der Ebene V auf die erste Projectionsebene herabzuschlagen, nehme man in a'b' das Stück t[n] gleich t(n). Der Punkt [n] ist der so herabgeschlagene Punkt, die Linien g'[n] und h'[n] sind die mit V auf P' herabgeschlagenen Linien gn und hn, und der Winkel h'[n]g' ist der verlangte Neigungswinkel α der beiden Ebenen E und F.

Andere Auflösung. Man nehme irgendwo einen Punkt q an, und construire durch ihn eine Linie qy normal auf der Ebene E, und eine Linie qz normal auf der Ebene F. Diese Linien bilden zwei Winkel, die gleich sind denen, welche die Ebenen bilden. Man schlage also die Winkel herab, welche die Linien bilden, und man hat die Neigungswinkel der Ebenen.

Drittes Kapitel.

Vom Projiciren und Zurückschlagen.

---

§. 72.

Eine Linie, welche an sich gegeben ist, projiciren, soll heißen, die Projectionen der Linie construiren. Eben so das Projiciren von Winkeln, u. s. w.

Einen in einer Projectionsebene gegebenen Punkt (a) in eine gegebene Ebene E zurückschlagen, soll heißen, die Projectionen desjenigen Punktes a der Ebene E construiren, welcher, mit der Ebene E auf jene Projectionsebene herabgeschlagen, in den Punkt (a) fallen würde. Eben so das Zurückschlagen von in Projectionsebenen gegebenen Linien u. s. w. in gegebene Ebenen.

Das Zurückschlagen ist das Umgekehrte des Herabschlagens.

§. 73. Aufgabe.

Es ist ein Schnitt einer Ebene E gegeben und der Winkel α, welchen die Ebene E mit der Projectionsebene bildet, die jenen Schnitt enthält, man soll den anderen Schnitt construiren.

Auflösung. Es sei, Fig. 48., der Schnitt E' gegeben. In irgend einem Punkte a' des Schnittes E' errichte man auf dem Schnitt die Normale a'b', in b' auf der Achse eine Normale b'b''; man mache b'(a') gleich b'a', den Winkel b'(a')b'' gleich α, und ziehe E⁰b''. Dies ist der zweite Schnitt. Die Construction ergiebt sich aus §. 68.

Die Aufgabe gestattet zwei Auflösungen; denn nimmt man b'x gleich b'b'' und zieht E⁰x, so kann nur diese Linie als zweiter Schnitt der Ebene E gelten. Wäre E′ normal auf der Achse, so würde E″ mit der Achse den Winkel α bilden.

§. 74. Aufgabe.

Es ist ein Schnitt einer Ebene E gegeben, und der Winkel α, welchen die Ebene E mit der Projectionsebene bildet, die jenen Schnitt nicht enthält, man soll den anderen Schnitt construiren.

Auflösung. Es sei, Fig. 49., der Schnitt E″ gegeben. Man nehme in dem Schnitt E″ einen Punkt b^{II}, fälle von ihm aus die Normale $b^{II}b^{I}$ auf die Achse, mache den Winkel $b^{II}(a^{I})b^{I}$ gleich α, beschreibe mit $b^{I}(a^{I})$ von b^{I} aus einen Kreis, und lege an diesen von E^{0} aus eine Tangente. Diese ist der andere Schnitt E′. Die Construction folgt aus §. 68.

Auch die zweite Tangente, welche von E^{0} aus an den Kreis gelegt werden kann, ist der verlangte andere Schnitt. Die Aufgabe gestattet also im Allgemeinen zwei Auflösungen. Ist der Winkel $b^{II}E^{0}b^{I}$ gleich α, so wird E′ normal auf der Achse, und es besteht in diesem Fall nur eine Auflösung.

§. 75. Aufgabe.

Man soll die Schnitte einer Ebene E construiren, welche mit der ersten Projectionsebene den Winkel α, mit der zweiten den Winkel β bildet.

Erste Auflösung. Der Winkel, welchen der zweite Schnitt mit der Achse bildet, sei durch x bezeichnet. Nach einem bekannten Gesetz der sphärischen Trigonometrie Geom. II. §. 219. ist

$$\mathrm{Sin}\,\beta\;\; \mathrm{Cos}\,x = \mathrm{Cos}\,\alpha.$$

Aus dieser Gleichung folgt die Proportion

$$\mathrm{Sin}\,\beta : \mathrm{Cos}\,\alpha = 1 : \mathrm{Cos}\,x.$$

Nach derselben kann der Winkel x construirt werden, durch welchen sich der zweite Schnitt der Ebene bestimmt.

Die Construction des Winkels x ist folgende: Man nehme, Fig. 50., auf der Achse ein beliebiges Stück $E^{0}a$, beschreibe darüber einen Halbkreis, mache den Winkel $aE^{0}b$ gleich α, den Winkel $E^{0}ac$ gleich β, und ziehe cE^{0}. Wird $E^{0}a$ gleich 1 gesetzt, so ist $E^{0}c$ gleich $\mathrm{Sin}\,\beta$ und $E^{0}b$ gleich $\mathrm{Cos}\,\alpha$. Es werde ferner $E^{0}d$ gleich $E^{0}b$ genommen und dg parallel ca gezogen; dann verhält sich

$$E^{0}c : E^{0}d = E^{0}a : E^{0}g$$

oder, was dasselbe ist,

$$\text{Sin}\,\beta : \text{Cos}\,\alpha = 1 : E^0 g.$$

Es ist also $E^0 g$ gleich Cos x. Man mache noch $E^0 h$ gleich $E^0 g$; dann ist der Winkel $aE^0 h$ gleich x, und $E^0 h$ der Schnitt E″ der verlangten Ebene.

Ist aber der eine Schnitt der Ebene E gefunden, so kommt die Aufgabe auf die unter §. 73. oder 74. zurück.

Zweite Auflösung. Man stelle sich vor, die Ebene E sei construirt, denke in der Achse einen Punkt d beliebig genommen, die Normale dn auf die Ebene E, die Normale ng^1 auf den Schnitt E′ gefällt, und dg^1 gezogen. Dadurch entsteht ein rechtwinkliges Dreieck dng^1. Der Winkel dg^1n ist der Winkel α, welchen die Ebene E mit der ersten Projectionsebene bildet. Die Ebene des Dreiecks dng^1 steht normal auf der ersten Projectionsebene. Man stelle sich ferner die Höhe des Dreiecks dng^1 vor, welche zur Hypotenuse dg^1 als Grundlinie gehört. Diese Höhe steht auf der ersten Projectionsebene normal, denn die Ebenen dng^1 und P′ stehen normal auf einander, und die Höhe befindet sich in der Ebene dng^1 und steht normal auf der Durchschnittslinie beider Ebenen. Die Höhe bildet daher die erste projicirende Linie des Punktes n, und die Projection der Kathete dn auf der Hypotenuse dg^1 liefert den Abstand der Projection n′ von dem Punkte d. — Die Länge der Normale dn darf als bekannt gelten, weil sie eine jede sein kann. — Man nehme diesem gemäß, Fig. 51., eine beliebige Linie (d)n, construire ein rechtwinkliges Dreieck, welches (d)n zur einen Kathete, ihr gegenüber den Winkel α hat, und fälle auf die Hypotenuse die Höhe nr. Für die Linie (d)n, als Normale von d aus auf die Ebene E gefällt, Fig. 52., ist (d)r der Abstand des Punktes n′ von d, und rn der Abstand des Punktes n″ von der Achse. Man beschreibe also von d aus mit (d)r als Radius einen Kreis, und es ist n′ ein Punkt der Peripherie dieses Kreises; errichte weiter auf der Achse die Normale xz, gleich rn, und ziehe durch z eine Parallele zur Achse, und es befindet sich in dieser Parallele der Punkt n″.

Von dem Punkte n in der Ebene E denke man ferner eine Normale nv^{11} auf den Schnitt E″ gefällt, und die Linie dv^{11} gezogen. Das liefert ein rechtwinkliges Dreieck dnv^{11}, welches bei v'' den Winkel β enthält, und dessen Ebene auf der zweiten Projectionsebene normal steht. Die Höhe des Dreiecks, welche zur Hypotenuse dv'' als Grundlinie gehört, bildet die zweite projicirende Linie des Punktes n. — Man mache daher, Fig. 51., $(d)vn$ gleich β, fälle die Höhe ns, nehme, Fig. 52., xy normal auf der Achse und gleich ns, und ziehe durch y eine Parallele mit der Achse. In dieser Parallele befindet sich die erste Projection des Punktes n. Die erste Projection des Punktes n liegt zugleich in der Peripherie des Kreises. Deshalb kann jeder der Punkte, in welchen die Parallele und der Kreis sich schneiden, als erste Projection des Punktes n dienen. Man wähle n', construire $n'n^0$ normal auf der Achse, und verlängere diese Normale bis zum Durchschnitt n'' mit der durch y gelegten Parallele. n'' ist die zweite Projection des Punktes n. Die Linien dn' und dn'' bilden die erste und die zweite Projection der auf der Ebene E normal stehenden Linie dn. Man nehme dg' gleich $(d)g$, zeichne durch g' den Schnitt E' normal auf dg', fälle von E^0 eine Normale E'' auf dn'', und man hat die Schnitte der verlangten Ebene.

§. 76. Aufgabe.

Es ist, Fig. 53., eine Ebene E gegeben, und in einer Projectionsebene ein Punkt (n), man soll den Punkt (n) in die Ebene E zurückschlagen.

Auflösung. Man nehme an, die Aufgabe sei gelöst, denke die Normale $n''q''$ auf den Schnitt E'' gefällt, und die Linie nq''. Der Winkel $n''q''n$ ist der Neigungswinkel α der Ebene E gegen die zweite Projectionsebene. — Um daher den in P'' gegebenen Punkt (n) in die Ebene E zurückzuschlagen, fälle man die Normale $(n)c$ auf den Schnitt E'', schlage den Neigungswinkel α der Ebene E und der zweiten Projectionsebene herab, indem man a' in dem Schnitt E' beliebig nimmt, $a'a''$ normal auf der Achse, $a''b''$ normal auf E'' construirt, $a''(b'')$ gleich $a''b''$ nimmt, und $a'(b'')$ zieht; construire weiter $(b'')x$ gleich $q''(n)$, xy normal auf der Achse, $q''n''$ gleich $(b'')y$ und n^0n' gleich xy, und die Aufgabe ist gelöst. Es sind nämlich die Dreiecke $nq''n''$ und $x(b'')y$ congruent.

§. 77. Aufgabe.

Es ist eine gerade Linie ab gegeben und ein Punkt c, man

soll durch den Punkt c eine gerade Linie pq construiren, welche mit der Linie ab einen gegebenen Winkel α bildet.

Auflösung. Man construire durch die Linie ab und den Punkt c eine Ebene E, schlage die Linie ab und den Punkt c mit der Ebene E auf eine der Projectionsebenen herab, ziehe in der herabgeschlagenen Ebene durch den Punkt (c) eine Linie pq, welche mit der gegebenen den Winkel α bildet, und schlage die durch (c) gelegte Linie in die Ebene E zurück.

Ausführung der Construction Fig. 54:

1) Um die Ebene E zu erhalten, welche durch die Linie ab und den Punkt c geht, lege man durch c die Linie cd parallel mit der Linie ab, construire die Durchgänge beider Linien, und zeichne durch dieselben die Schnitte E′ und E″.

2) werde die Linie ab und der Punkt c mit der Ebene E auf die erste Projectionsebene herabgeschlagen. Man construire b′(b″) normal auf E′, schneide mit $E^0 b''$ von E^0 die Normale b′(b″) in (b″), und es ist a′(b″) die mit der Ebene E auf die erste Projectionsebene herabgeschlagene Linie ab. Man mache ferner E^0(d″) gleich E^0d″, so ist c′(d″) die herabgeschlagene Linie cd. Der herabgeschlagene Punkt (c) befindet sich in der herabgeschlagenen Linie c′(d″), zugleich in der Normale c′x, welche von c′ aus auf den Schnitt E′ gefällt ist: Der Durchschnittspunkt dieser Linien ist also der herabgeschlagene Punkt (c).

3) ziehe man durch (c) die Linie (q)p′ so, daß sie mit der herabgeschlagenen Linie a′(b″) den gegebenen Winkel α bildet. (q)p′ befindet sich in der herabgeschlagenen Ebene E.

4) ist die Linie (q)p′ in die Ebene E zurückzuschlagen. Der Punkt p′, in welchem die herabgeschlagene Linie den Schnitt E′ schneidet, wird Durchgang der zurückgeschlagenen Linie; denn bei einer Drehung der Ebene (E) um den Schnitt E′ geht die Linie fortdauernd durch den Punkt p′. Man hat von der zurückgeschlagenen Linie noch den Punkt c. Die erste Projection der Linie pq wird demnach erhalten, wenn man durch p′ und c′ die Linie p′q′ zieht, die zweite, indem man die Normale p′p″ auf die Achse fällt und durch p″ und c″ die Linie p″q″ zeichnet. Es besteht noch eine zweite Linie, welche der Aufgabe entspricht.

§. 78. Aufgabe.

Es ist eine Ebene E gegeben, in derselben eine gerade Linie ab, in dieser ein Punkt c, man soll durch den Punkt c eine Linie cq construiren, welche unter dem Winkel α gegen die Ebene E geneigt ist, und zwar soll die Linie cq den Winkel α mit der Linie ab bilden.

Auflösung. Man construire durch die Linie ab eine Ebene F, welche auf der Ebene E normal steht, schlage die Linie ab und den Punkt c mit der Ebene F auf eine der Projectionsebenen herab, zeichne in der herabgeschlagenen Ebene durch den Punkt c eine Linie cq, welche mit der herabgeschlagenen Linie den gegebenen Winkel α bildet, und schlage die Linie cq in die Ebene F zurück.

Ausführung der Construction Fig. 55:

1) Man errichte in irgend einem Punkt der Linie ab, etwa c, eine Normale cd auf der Ebene E, und lege durch die Linien ab und cd eine Ebene F. Diese steht normal auf E.

2) werde der Punkt c und die Linie ab mit der Ebene F auf die erste Projectionsebene herabgeschlagen. Dies geschieht, indem man $c'x$ normal auf F' construirt, xy gleich $c''c^0$, $x(c)$ gleich $c'y$ macht, und die Linie $a^1(c)$ zieht.

3) zeichne man die Linie $q(c)$ so, daß sie mit $a^1(c)$ den gegebenen Winkel α bildet.

4) schlage man $q(c)$ in F zurück. Der Punkt c^1, in welchem $q(c)$ den Schnitt F' schneidet, ist Durchgang der zurückgeschlagenen Linie, c ist ein anderer Punkt derselben. Deshalb ziehe man durch c^1 und c' die Linie $c'q'$, fälle die Normale c^1c^{11} auf die Achse, und ziehe durch c^{11} und c'' die Linie $c''q''$. Die Linien $c'q'$ und $c''q''$ sind die Projectionen der verlangten Linie.

Es besteht noch eine zweite Linie, welche der Aufgabe entspricht.

§. 79. Aufgabe.

Es ist eine Ebene E gegeben, in derselben eine gerade Linie ab, man soll durch die Linie ab eine Ebene F construiren, welche mit der Ebene E den Winkel α bildet.

Auflösung. Man construire eine Ebene G normal auf der Linie ab, bestimme die Linie cd, in welcher die Ebenen E und G sich schneiden, und den Punkt n, in welchem die Linie ab von der Ebene G geschnitten wird, schlage die Linie cd und den Punkt n mit der Ebene G auf eine der Projectionsebenen herab, construire durch den herabgeschlagenen Punkt (n) eine Linie pq, welche mit der herabgeschlagenen Linie cd den Winkel α bildet, schlage die Linie pq in die Ebene G zurück, und lege durch die Linien ab und pq eine Ebene; dies ist die verlangte Ebene F.

Ausführung der Construction Fig. 56:

1) Man nehme den Punkt G^0 beliebig, und zeichne von ihm aus die Schnitte G′ und G″ normal auf den Projectionen der Linie ab, so hat man eine Ebene G, welche auf ab normal steht. Die Durchschnittslinie cd der Ebenen E und G schneidet die Linie ab, und die Punkte n′ und n″, in welchen die Projectionen der Linien sich schneiden, sind die Projectionen ihres Durchschnittspunktes. Dieser ist zugleich der Punkt n, in welchem die Linie ab von der Ebene G geschnitten wird.

2) schlage man die Linie cd und den Punkt n mit der Ebene G auf die erste Projectionsebene herab. Um cd herabzuschlagen, fälle man die Normale $d^I x$ auf den Schnitt G′, schneide deren Verlängerung von G^0 aus mit $G^0 d^{II}$ in (d^{II}), und ziehe $c^I(d^{II})$. Der Punkt n fällt beim Herabschlagen mit G in die Linie, welche durch n′ gehend auf G′ normal steht, also in $b^I a^I$; zugleich befindet sich der herabgeschlagene Punkt n in der herabgeschlagenen Linie $c^I(d^{II})$; deshalb ist der Punkt (n), in welchem $a^I b^I$ und $c^I(d^{II})$ sich schneiden, der mit G auf P′ herabgeschlagene Punkt n.

3) werde durch (n) die Linie $p^I(q)$ gezogen, so, daß sie mit $c^I(d^{II})$ den gegebenen Winkel α bildet.

4) schlage man die Linie $p^I(q)$ in G zurück. Die erste Projection ist $p^I n'$; die zweite zu erhalten, fälle man die Normale $p^I p^{II}$ und ziehe $p^{II} n''$.

5) lege man durch die Linien ab und pq die Ebene F.

Es besteht noch eine zweite Ebene, welche der Aufgabe entspricht, und sie wird vermittelst der zweiten Linie erhalten, die durch n gehend mit cd den Winkel α bildet.

§. 80. Aufgabe.

Es ist eine Ebene E gegeben und eine gerade Linie ab,

welche die Ebene E schneidet, oder mit ihr parallel ist, man soll durch die Linie ab eine Ebene F construiren, welche mit der Ebene E einen Winkel α bildet.

Auflösung. Man construire durch die Linie ab eine Ebene V, welche normal steht auf der Ebene E. Alsdann hat man zwei auf einander normal stehende Ebenen E und V, und soll eine Ebene F construiren, von welcher die Durchschnittslinie ab mit der einen Ebene V gegeben ist und der Winkel α, welchen sie mit der anderen Ebene E bildet; und die Aufgabe stimmt mit der unter §. 74. überein, nur daß dort statt der Ebenen E und V die Projectionsebenen vorkommen. Man denke die Ebene V um ihre Durchschnittslinie cd mit der Ebene E gedreht, bis sie mit der Ebene E zusammenfällt, die zusammengefallenen Ebenen V und E herabgeschlagen, mit ihnen die Linien ab und cd, und es kann nach §. 74. die Durchschnittslinie der Ebene F mit der Ebene E in den herabgeschlagenen Ebenen construirt werden. Diese Durchschnittslinie werde in die Ebene E zurückgeschlagen, und dann durch sie und durch die Linie ab eine Ebene gelegt. Sie ist die verlangte Ebene F.

Ausführung der Construction Fig. 57:

1) Man nehme in der Linie ab den Punkt n beliebig, fälle von ihm die Normale nq auf die Ebene E, und lege durch die Linien ab und nq die Ebene V. Man construire ferner die Durchschnittslinie cd der Ebenen E und V.

2) schlage man die Linien cd und ab mit der Ebene V auf die erste Projectionsebene herab. Um cd herabzuschlagen, werde durch d^{I} die Linie $d^{I}x$ normal auf dem Schnitt V' construirt, ihre Verlängerung von V^{0} aus mit $V^{0}d^{II}$ in (d^{II}) geschnitten, und $c^{I}(d^{II})$ gezogen. Die Linie ab mit V auf P' herabzuschlagen, nehme man $V^{0}(b^{II})$ gleich $V^{0}b^{II}$, und ziehe $a^{I}(b^{II})$.

3) schlage man die Linie cd auch mit der Ebene E herab. Dies geschieht, indem man die Normale $d^{I}y$ auf den Schnitt E' fällt, deren Verlängerung von E^{0} aus mit $E^{0}d^{II}$ in $[d^{II}]$ schneidet, und $c^{I}[d^{II}]$ zieht.

4) Die herabgeschlagene Ebene V denke man um den Punkt c^{I} geschoben, bis die Linie $c^{I}(d^{II})$ und die Linie $c^{I}[d^{II}]$ sich decken.

Die herabgeschlagenen Ebenen E und V kommen dadurch in die Lage, in welcher sie erhalten worden wären, wenn man zuerst die Ebene V um die Linie cd bis zum Zusammenfallen mit der Ebene E gedreht, und dann die Ebenen auf die erste Projectionsebene herabgeschlagen hätte. — Bei dem Verschieben der Ebene V handelt es sich bloß um die Lage, welche die Linie $a^{I}(b^{II})$ annimmt. Man darf aber nur das Dreieck $[d^{II}][p][b^{II}]$ dem Dreieck $(d^{II})(p)(b^{II})$ congruent machen, und es ist $[p][b^{II}]$ die Richtung, welche die Linie $a^{I}(b^{II})$ nach dem Verschieben erhält.

5) Die Ebenen V und E stehen ursprünglich auf einander normal; die Ebene F soll durch die Linie $[p][b^{II}]$, (welches ab ist), gehen und mit E den Winkel α bilden. Die Linie (m)(t), in welcher die verlangte Ebene F die herabgeschlagene Ebene E schneidet, findet man daher nach §. 74; man hat nämlich statt der Projectionsebenen die Ebenen E und V, statt der Achse die Linie $c^{I}[d^{II}]$, statt des gegebenen Schnitts die Linie $[p][b^{II}]$. Nach Anleitung des §. 74 werde in $[p][b^{II}]$ der Punkt g beliebig genommen, gk normal auf $c^{I}[d^{II}]$ construirt, der Winkel ghk gleich dem gegebenen α gemacht, mit kh von k aus ein Kreis beschrieben, und an diesen von [p] aus eine Tangente [p](m) gelegt. Diese ist die Linie, in welcher F und E sich schneiden.

6) Ist die Linie (m)(t) in die Ebene E zurückzuschagen, und durch mt und ab eine Ebene zu construiren, in welcher die verlangte Ebene F endlich erhalten wird. Zur Construction der Ebene F bedarf es der Durchgänge der Linien ab und mt. Der Punkt (t^{II}), in welchem die Linie (m)(t) den Schnitt (E'') schneidet, fällt beim Zurückschlagen in den Schnitt E'', wird also der zweite Durchgang der Linie mt. Ihn zu erhalten, nehme man $E^{0}t^{II}$ gleich $E^{0}(t^{II})$. Durch t^{II} und b^{II} zeichne man den Schnitt F'', durch F^{0} und a^{I} den Schnitt F'; und die Aufgabe ist gelöst.

Zweite Auflösung. Man nehme in der Linie ab beliebig einen Punkt p, construire durch ihn eine Linie pq, welche auf der Ebene E normal steht, und eine Linie pr, welche mit der Ebene E den Winkel α bildet. In der Ebene E beschreibe man mit qr als Radius einen Kreis, dessen Mittelpunkt q ist, lege von dem Durchschnittspunkt g der Linie ab und der Ebene E eine Tangente gm an den Kreis, und construire eine Ebene, welche durch die Linie ab und durch die Tangente gm geht; dies ist die verlangte Ebene F.

Ausführung der Construction Fig. 58:

1) construire man den Durchschnittspunkt g der Linie ab und der Ebene E. Er ergiebt sich vermittelst der Durchschnittslinie cd der projicirenden Ebene abP″ und der Ebene E.

2) werde der Punkt p in der Linie ab genommen, die Normale pq auf E gefällt, und der Durchschnittspunkt q der Normale und der Ebene bestimmt. Die Projectionen der Linie pq sind normal auf den Schnitten der Ebene E zu zeichnen. Der Durchschnittspunkt q findet sich vermittelst der Durchschnittslinie fh der Ebenen pqP″ und E.

3) schlage man die Punkte g und q mit der Ebene E auf die erste Projectionsebene herab. Zu dem Ende fälle man auf den Schnitt E′ die Normale g′(g), mache g^0y gleich g′t, und t(g) gleich yg″; ferner nehme man q^0x gleich q′z, z(q) gleich xq″; die Punkte (g) und (q) sind die mit E auf P′ herabgeschlagenen Punkte g und q.

4) schlage man die Normale pq herab. Dies geschieht, indem man q″w parallel der Achse zieht, und vw gleich p′q′ macht. Die Linie wp″ ist gleich der Normale pq.

5) Man construire (q)(p) normal auf (q)(g) und gleich wp″, ziehe (p)(r) unter dem Winkel α gegen (q)(g) geneigt, und beschreibe mit (q)(r) als Radius einen Kreis, welcher (q) zum Mittelpunkte hat. Dies ist der oben erwähnte Kreis, mit E auf P′ herabgeschlagen.

6) ziehe man eine Tangente (g)(m) an den Kreis und construire eine Ebene F, welche durch die in E zurückgeschlagene Tangente gm und durch die Linie ab geht. Der erste Durchgang der Tangente gm wird in $g^{\prime}$ dargeboten; man construire also noch die Durchgänge $a_{\prime}$ und b″, lege F′ durch $g^{\prime}$ und $a_{\prime}$, E″ durch F^0 und b″, und man hat die Aufgabe gelöst.

Die Aufgabe gestattet zwei Auflösungen. Die zweite Tangente nämlich, welche sowohl bei der ersten als bei der zweiten Auflösung an den Kreis gelegt werden kann, liefert eine zweite Ebene, welche mit E den Winkel α bildet.

Viertes Kapitel.

Auflösung der Grundaufgaben der sphärischen Trigonometrie durch Construction. — Reduction schief liegender Winkel auf den Horizont.

---

§. 81. Aufgaben.

Von einem körperlichen Dreieck sind zwei Seiten a und b und der von ihnen gebildete Winkel γ gegeben, man soll die dritte Seite c und die beiden anderen Winkel α und β des körperlichen Dreiecks finden.

Auflösung. Man stelle durch irgend drei Ebenen das körperliche Dreieck her, und schlage die verlangten Stücke herab. Die Auflösung zerfällt hiernach in zwei Theile, nämlich in die Construction des Dreiecks, und in das Herabschlagen der verlangten Stücke. —

Um zuvörderst das körperliche Dreieck zu erhalten, stelle man sich zwei Ebenen E und F vor, welche mit der ersten Projectionsebene das Dreieck ausmachen; die Schnitte E′ und F′ mögen die Seite a bilden, die Ebenen E und P′ den Winkel γ, die Durchschnittslinie dg der Ebenen E und F mit dem Schnitt E′ die Seite b. Man denke in der Durchschnittslinie dg den Punkt g beliebig genommen, die projicirende Linie gg′ gefällt, die Normale g′x auf E′, und die Linie gx gezogen; die Linie gx steht normal auf E′ und die Linien g′x und gx bilden den Winkel γ. Ferner denke man das Dreieck g′xg auf P′ herabgeschlagen, und das Dreieck d′xg mit der Ebene E. Die Linie xg, mit dem ersten Dreieck herabgeschlagen, bildet mit xg′ den Winkel γ, die Linie d′g, mit E herabgeschlagen, bildet mit E′

den Winkel b. — Man zeichne daher, Fig. 59., die Schnitte E′ und F′ so, daß sie den Winkel a einschließen, ziehe von ihrem Durchschnittspunkt d^1 aus die Linie $d^1(g)$, unter dem gegebenen Winkel b gegen E′ geneigt, nehme den Punkt (g) auf $d^1(g)$ beliebig, fälle die Normale (g)x auf E′, verlängere dieselbe über E′ hinaus, trage an die Verlängerung durch eine von x ausgehende Linie den Winkel γ, schneide diese Linie von x aus mit der Zirkelöffnung x(g) in [g], und fälle auf den anderen Schenkel des Winkels γ die Normale [g]g′. Der Punkt g′ ist die erste Projection des in der Durchschnittslinie dg der Ebenen E und F befindlichen Punktes g. Durch den Punkt g′ und die projicirende Linie g′[g] bestimmt sich der Punkt g; durch ihn die Durchschnittslinie dg, und durch diese und die Schnitte E′ und F′ das körperliche Dreieck selbst. — Wir schreiten jetzt zu dem zweiten Theil der Auflösung, zum Herabschlagen der verlangten Stücke. Zunächst werde der Winkel β herabgeschlagen, welchen die Ebene F mit P′ bildet. Man fälle zu dem Ende die Normale g′y auf den Schnitt F′, und denke die Linie gy; diese schließt mit g′y den Winkel β ein; und construirt man $g'[g]^2$ normal auf g′y und gleich g′[g], zieht ferner $[g]^2y$, so ist $g'y[g]^2$ das auf P′ herabgeschlagene Dreieck g′yg, und $g'y[g]^2$ gleich β. — Die Seite c wird von der Linie dg mit dem Schnitt F′ gebildet, daher erhalten, wenn man das rechtwinklige Dreieck d^1gy mit F auf P′ herabschlägt; und dies geschieht, wenn man die Normale g′y über F hinaus verlängert, die Verlängerung $y[g]^3$ gleich $y[g]^2$ macht und $d^1[g]^3$ zeichnet. — Um endlich den Winkel α zu erhalten, welcher von den Ebenen E und F gebildet wird, errichte man in irgend einem Punkte ihrer Durchschnittslinie dg, etwa g, eine Normale gn innerhalb der Ebene E und eine Normale gv innerhalb der Ebene F; diese Normalen bilden den Winkel α, und sie machen mit der Linie nv ein Dreieck aus, welches leicht aus seinen drei Seiten herzustellen ist: Die Linie gn wird nämlich erhalten, wenn man in (g) die Normale (g)n auf $d^1(g)$ errichtet, die Linie gv, wenn man $[g]^3v$ normal auf $d^1[g]^3$ construirt; beschreibt man also aus n und v beziehlich mit n(g) und $v[g]^3$ Bogen, welche sich in $[g]^4$ schneiden, so ist $n[g]^4v$ der herabgeschlagene Winkel α.

§. 82. Aufgabe.

Von einem körperlichen Dreieck sind eine Seite a und die beiden daran liegenden Winkel β und γ gegeben, man soll die anderen Seiten b und c und den dritten Winkel α bestimmen.

Auflösung. Man nehme an, es seien, Fig. 60., zwei Ebenen E und F construirt, welche mit der ersten Projectionsebene das körperliche Dreieck ausmachen, dergestalt, daß die Schnitte E' und F' die Seite a bilden, die Ebenen E und P' den Winkel γ, und die Ebenen F und P' den Winkel β. dg sei die Durchschnittslinie der Ebenen E und F. — Durch einen Punkt n der Durchschnittslinie dg sei eine Ebene G gelegt, parallel mit P'. Die Linie, in welcher G und E sich schneiden, sei np, die, in welcher G und F sich schneiden, nq. Die Linien np und nq sind gleich weit von der ersten Projectionsebene entfernt, und ihre ersten Projectionen laufen parallel beziehlich mit E' und F'. — Von einem Punkte p der Durchschnittslinie np und von seiner Projection p' seien Normalen auf den Schnitt E' gefällt; sie treffen den Schnitt in demselben Punkt x und bilden den Neigungswinkel γ. Das Dreieck p'xp denke man auf P' herabgeschlagen. Von einem Punkte q der Durchschnittslinie nq und von seiner Projection q' denke man Normalen auf den Schnitt F' gefällt; sie treffen diesen in demselben Punkt y und bilden den Neigungswinkel β. Das Dreieck q'yp werde herabgeschlagen auf P'. — Die herabgeschlagenen Linien p'(p) und q'(q) sind gleich groß, weil die Linien np und nq von P' gleich weit abstehen.

Hiernach folgende Construction des Dreiecks: Man zeichne, Fig. 60., die Schnitte E' und F' unter dem gegebenen Winkel a gegen einander geneigt. In dem beliebigen Punkte x des Schnittes E' errichte man auf E' die Normale xp', und trage an sie durch x(p) den gegebenen Winkel γ. In dem beliebigen Punkte y des Schnittes F' errichte man auf F' die Normale yq', und trage daran durch y(q) den Winkel β. — Man ziehe in beliebiger Entfernung von E' die Linie (p)p' parallel mit E', mache yz gleich p'(p), z(q) normal auf F', und ziehe von (q) aus die Linie (q)q' parallel mit F': der Punkt n', in welchem die Linien (p)p' und (q)q' sich schneiden, ist ein Punkt von der Projection der Durchschnittslinie dg. — Durch d' und n' lege man eine gerade Linie, und errichte in g' die Normale g'(g): sie ist die herabgeschlagene Ordinate eines Punktes g der Durchschnittslinie. — Das körperliche Dreieck ist jetzt bestimmt, und man kann zum Herabschlagen der verlangten Stücke schreiten, welches wie im vorigen Paragraphen geschieht.

§. 83. Aufgabe.

Von einem körperlichen Dreieck sind die drei Seiten a, b, c gegeben, man soll die drei Winkel α, β, γ bestimmen.

Auflösung. Man nehme an, die beiden Ebenen E und F, Fig. 61., bilden mit der ersten Projectionsebene das körperliche Dreieck. In der Durchschnittslinie der beiden Ebenen E und F sei der Punkt n beliebig genommen, und die Normale nn' auf P' gefällt; man denke n'k' normal auf E', n'f' normal auf F', und die Linien nk' und nf'; k'n und k'n' bilden den Winkel γ, f'n und f'n' den Winkel β. Man denke das Dreieck n'k'n und das Dreieck n'f'n, jedes mit seiner Ebene, das Dreieck d'k'n mit der Ebene E, das Dreieck d'f'n mit der Ebene F auf P' herabgeschlagen: dann ist n'[n]² gleich n'[n]³, k'(n) gleich k'[n]², f'[n] gleich f'[n]³, d'(n) gleich d'[n], n'(n) normal auf E', n'[n] normal auf F'. Es ergiebt sich daher folgende Construction:

Man zeichne die Schnitte E' und F' unter dem gegebenen Winkel a gegen einander geneigt, trage an E' durch die Linie d'(g) den Winkel b, an F' durch d'[g] den Winkel c, nehme d'(n) beliebig, d'[n] gleich d'(n), und fälle auf E' die Normale (n)n', auf F' die Normale [n]n': der Punkt n' ist die erste Projection eines Punktes n der Durchschnittslinie der beiden Ebenen E und F. In n' errichte man auf k'n' die Normale n'[n]² und schneide sie von k' aus mit der Zirkelöffnung k'(n) in [n]², so ist k'n'[n]² das auf P' herabgeschlagene Dreieck k'n'n, [n]²n' die projicirende Linie des Punktes n. Das körperliche Dreieck ist jetzt vollständig bestimmt. — Den Winkel γ hat man bereits in dem Winkel n'k'[n]²; um β zu erhalten, errichte man auf n'f' die Normale n'[n]³, nehme sie gleich n'[n]², oder schneide sie von f' aus mit f'[n] in [n]³, und ziehe [n]³f'. α findet sich wie in §. 81.

§. 84. Aufgabe.

Von einem körperlichen Dreieck sind die drei Winkel α, β, γ gegeben, man soll die drei Seiten a, b, c finden.

Auflösung. Man construire zwei Ebenen E und F, welche mit der ersten Projectionsebene das körperliche Dreieck ausmachen, und schlage die verlangten Stücke herab. — Die Ebenen E und F mögen mit der ersten Projetionsebene beziehlich die Winkel γ und β bilden, sie selbst schließen dann den Winkel α ein.

Zuerst werde die Ebene E construirt, Fig. 62. Der Erleichterung wegen stelle man sie normal auf die zweite Projectionsebene; der Schnitt E′ wird in einer auf der Achse normal stehenden Linie erhalten, der Schnitt E″, wenn man von E^0 aus in P″ eine Linie zeichnet, unter dem Winkel γ gegen die Achse geneigt.

Die Ebene F ist hierauf dergestalt zu construiren, daß sie mit der ersten Projectionsebene den Winkel β, mit der Ebene E aber den Winkel α bildet. —

Man stelle sich vor, die Ebene F sei construirt, denke in E′ den Punkt h^1 beliebig genommen, die Normale h^1q auf die Ebene F, die Normale ql^1 auf den Schnitt F′ gefällt, und h^1l^1 gezogen; dadurch entsteht ein rechtwinkliges Dreieck h^1ql^1. Der Winkel h^1l^1q ist der Winkel β Die Ebene des Dreiecks h^1l^1q steht normal auf P′. Deshalb steht die Höhe dieses Dreiecks, welche zur Hypotenuse h^1l^1 als Grundlinie gehört, normal auf P′ und giebt die projicirende Linie qq′ des Punktes q ab. Die Entfernung des Punktes q′ von h^1 ist die Projection der Linie h^1q auf der Hypotenuse des rechtwinkligen Dreiecks h^1l^1q. — Die Größe der Linie h^1q ist abhängig von der Entfernung, in welcher der Punkt h^1 von dem Punkte d^1 genommen wurde; und die Entfernung der Punkte h^1 und d^1 bestimmt sich umgekehrt nach der Größe der Linie h^1q. Die Linie h^1q kann demnach jede Größe annehmen, und darf als bekannt gelten. — Diesem gemäß nehme man Fig. 63. eine beliebige Linie hq, construire ein rechtwinkliges Dreieck hlq, welches hq zur einen Kathete, ihr gegenüberliegend den Winkel β hat, und fälle auf die Hypotenuse **hl** die Höhe **qr**. Für diese Linie **hq**, als Normale von h^1 aus auf F gefällt, ist **hr** der Abstand des Punktes q′ von h^1, und **qr** der Abstand des Punktes q″

von der Achse. Man beschreibe also mit hr als Radius von h' aus einen Kreis, so liegt q' in der Peripherie dieses Kreises, errichte auf der Achse die Normale tz gleich qr, und ziehe durch z eine Parallele mit der Achse, so befindet sich in dieser Parallele die zweite Projection q'' des Punktes q.

Von dem Punkte q in der Ebene F denke man ferner eine Normale qv auf die Durchschnittslinie der beiden Ebenen E und F gefällt, und die Linie h'v gezogen; dadurch entsteht ein rechtwinkliges Dreieck h'qv. — Die Winkel β und γ sind in der Figur spitz angenommen; der Winkel α, welcher von den Ebenen E und F gebildet wird, kann nicht auch spitz sein, weil die Summe der drei Winkel eines körperlichen Dreiecks mehr als einen gestreckten Winkel beträgt. — Der Winkel h'vq ist, wie leicht erhellet, der Supplementswinkel zu α. Die Ebene des Dreiecks h'qv steht normal auf E. Die Höhe dieses Dreiecks, welche zur Hypotenuse als Grundlinie gehört, steht auf der Ebene E normal; die zweite Projection dieser Höhe steht also normal auf dem zweiten Schnitt der Ebene E, und weil die Ebene E normal auf P'' steht, so ist die Höhe mit der zweiten Projectionsebene parallel, ihre Projection in dieser Projectionsebene also ihr selbst gleich. — Man mache daher, Fig. 63., den Winkel hvl gleich α, so ist hqv das in Rede stehende Dreieck; fälle die Höhe qs, construire, Fig. 62, xy normal auf E'' und gleich qs, und ziehe durch y eine Parallele zu E''. In dieser Parallele befindet sich die zweite Projection des Punktes q. Und da diese zweite Projection des Punktes q zugleich in der vorher durch z gelegten Parallele sich findet, so ist der Durchschnittspunkt beider Linien die Projection q''. Die erste Projection des Punktes q wird erhalten, wenn man von q'' eine Normale auf die Achse fällt, und die Normale verlängert, bis sie den Kreis durchschnitten hat: jeder von den Durchschnittspunkten kann als erste Projection des Punktes q genommen werden.

Man wähle q' als erste Projection des Punktes q, ziehe durch h' und q' die Linie h'l', und mache sie gleich hl. Durch den Punkt l' geht der Schnitt F' und steht normal auf h'l'. Der zweite Schnitt der Ebene F findet sich, wenn man E^0q'' zieht und darauf von F^0 aus eine Normale fällt. (Die Projectionen der Linie $h^I q$ stehen normal auf den Schnitten der Ebene F.) — In dem Winkel, welchen die Schnitte E′ und F′ bilden, wird die Seite a des körperlichen Dreiecks dargeboten, die beiden anderen Seiten sind in bekannter Weise zu erhalten.

§. 85. Aufgabe.

Von einem körperlichen Dreieck sind zwei Seiten a und b und ein Winkel β gegeben, welcher der Seite b gegenüber liegt; man soll die dritte Seite c und die beiden anderen Winkel α und γ bestimmen.

Auflösung. Man construire Fig. 64. E′ normal auf der Achse, F′ unter dem Winkel a gegen E′ geneigt, den Schnitt F″ nach §. 73. dergestalt, daß die Ebene F mit der ersten Projectionsebene den Winkel β bildet, ziehe $d^I(g^{II})$ unter dem Winkel b gegen E′ geneigt, beschreibe von E^0 aus mit $E^0(g^{II})$ als Radius einen Bogen, und ziehe durch E^0 und durch den Punkt g^{II}, in welchem der Bogen und der Schnitt F″ sich schneiden, eine gerade Linie; diese ist der Schnitt E″. Das Dreieck ist dann construirt, und das Herabschlagen der verlangten Stücke erfolgt in bekannter Weise.

Vermittelst des zweiten Durchschnittspunktes des Kreises mit dem Schnitt F″ kann ein zweites körperliches Dreieck hervorgehen, welches den Bedingungen der Aufgabe entspricht, und nicht mit dem ersten congruent ist. Vergl. Geom. II. §. 224.

§. 86. Aufgabe.

Von einem körperlichen Dreieck sind eine Seite a, der eine von den daran liegenden Winkeln γ, und der ihr gegenüber liegende Winkel α gegeben, man soll die beiden anderen Seiten b und c und den dritten Winkel β bestimmen.

Auflösung. Man construire Fig. 65. zwei Ebenen E und F, welche mit der ersten Projectionsebene das körperliche Dreieck ausmachen, und schlage die verlangten Stücke herab. — Das Dreieck werde dergestalt construirt, daß die Schnitte E′ und F′ die Seite a, die Ebene E und die erste Projectionsebene den Winkel γ, und die Ebenen E und F den Winkel α bilden.

Die Ebene E stelle man der Erleichterung wegen normal auf die zweite Projectionsebene. Der Schnitt E′ steht dann normal auf der Achse, der Schnitt E'' ist unter dem Winkel γ gegen die Achse geneigt.

Der Schnitt F' wird erhalten, wenn man durch einen beliebigen Punkt d' des Schnittes E' eine Linie zeichnet, welche mit E' den Winkel a macht. — Den zweiten Schnitt der Ebene F zu construiren, verschaffe man sich die Durchschnittslinie dg der beiden Ebenen E und F. Sie findet sich folgendermaßen: Man nehme in F' den Punkt h' beliebig, denke von ihm aus eine Linie h'n, welche auf der Ebene E normal steht, und eine Linie h'q, welche mit E den Winkel α bildet. In der Ebene E werde ein Kreis beschrieben, welcher n zum Mittelpunkt und nq als Radius hat. An diesen Kreis lege man von d' aus die Tangenten: Eine Ebene, welche durch F' und durch die eine oder die andere der Tangenten geht, bildet mit der Ebene E den Winkel α. Die durch die eine der Tangenten gelegte Ebene macht mit den Ebenen E und P' ein körperliches Dreieck aus, welches den Winkel α, die durch die andere der Tangenten gelegte Ebene bildet mit E und P' ein körperliches Dreieck, welches den Supplementwinkel zu α enthält. Die eine dieser Ebenen ist also die Ebene F, die eine der Tangenten die Durchschnittslinie der Ebenen E und F. — Die Construction auszuführen, fälle man zuvörderst die Normale h'l' auf E', denke die Linie nl' und schlage das rechtwinklige Dreieck h'nl', welches bei l' den Winkel γ enthält, herab. Dies geschieht, indem man den Winkel h'l'(n) gleich γ und h'(n) normal auf l'(n) construirt. Von h' aus ziehe man die Linie h'(q) dergestalt, daß $\angle$h'(q)l' gleich α ist; das Stück (n)(q) ist dann der Radius des erwähnten Kreises. Man verlängere h'l' über E' hinaus, mache l'[n] gleich l'(n), l'{q] gleich l'(q) und beschreibe mit [n][q] als Radius einen Kreis, der [n] zum Mittelpunkt hat. Dies ist der oben erwähnte Kreis, mit der Ebene E auf die erste Projectionsebene herabgeschlagen. Von d' aus construire man die Tangente d'(g''); sie ist die mit E auf P' herabgeschlagene Durchschnittslinie der Ebenen E und F. Man nehme E°g'' gleich E°(g'') und ziehe F°g'', und man hat den zweiten Schnitt der Ebene F und das körperliche Dreieck. — Das Herabschlagen der verlangten Stücke ist nach dem Früheren leicht auszuführen.

Wäre der Winkel α spitz gewesen, so hätte die andere Tangente des Kreises genommen werden müssen.

Vergl. Geom. II. §. 225.

§. 87. Aufgabe.

In einer Ebene, welche gegen den Horizont schief geneigt ist, befindet sich ein bekannter (gemessener) Winkel α; der eine von den Schenkeln des Winkels α bildet mit der horizontalen Ebene den Winkel β, der andere bildet mit der horizontalen Ebene den Winkel γ. Man soll den Winkel construiren, welcher von den Projectionen der Schenkel des Winkels α auf der horizontalen Ebene gebildet wird.

Auflösung. Man denke irgendwo eine Ebene, welche mit der horizontalen Ebene parallel, also selbst eine horizontale Ebene ist. Die Schenkel des Winkels α bilden mit der zweiten horizontalen Ebene die Winkel β und γ, welche sie mit der ursprünglichen horizontalen Ebene ausmachen, und ihre Projectionen in der zweiten horizontalen Ebene bilden denselben Winkel, welcher von ihren Projectionen in der ersteren gebildet wird. Man darf daher statt der gegebenen horizontalen Ebene irgend eine andere horizontale Ebene denken. — Für die Lösung unserer Aufgabe ist es bequem, anzunehmen, die horizontale Ebene gehe durch den Scheitelpunkt des Winkels α. Die horizontale Ebene werde als die Projectionsebene P′ betrachtet. Den Scheitelpunkt des Winkels α bezeichne a. Er befindet sich, der Annahme gemäß, in der Projectionsebene P′. Der eine Schenkel des Winkels α sei durch ab, der andere durch ac bezeichnet. Die Projectionen der Schenkel ab und ac auf der Projectionsebene P′ sind beziehlich ab′ und ac′. Der Schenkel ab bilde mit der Projectionsebene P′ den Winkel β, dann bildet der Schenkel ac mit dieser Projectionsebene den Winkel γ. Nach dem Bisherigen ist bac der Winkel α, bab′ der Winkel β, cac′ der Winkel γ, b′ac′ der Winkel, dessen Construction die Aufgabe fordert.

Es sind zwei Fälle zu unterscheiden: die beiden Schenkel des Winkels α befinden sich entweder auf einer Seite der Projectionsebene (beide oberhalb derselben oder beide unterhalb), oder der eine Schenkel befindet sich auf der einen Seite der Projectionsebene, der andere auf der anderen (der eine oberhalb, der andere unterhalb).

Zuerst werde die Aufgabe für den Fall gelöst, daß beide Schenkel des Winkels α sich auf einer Seite der Projectionsebene P′ befinden. — Man stelle sich die Punkte b und c in solchen Entfernungen von dem Punkt a vor, daß die projicirenden Linien bb′ und cc′ gleich ausfallen. Die gerade Linie bc ist alsdann mit der Projectionsebene P′ parallel und ihrer Projection b′c′ in derselben gleich. Die gleichen projicirenden Linien bb′ und cc′ können jede beliebige Länge erhalten; man darf sie daher als bekannt ansehen. Das Dreieck bab′ ist rechtwinklig; man kennt von ihm die Kathete bb′ und den ihr gegenüberstehenden Winkel β. Das Dreieck kann also construirt werden, und es liefert die Linien ab und ab′. Von dem rechtwinkligen Dreieck cac′ kennt man die Kathete cc′ und den ihr gegenüberstehenden Winkel γ. Man kann also auch dies Dreieck construiren und aus ihm die Linien ac und ac′ entnehmen. Durch die Linien ab und ac und den von ihnen gebildeten Winkel α ist das Dreieck bac bestimmt. Das Dreieck bac liefert die Linie bc. Dieser ist die Linie b′c′ gleich. Vermittelst der Linien b′c′, ab′ und ac′ läßt sich endlich das Dreieck b′ac′ construiren, und es bietet in dem Winkel b′ac′ den verlangten Winkel dar.

Ausführung der Construction. An eine gerade Linie a(c′) Fig. 66. trage man die gegebenen Winkel γ und β. In einer beliebigen Entfernung von der Linie a(c′) ziehe man die Linie bc parallel mit a(c′), und fälle auf a(c′) die Normale b(b′) und c(c′). Die Dreiecke ab(b′) und ac(c′) sind die oben erwähnten Dreiecke abb′ und acc′. Man construire den Winkel ca(b) gleich α, mache a(b) gleich ab, beschreibe mit a(b′) von a aus den Bogen (b′)[b′], schneide diesen von (c′) aus mit der Zirkelöffnung (b)c in [b′] und ziehe a[b′]. Der Winkel [b′]a(c′) ist der verlangte.

Die Aufgabe werde zweitens für den Fall gelöst, daß der eine Schenkel des Winkels α sich auf der einen Seite der Projectionsebene P′ befinde, der andere auf der anderen. — Man stelle sich wieder vor, die Punkte b und c befinden sich in solchen Entfernungen von dem Punkt a, daß die projicirenden Linien bb′ und cc′ gleich ausfallen. Die Linie bc schneidet in dem gegenwärtigen Falle die Projectionsebene P'. Die eine von den projicirenden Linien bb' und cc', etwa cc', verlängere man über ihren Durchschnittspunkt c' mit der Projectionsebene hinaus, und mache die Verlängerung cq' gleich bb'. Die Linie bq ist parallel mit der Projectionsebene und gleich der Linie b'c'. — Vermittelst der rechtwinkligen Dreiecke abb' und acc' erhält man, wie vorher, die Linien ab, ab', ac, ac'. Durch die Linien ab, ac und den Winkel α, welchen sie bilden, ist das Dreieck abc bestimmt; aus welchem man die Linie bc entnimmt. Das Dreieck bcq ist rechtwinklig und kann aus seiner Hypotenuse bc und der Kathete cq, welche gleich 2·cc' ist, construirt werden. In der anderen Kathete bq erhält man die Linie b'c'. Endlich construirt man aus den Linien b'c', ab' und ac' das Dreieck ab'c'. Der Winkel b'ac' ist der verlangte.

Ausführung der Construction. An die gerade Linie a(c') Fig. 67. trage man die Winkel γ und β. In beliebiger Entfernung von a(c') ziehe man bc parallel mit a(c'), und fälle auf a(c') die Normalen b(b') und c(c'). Man mache den Winkel ca(b) gleich α und a(b) gleich ab. Man verlängere (c')c, mache die Verlängerung cx gleich c(c'), und schneide mit der Zirkelöffnung (b)c von x aus die Linie (c')y in y. Das Dreieck x(c')y ist dann das oben erwähnte Dreieck bcq. Endlich beschreibe man mit (c')y als Radius von (c') aus einen Bogen, schneide diesen von a aus mit der Zirkelöffnung a(b') in [b'] und ziehe a[b]. Der Winkel [b']a(c') ist der verlangte.

Fünftes Kapitel.

Construction von Durchschnittsfiguren, welche entstehen, wenn ebene Körper durch Ebenen geschnitten werden, oder wenn ebene Körper einander schneiden.

---

§. 88.

Die Durchschnittsfigur, welche entsteht, wenn ein ebener Körper und eine Ebene sich schneiden, wird erhalten, indem man zuerst die Punkte construirt, in welchen die Ebene von den Kanten des Körpers geschnitten wird, und dann je zwei auf einander folgende von diesen Punkten durch eine gerade Linie verbindet. Die Durchschnittsfigur geht auch hervor, wenn man die Linien construirt, in welchen die Ebene und die Begränzungsebenen des Körpers sich schneiden.

§. 89. Aufgabe.

Ein normales Prisma, dessen Grundebene gegeben ist, wird von einer Ebene E geschnitten. Die eine Seitenebene des Prismas wird von der Ebene in einer Linie geschnitten, welche parallel ist mit den Grundkanten in dieser Seitenebene (also normal auf den Seitenkanten). Der Winkel, welchen die Ebene mit derselben Seitenebene bildet, ist gegeben. Man soll die Durchschnittsfigur construiren und herabschlagen.

Auflösung. Es kommt zunächst darauf an, das Prisma und die es schneidende Ebene zu projiciren; nachdem dies geschehen ist, kann man die Durchschnittsfigur construiren und herabschlagen.

Um das Prisma zu projiciren, stelle man es mit einer von seinen Grundebenen auf die erste Projectionsebene. Das Prisma ist normal; seine Seitenkanten stehen also normal auf der ersten Projectionsebene; die ersten Projectionen derselben sind die Eckpunkte jener Grundebene, die zweiten stehen normal auf der Achse.

Das Prisma sei fünfseitig. Die Durchschnittsfigur des Prismas und der Ebene E sei durch a b c d g bezeichnet. Die Grundebene, mit welcher das Prisma auf der ersten Projectionsebene steht, ist zugleich die erste Projection a′b′c′d′g′ der Durchschnittsfigur.

Die Seitenebene a g g′a′ sei diejenige, in welcher die Durchschnittslinie a g mit der Ebene E parallel mit der Grundkante a′g′ ist. Dann bildet die Ebene E mit dieser Seitenebene den gegebenen Winkel.

Für die Construction ist es vortheilhaft, das Prisma so auf die erste Projectionsebene zu stellen, daß die Seitenebene a g g′a′ normal auf der zweiten Projectionsebene ist. Dies wird erreicht, wenn man der Grundebene a′b′c′d′g′ eine solche Lage giebt, daß die Seite a′g′ normal gegen die Achse steht.

Demgemäß das Prisma zu projiciren, zeichne man Fig. 68. die Grundebene a′b′c′d′g′ in der ersten Projectionsebene dergestalt, daß die Seite a′g′ normal gegen die Achse gerichtet ist; fälle aus den Eckpunkten Normalen auf die Achse und verlängere die Normalen über die Achse hinaus. Die Verlängerungen der Normalen sind die zweiten Projectionen der Seitenkanten; die zweiten Projectionen der Seitenkanten g g′ und a a′ fallen zusammen.

Die Linie a g, in welcher die Seitenebene a g g′a′ von der Ebene E geschnitten wird, steht normal auf der zweiten Projectionsebene. Daher steht auch die Ebene E, welche durch die Linie a g geht, auf der zweiten Projectionsebene normal; und der Winkel, welcher von den Ebenen E und a g g′a′ gebildet wird, ist gleich dem Winkel, welchen ihre Schnitte in der zweiten Projectionsebene bilden. Demgemäß wird die Ebene E erhalten, wenn man a°a″ gleich der Entfernung der Linie a g von der Grundkante nimmt, durch a″ den Schnitt E″ legt, unter dem gegebenen Winkel gegen die Linie a^0a'' geneigt, und den Schnitt E' normal auf der Achse construirt. Die Entfernung a^0a'' darf beliebig genommen werden, sobald es nicht auf die Lage der Durchschnittsfigur ankommt.

Das Prisma und die es schneidende Ebene sind jetzt projicirt. Bei der Stellung, welche ihnen gegen die Projectionsebenen gegeben ist, sind die Projectionen der Durchschnittsfigur bereits hervorgegangen, die erste ist, wie schon erwähnt, $a'b'c'd'g'$, die zweite Projection liegt in der Linie $a''c''$.

Die Durchschnittsfigur herabzuschlagen, schlage man die Eckpunkte a, b, c, d, g mit der Ebene E auf die erste Projectionsebene herab, und verbinde je zwei auf einander folgende herabgeschlagene Eckpunkte durch eine gerade Linie. Der herabgeschlagene Punkt (a) wird erhalten, indem man von a' aus die Normale $a'x$ auf den Schnitt E' fällt, die Normale verlängert, und die Verlängerung $x(a)$ gleich E^0a'' macht. Aehnlich ergeben sich die Punkte (b), (c) u. s. w.

§. 90.

Hätte man im vorigen Paragraphen die Grundkante $a'b'$ nicht normal auf die Achse gestellt, so würden die Schnitte der Ebene E sich nicht so einfach ergeben haben, die zweite Projection der Durchschnittsfigur hätte müssen construirt werden, und das Herabschlagen der Durchschnittsfigur wäre weniger einfach erfolgt. Die Stellung der Gegenstände gegen die Projectionsebenen bedingt also eine mehr oder weniger einfache Ausführung der Operationen, und man wird überall, wo die Stellung beliebig ist, trachten eine vortheilhafte auszuwählen.

§. 91. Aufgabe.

Ein normales Prisma, dessen Grundebene gegeben ist, wird von einer Ebene E geschnitten. Die Lage der Ebene E gegen das Prisma ist dadurch bestimmt, daß der Winkel gegeben ist, welchen die Ebene mit einer von den Seitenebenen des Prismas bildet, und die Linie, in welcher sie diese Seitenebene schneidet. Diese Linie stehe schief auf den Seitenkanten, welche jene Seitenebene begränzen. Man soll die Durchschnittsfigur des Prismas und der Ebene E construiren und herabschlagen.

Auflösung. Man wird zuerst das Prisma und die Ebene

E projiciren, dann die Projectionen der Durchschnittsfigur construiren, endlich die Durchschnittsfigur herabschlagen.

Das Prisma sei fünfseitig. Die Durchschnittsfigur des Prismas und der Ebene E sei durch abcdg bezeichnet. Die Seite ab befinde sich in der Seitenebene, welche von der Ebene E geschnitten wird.

Man stelle das Prisma mit einer von seinen Grundebenen auf die erste Projectionsebene so, daß die Seitenebene, welche die Seite ab enthält, in die zweite Projectionsebene fällt. Diese Stellung ist möglich, weil das Prisma ein normales ist. Die Grundebene, welche auf die erste Projectionsebene kommt, giebt die erste Projection a′b′c′d′g′ der Durchschnittsfigur ab.

Das Prisma in der erwähnten Stellung zu projiciren, zeichne man Fig. 69. in der ersten Projectionsebene die Grundebene a′b′c′d′g′ dergestalt, daß die Seite a′b′ in die Achse fällt, und ziehe aus den Punkten a′, b′, c′, d′, g′ in die zweite Projectionsebene hinein Linien, welche normal auf der Achse stehen. Die Normalen, welche von den Punkten c′, d′, g′ ausgehen, sind die zweiten Projectionen der Seitenkanten, welche in jenen Punkten die erste Projectionsebene treffen. Die aus den Punkten a′ und b′ gezogenen Normalen sind selbst die Seitenkanten, welche in diesen Punkten stehen. — Die Ebene E zu erhalten, zeichne man in der, in der zweiten Projectionsebene liegenden, Seitenebene die Linie (a)(b) in der gegebenen Lage. Die Linie (a)(b) ist ein Theil des Schnittes E″, welcher hiernach gezeichnet werden kann. Der Winkel, welchen die Ebene E mit der Seitenebene (a)(b)b′a′ bildet, ist gegeben; derselbe Winkel wird von der Ebene E mit der zweiten Projectionsebene gebildet, weil die Seitenebene (a)(b)b′a′ mit dieser zusammenfällt. Man hat daher von der Ebene E den zweiten Schnitt E″ und den Winkel, welchen sie mit der zweiten Projectionsebene bildet, der andere Schnitt ist also nach §. 73. zu construiren. Die Construction dieses Schnittes ist in der Figur nicht angegeben.

Das Prisma und die Ebene E sind jetzt projicirt, und man kann zur Bestimmung der Projectionen der Durchschnittsfigur übergehen.

Die erste Projection der Durchschnittsfigur bildet die Grundebene des Prismas. Die zweite Projection a″b″ der Seite ab fällt mit der in der zweiten Projectionsebene liegenden Linie (a)(b) zusammen. Um die zweite Projection der Durchschnittsfigur zu erhalten, hat man daher nur nöthig, die zweiten Projectionen der Eckpunkte c, d, g zu construiren. Die Punkte c, d, g sind die Punkte, in welchen die in c′, d′, g′ stehenden Seitenkanten des Prismas die Ebene E schneiden. — Die zweite Projection des Punktes d zu erhalten, werde durch die in d′ stehende Seitenkante eine Ebene F gelegt. Die Ebene F steht normal auf der ersten Projectionsebene. Der Schnitt F′ geht durch d′. Man zeichne F′ parallel mit E′; dies darf geschehen, weil die Lage der Ebene F sonst beliebig ist. Der Schnitt F″ steht normal auf der Achse. Die Ebenen E und F schneiden sich in einer Linie dx, welche mit der ersten Projectionsebene parallel ist. Die erste Projection der Linie dx liegt in F′, die zweite ist parallel mit der Achse. Der zweite Durchgang der Linie dx, ist der Punkt x″, in welchem die Schnitte E″ und F″ sich schneiden. Die zweite Projection der Linie dx wird also erhalten, wenn man von x″ eine Linie parallel mit der Achse zeichnet. Der Punkt d″, in welchem die zweite Projection der Linie dx und die zweite Projection der Seitenkante d′d sich schneiden, ist die zweite Projection des Punktes d. Aehnlich ergeben sich die zweiten Projectionen der Punkte c und g. Durch die Linie a″b″ und die Punkte c″, d″, g″ bestimmt sich die zweite Projection der Durchschnittsfigur.

Es ist endlich die Durchschnittsfigur herabzuschlagen. — In der zweiten Projectionsebene liegt bereits die Seite (a)(b) derselben. Daher ist es am einfachsten, die Durchschnittsfigur auf die zweite Projectionsebene herabzuschlagen. Den Punkt g herabzuschlagen, fälle man von g″ aus die Normale g″z auf den Schnitt E″, verlängere dieselbe und nehme die Verlängerung z(g) gleich der Hypotenuse eines rechtwinkligen Dreiecks, dessen Katheten g″z und g′g° sind. Eben so findet man die Punkte (d) und (c).

§. 92. Aufgabe.

Das Dreieck a′b′c′ Fig. 70, welches in der ersten Projectionsebene liegt, sei die Grundebene eines schiefen dreiseitigen

Prismas; die Linien $a^{I}a'$, $b^{I}b'$, $c^{I}c'$, seien die ersten Projectionen der Seitenkanten des Prismas, die Linien $a^{II}a''$, $b^{II}b''$, $c^{II}c''$ die zweiten. Das Prisma wird durch die Ebene E geschnitten. Man soll die Durchschnittsfigur construiren und herabschlagen.

Auflösung. Die Punkte, in welchen die Ebene E von den Seitenkanten geschnitten wird, deren erste Durchgänge a^{I}, b^{I}, c^{I} sind, seien beziehlich a, b, c. Man wird die Projectionen dieser Punkte construiren und sie herabschlagen.

Man wende sich zunächst zur Construction des Punktes a. Es werde die zweite projicirende Ebene der Kante aa^{I} zu Hilfe genommen und durch F bezeichnet. Die Durchschnittslinie der Ebenen E und F sei pq. Der Punkt a ist der Durchschnittspunkt der Linien aa^{I} und pq. Seine erste Projection ist daher der Punkt a', in welchem die ersten Projectionen $a^{I}a'$ und $p^{I}q^{I}$ jener Linien sich schneiden; seine zweite Projection zu erhalten fälle man von a' aus eine Normale auf die Achse, und verlängere sie bis zum Durchschnitt a'' mit der Linie $a^{II}a''$. Aehnlich ergeben sich die Punkte b und c. Die Projectionen der Punkte a, b, c sind die Eckpunkte von den Projectionen der Durchschnittsfigur abc.

Die Durchschnittsfigur mag mit der Ebene E auf die erste Projectionsebene herabgeschlagen werden. Den Punkt a herabzuschlagen, fälle man von a' aus die Normale $a'x$ auf den Schnitt E', verlängere die Normale, und mache die Verlängerung x(a) gleich der Hypotenuse eines rechtwinkligen Dreiecks, dessen Katheten die Linien $a'x$ und $a^{0}a''$ sind. (a) ist dann der mit der Ebene E auf die erste Projectionsebene herabgeschlagene Punkt a. Eben so ergeben sich die Punkte (b) und (c). Die herabgeschlagenen Punkte (a), (b), (c) bestimmen die herabgeschlagene Durchschnittsfigur.

§. 93. Aufgabe.

Eine dreiseitige Pyramide ist durch ihre in der ersten Projectionsebene liegende Grundebene $a^{I}b^{I}c^{I}$, Fig. 71, und durch die Projectionen s' und s'' ihrer Spitze s gegeben. Sie wird durch eine Ebene E geschnitten, deren Schnitte E' und E'' sind. Man soll die Durchschnittsfigur construiren und herabschlagen.

Auflösung. Die Punkte a^I, b^I, c^I sind die ersten Durchgänge der Seitenkanten der Pyramide. Die ersten Projectionen der Seitenkanten werden daher in den Linien $a^I s'$, $b^I s'$, $c^I s'$ erhalten; die zweiten Projectionen der Seitenkanten ergeben sich, wenn man aus den Punkten a^I, b^I, c^I die Normalen $a^I a^{II}$, $b^I b^{II}$, $c^I c^{II}$ auf die Achse fällt, und die Linien $a^{II} s''$, $b^{II} s''$, $c^{II} s''$ zeichnet.

Die Punkte, in welchen die Ebene E von den Seitenkanten $a^I s$, $b^I s$, $c^I s$ geschnitten wird, seien beziehlich a, b, c. Das Dreieck abc ist die Durchschnittsfigur der Ebene E und der Pyramide. Die Durchschnittsfigur zu construiren, construire man die Punkte a, b, c.

Man construire zuerst den Punkt a. Ihn zu erhalten, nehme man die zweite projicirende Ebene der Seitenkante $a^I s$ zu Hilfe. Diese projicirende Ebene sei durch F bezeichnet. Die Ebenen E und F schneiden sich, und die Durchschnittslinie sei pq. Der Punkt a ist der Durchschnittspunkt der Seitenkante $a^I s$ und der Linie pq. Die erste Projection des Punktes a ist daher der Punkt a', in welchem die ersten Projectionen $a^I s'$ und $p^I q^I$ der Linien $a^I s$ und pq sich schneiden; die zweite Projection wird erhalten, wenn man von a' aus die Normale $a' a^0$ auf die Achse fällt, und sie bis zum Durchschnitt a'' mit der zweiten Projection $a^{II} s''$ der Seitenkante $a^I s$ verlängert. Eben so finden sich die Punkte b und c. Die Projectionen der Punkte a, b, c bestimmen die Projectionen der Durchschnittsfigur.

Man kann jetzt zum Herabschlagen der Durchschnittsfigur schreiten. Sie werde mit der Ebene E auf die erste Projectionsebene herabgeschlagen. Den Punkt a herabzuschlagen, fälle man von a' aus eine Normale $a'x$ auf den Schnitt E', verlängere diese Normale, und nehme die Verlängerung x(a) gleich der Hypotenuse eines rechtwinkligen Dreiecks, welches die Linien $a'x$ und $a^0 a''$ zu Katheten hat. Die herabgeschlagenen Punkte (b), (c) ergeben sich in derselben Weise.

§. 94. Aufgabe.

Das Dreieck $a^I b^I c^I$, Fig. 72, sei die Grundebene eines dreiseitigen normalen Prismas, welches auf der ersten Projectionsebene steht. Die Seite a'b' der Grundebene ist normal gegen die Achse gerichtet. Die ersten Projectionen der Seitenkanten sind die Punkte a', b', c'. Die zweiten Projectionen der Seitenkanten stehen normal auf der Achse, und die zweiten Projectionen der in a' und b stehenden Seitenkanten fallen in einander. Dies dreiseitige normale Prisma wird durch ein zweites dreiseitiges normales Prisma geschnitten. Die Grundebene des zweiten Prismas ist ein Dreieck def; die drei Seitenkanten desselben sind dg, eh, fl. Das zweite Prisma ruht mit der Grundkante d'f' auf der ersten Projectionsebene, und diese Grundkante ist normal gegen die Achse gerichtet. Die durch die Grundkante d'f' gehende Seitenebene bildet mit der ersten Projectionsebene einen Winkel α. Die Seitenkanten des zweiten normalen Prismas sind bei der angegebenen Lage desselben mit der zweiten Projectionsebene parallel, ihre ersten Projectionen laufen mit der Achse parallel, ihre zweiten bilden mit der Achse den Winkel α. Die zweite Projection der Seitenkante fl fällt in die zweite Projection der Seitenkante dg. Die zweite Projection der Grundebene def ist die auf d''g'' normal stehende Linie d''e''. Sie ist der Höhe des Dreiecks def auf der Seite df gleich. Das Dreieck d'e'f' ist die erste Projection der Grundebene def. — Man soll die Figuren construiren, in welchen das erste Prisma von dem zweiten geschnitten wird, und diese Figuren herabschlagen.

Auflösung. Die Seitenebene des ersten Prismas, welche über der Grundkante a'b' steht, wird von den Seitenkanten des zweiten Prismas in drei Punkten t, v, s geschnitten. Die ersten Projectionen der Punkte t, v, s sind die Punkte t', v', s' in welchen der erste Schnitt jener Seitenebene von den ersten Projectionen der Seitenkanten d'g, f'l, eh geschnitten wird. Die zweiten Projectionen der Punkte t und s sind, wie sich leicht zu erkennen giebt, die Punkte t'' und s''; die zweite Projection des Punktes v fällt in t''. Die Punkte t, v, s sind die Eckpunkte eines Dreiecks, in welchem die über a'b' stehende Seitenebene des ersten Prismas von dem zweiten Prisma geschnittem wird. — Die über a'c' stehende Seitenebene des ersten Prismas wird von den Seitenkanten d'g und eh des zwei=

ten Prismas in zwei Punkten n und m geschnitten, deren Projectionen die Punkte n′, n″, m′, m″ sind. Die Punkte n und m begränzen die Linie nm, in welcher die über $a^I c^I$ stehende Seitenebene des ersten Prismas von der Seitenebene dgeh des zweiten Prismas geschnitten wird. Die erste Projection der Linie nm ist daher n′m′, die zweite die Linie n″m″. Dieselbe Seitenebene des ersten Prismas wird auch von der Seitenebene ehfl des zweiten geschnitten; und bezeichnet p den Punkt, in welchem die letztere Seitenebene die in c^I stehende Seitenkante des ersten Prismas schneidet, so ist mp die Durchschnittslinie dieser beiden Seitenebenen. Die erste Projection des Punktes p liegt in c^I. Die zweite Projection des Punktes p zu erhalten, denke man von p aus in der Seitenebene ehfl eine Linie pk parallel mit eh. Die Projectionen der Linie pk sind mit denen der Linie eh parallel und gehen hervor, wenn man $c^I k'$ parallel mit h′e′, k′k″ normal auf der Achse, und k″p″ parallel mit e″h″ construirt. p″ ist die zweite Projection des Punktes p. $m' c^I$ ist die erste Projection der Durchschnittslinie mp, m″p″ die zweite. Die über $a^I c^I$ stehende Seitenebene des ersten Prismas wird endlich noch von der Seitenebene dgfl des zweiten Prismas geschnitten in einer Linie nr, und die erste Projection dieser Linie ist $n' c^I$, die zweite n″r″. In dem Viereck nmpr wird die über $a^I c^I$ stehende Seitenebene des ersten Prismas von dem zweiten Prisma geschnitten. Die dritte über $b^I c^I$ stehende Seitenebene des ersten Prismas und das zweite Prisma schneiden sich in einem Dreieck prq, dessen Projectionen sich leicht ergeben.

Es sind noch die Durchschnittsfiguren herabzuschlagen. Dies mag mit den Seitenebenen des ersten Prismas geschehen. Auf einer geraden Linie $(b^I)[b^I]$, Fig. 73, nehme man $(b^I)(a^I)$ gleich $b^I a^I$, $(a^I)(c^I)$ gleich $a^I c^I$, $(c^I)[b^I]$ gleich $c^I b^I$, und errichte in den Punkten (b^I), (a^I), (c^I) und $[b^I]$ Normalen auf der Linie $(b^I)[b^I]$; dadurch ergeben sich die herabgeschlagenen drei Seitenebenen des ersten Prismas neben einander liegend. Man nehme ferner $(b^I)(v')$ gleich $b^I v'$, (v′)(s′) gleich v′s′, (s′)(t′) gleich s′t′, mache die Normalen (v′)(v) und (t′)(t) gleich $a^{II} t''$, die Normale (s′)(s) gleich $a^{II} s''$, und zeichne das Dreieck (v)(s)(t). Dies Dreieck ist die Durchschnittsfigur in der Seitenebene über der Grundkante $b'a'$. U. s. w.

§. 95. Aufgabe.

Das Dreieck $a'b'c'$ Fig. 74 ist die Grundebene eines dreiseitigen normalen Prismas, welches auf der ersten Projectionsebene steht. Die ersten Projectionen seiner Seitenkanten $a'a$, $b'b$, $c'c$ sind die Punkte a', b', c'; die zweiten Projectionen sind die auf der Achse normal stehenden Linien $a''a''$, $b''b''$, $c''c''$. Das Dreieck $d'e'f'$ ist die Grundebene einer dreiseitigen Pyramide; die Spitze s derselben ist durch die Projectionen s' und s'' gegeben; die Projectionen der Seitenkanten der dreiseitigen Pyramide sind $d's'$, $e's'$, $f's'$ und $d''s''$, $e''s''$, $f''s''$. Die Pyramide schneidet das Prisma. Man soll die Figuren construiren, in welchen die Seitenebenen des Prismas von denen der Pyramide geschnitten werden, und diese Figuren mit den Seitenebenen des Prismas herabschlagen.

Auflösung. Die Seitenebene $a'ac'c$ des Prismas wird von den drei Seitenkanten der Pyramide in drei Punkten g, h, k geschnitten. Die ersten Projectionen dieser Punkte sind die Punkte g', h', k', in welchen der erste Schnitt $a'c'$ der Seitenebene von den ersten Projectionen jener Seitenkanten geschnitten wird; die zweiten Projectionen finden sich in bekannter Weise. Die Punkte g, h, k sind die Eckpunkte eines Dreiecks, in welchem die drei Seitenebenen der Pyramide die genannte Seitenebene des Prismas schneiden. Die erste Projection dieses Dreiecks ist die Linie $g'k'$, die zweite das Dreieck $g''h''k''$. — Aus dem Grundriß (der ersten Projectionsebene) erhellet, daß die Seitenebene $a'ab'b$ des Prismas nur von den beiden Seitenebenen $d'e's$ und $d'f's$ der Pyramide geschnitten wird. Die Durchschnittslinien dieser Seitenebenen zu construiren bestimme man zuvörderst die Punkte q und r, in welchen die Seitenkante $b'b$ des Prismas beziehlich die beiden Seitenebenen $d'e's$ und $d'f's$ der Pyramide schneidet. Die erste Projection des Punktes q befindet sich in b'. Die zweite Projection zu erhalten, construire man in der Seitenebene $d'e's$ eine gerade Linie ql, welche durch den Punkt q geht und mit einer der in der Ebene $d'e's$ liegenden Seitenkanten, etwa mit $d's$, parallel ist. Man zeichne zu dem Ende $b^{I}l^{I}$ parallel $s'd^{I}$, $l^{I}l^{II}$ normal auf der Achse und $l^{II}q''$ parallel mit $d^{II}s''$; und die Linien $b^{I}l^{I}$ und $b^{II}q''$ sind die Projectionen der Linie ql. Die Linie $l^{I}q$ liegt nämlich in der Ebene $d^{I}e^{I}s$, weil sie den Punkt l^{I} mit ihr gemeinschaftlich hat und mit der in der Ebene befindlichen Linie $d^{I}s$ parallel ist; und sie schneidet die Seitenkante $b^{I}b$, weil ihre erste projicirende Ebene durch diese Seitenkante geht. Es ist demnach q'' die verlangte zweite Projection des Punktes q. Den Punkt r zu bestimmen, in welchem die Seitenkante $b^{I}b$ die Ebene $d^{I}f^{I}s$ schneidet, construire man in dieser Ebene eine gerade Linie rt, parallel mit einer der Seitenkanten in ihr, etwa mit $f^{I}s$. Die erste Projection r' des Punktes r befindet sich in b^{I}. Man zeichne daher $b^{I}t^{I}$ parallel mit $s'f^{I}$, $t^{I}t^{II}$ normal auf der Achse und $t^{II}r''$ parallel mit $f^{II}s''$; und es ist r'' die zweite Projection des Punktes r. Die Seitenebene $a^{I}ab^{I}b$ wird von der Seitenkante $d^{I}s$ der Pyramide in einem Punkte p geschnitten; die Projectionen desselben sind p' und p''. In der Linie pq schneiden sich die Ebenen $a^{I}ab^{I}b$ und $d^{I}e^{I}s$; und in der Linie pr die Ebenen $a^{I}ab^{I}b$ und $d^{I}f^{I}s$. Die zweiten Projectionen dieser Linien sind demnach $p''q''$ und $p''r''$, die ersten liegen in einander und in $p'b^{I}$. — Die Seitenebene $b^{I}bc^{I}c$ des Prismas wird von allen drei Seitenebenen der Pyramide geschnitten. Man construire zuerst die Punkte n und m, in welchen die Seitenkanten $e^{I}s$ und $f^{I}s$ jene Seitenebene des Prismas schneiden. Die Projectionen dieser Punkte sind n', n'', m', m''. Die Ebenen $d^{I}e^{I}s$ und $b^{I}bc^{I}c$ schneiden sich in der Linie nq, deren zweite Projection $n''q''$ ist, die Ebenen $e^{I}f^{I}s$ und $b^{I}bc^{I}c$ in der Linie nm, deren zweite Projection $n''m''$ ist, die Ebenen $d^{I}f^{I}s$ und $b^{I}bc^{I}c$ endlich in der Linie mr, und deren zweite Projection ist $m''r''$. Die ersten Projectionen dieser Linien befinden sich in $n'b^{I}$. Hiermit sind die verlangten Durchschnittsfiguren construirt.

Die Durchschnittsfiguren sind ferner mit den Seitenebenen des Prismas herabzuschlagen. Man nehme auf einer geraden Linie, Fig. 75, $(c^{I})(a^{I})$ gleich $c^{I}a^{I}$, $(a^{I})(b^{I})$ gleich $a^{I}b^{I}$, $(b^{I})[c^{I}]$ gleich $b^{I}c^{I}$, und errichte in den Punkten (c^{I}), (a^{I}), (b^{I}), $[c^{I}]$ die Normalen $(c^{I})(c)$, $(a^{I})(a)$, $(b^{I})(b)$, $[c^{I}][c]$. Dadurch ergeben sich die Seitenebenen des Prismas neben einander liegend herabgeschlagen. Man nehme ferner (c')(k') gleich c'k', (k')(h') gleich k'h', (h')(g') gleich h'g', construire die Normalen (k')(k), (h')(h), (g')(g) beziehlich gleich k^0k'', h^0h'', g^0g'', und ziehe (g)(h), (h)(k), (k)(g). Das Dreieck (g)(h)(k) ist die in der Ebene a'ac'c befindliche herabgeschlagene Durchschnittsfigur. U. s. w.

§. 96. Aufgabe.

Das Dreieck a'b'c', Fig. 76, ist die Grundebene einer dreiseitigen Pyramide, die Punkte s' und s'' sind die Projectionen ihrer Spitze s. Das Dreieck d'e'f' ist die Grundebene einer zweiten dreiseitigen Pyramide, deren Spitze t durch ihre Projectionen t' und t'' gegeben ist. Die erste Pyramide wird durch die zweite geschnitten. Man soll die Durchschnittsfiguren construiren, welche auf den Seitenebenen der ersten Pyramide gebildet werden und mit diesen Seitenebenen herabschlagen.

Auflösung. Man construire zuerst die Durchschnittsfigur in der Seitenebene a'b's der ersten Pyramide. Zu dem Ende müssen die Linien construirt werden, in welchen diese Seitenebene von den Seitenebenen der zweiten Pyramide geschnitten wird. Zuvörderst werde die Durchschnittslinie nq die Ebenen a'b's und e'f't bestimmt. Die Linien a'b' und e'f' sind die ersten Schnitte dieser Ebenen. Man verlängere den Schnitt e'f' bis zum Durchschnitt n' mit dem Schnitt a'b'; der Punkt n' ist der erste Durchgang der verlangten Durchschnittslinie nq der beiden Ebenen a'b's und e'f't. Wenn noch die erste Projection x' irgend eines Punktes x der Linie nq bekannt wäre, so würde die erste Projection der Linie nq sich zeichnen lassen. Die Projection x' eines solchen Punktes x zu finden, werde folgender Weg eingeschlagen: Man construire eine gerade Linie st, welche durch die Spitzen s und t der beiden Pyramiden geht, und denke durch die Linie st eine Ebene E gelegt, welche die beiden Ebenen a'b's und e'f't schneidet. Die Ebene E schneidet die Ebene a'b's in einer Linie gs, welche durch die Spitze s geht, die Ebene e'f't in einer Linie ht, die durch t geht, und die beiden Linien gs und ht schneiden sich in einem Punkte x, welcher der Linie nq angehört. Dies auszuführen, bestimme man den ersten Durchgang s' der Linie st, lege durch ihn eine gerade Linie E', welche die Schnitte a'b' und e'f' beziehlich in den Punkten

g' und h' schneidet, zeichne die geraden Linien $g's'$ und $h't'$, und der Durchschnittspunkt x' derselben ist die erste Projection eines Punktes x der Linie nq. Man zeichne durch n' und x' eine gerade Linie; der Theil $n'q'$ derselben, welcher zwischen den ersten Projectionen der die Ebene $e'f't$ begränzenden Seitenkanten liegt, ist die erste Projection der verlangten Linie nq, in welcher die Ebenen $a'b's$ und $e'f't$ sich schneiden. Man wende sich hierauf zur Bestimmung der Linie pq, in welcher die Ebene $a'b's$ von der Ebene $d'f't$ geschnitten wird. Die Linie pq geht durch den Punkt q, in welchem die Seitenkante $f't$ die Ebene $a'b's$ schneidet. Die erste Projection des Punktes q ist q'. Die Linie pq geht ferner durch den Punkt p', in welchem die ersten Schnitte $d'f'$ und $a'b'$ der Ebenen $d'f't$ und $a'b's$ sich schneiden, denn dieser Punkt p' ist der erste Durchgang der Linie pq. Wenn man daher durch p' und q' eine gerade Linie zeichnet, so ist der Theil $p'q'$ derselben, welcher zwischen $f't'$ und $d't'$ liegt, die erste Projection der Durchschnittslinie pq. Die Linie endlich, in welcher die Ebene $a'b's$ von der Ebene $d'e't$ geschnitten wird, geht durch die Punkte n und p, ihre erste Projection wird also in $n'p'$ dargeboten. Das Dreieck $n'p'q'$ ist die erste Projection des Dreiecks npq in welchem die Seitenebene $a'b's$ der ersten Pyramide von der zweiten Pyramide geschnitten wird. Die Construction der zweiten Projection $n''p''q''$ desselben Dreiecks bedarf keiner Erläuterung. — Zweitens werde die Durchschnittsfigur construirt, welche sich in der Seitenebene $a'c's$ der ersten Pyramide bildet. Die Linie rv in welcher die Ebene $a'c's$ von der Ebene $e'f't$ geschnitten wird, möge zuerst bestimmt werden. Der Punkt r', in welchem sich die ersten Schnitte $a'c'$ und $e'f'$ der genannten Ebenen schneiden, ist der erste Durchgang der Linie rv. Die erste Projection y' eines Punktes y der Linie rv ergiebt sich vermittelst der bereits vorher gebrauchten Ebene E. Die Ebene E schneidet nämlich die Ebene $a'c's$ in einer Linie ms, deren erste Projection $m's'$ ist, und die Ebene $e'f't$ in der schon oben benutzten Linie ht, deren erste Projection in $h't'$ vorliegt. Der Durchschnittspunkt y' der ersten Projectionen dieser Linien ist die erste Projection des Punktes y der Linie rv. Man ziehe demnach

$r^I y'$, und der Theil $r' v'$ dieser Linie, welcher von $e^I t'$ und $f^I t'$ begränzt wird, ist die erste Projection der verlangten Durchschnittslinie rv. Die Ebene $d^I f^I t$ schneidet die Ebene $a^I c^I s$ in einer Linie vz, welche von v ausgeht, und deren erster Durchgang v^I sich in dem Durchschnittspunkt der Schnitte $a^I c^I$ und $d^I f^I$ darbietet. Die erste Projection der Linie vz wird demnach in dem von $f^I t'$ und $d^I t'$ begränzten Stück $v' z'$ der Linie $v^I v'$ erhalten. Die erste Projection der Linie, in welcher die Ebenen $a^I c^I s$ und $d^I e^I t$ sich schneiden, ist endlich $r' z'$. Das Dreieck $r' v' z'$ ist die erste Projection des Dreiecks rvz, in welchem die Ebene $a^I c^I s$ von der zweiten Pyramide geschnitten wird. Die zweite Projection des Dreiecks ist leicht zu erhalten. Die dritte Seitenebene der ersten Pyramide wird von der zweiten Pyramide nicht getroffen. Die verlangten Durchschnittsfiguren sind also construirt.

Man gehe zum Herabschlagen über. Es werde Fig. 77. $(b^I)(a^I)$ gleich $b^I a^I$ genommen, $(b^I)(l)$ gleich $b^I l$, die Normale $(l)(s)$ gleich der Hypotenuse eines rechtwinkligen Dreiecks, dessen Katheten $s' l$ und $s^0 s''$ sind, und das Dreieck $(b^I)(a^I)(s)$ ist die herabgeschlagene Seitenebene $b^I a^I s$. Man nehme ferner $(b^I)(k)$ gleich $b^I k$, die Normale $(k)(n)$ gleich der Hypotenuse eines rechtwinkligen Dreiecks, das kn' und $n^0 n''$ zu Katheten hat, und es ist (n) der in der Seitenebene $b^I a^I s$ befindliche Punkt n. U. s. w. u. s. w.

§. 97. Zweites Beispiel.

Es ist, Fig. 78, $a^I b^I c^I$ die Grundebene einer dreiseitigen Pyramide, die Projectionen ihrer Spitze s sind die Punkte s' und s''. Diese Pyramide wird von einer zweiten dreiseitigen Pyramide geschnitten, deren Grundebene $d^I e^I f$, und deren Spitze t ist. Die zweite Pyramide ruht mit der Grundkante $d^I e^I$ auf der ersten Projectionsebene. Man soll die Durchschnittsfiguren construiren, in welchen die Seitenebenen der ersten Pyramide von der zweiten Pyramide geschnitten werden.

Auflösung. Zuerst möge die Durchschnittsfigur in der Seitenebene $a^I c^I s$ der ersten Pyramide bestimmt werden. Der Punkt, in welchem die Seitenkante $d^I t$ die Seitenebene $a^I c^I s$ schneidet, sei n. Ihn zu construiren, stelle man sich die erste projicirende Ebene der Kante d'l vor. Diese projicirende Ebene schneidet die Seitenebene a'c's in einer Linie gh, und der Durchschnittspunkt der Linien gh und d'l ist der verlangte Punkt n. Der Punkt g', in welchem der erste Schnitt a'c' der Ebene a'c's und der erste Schnitt d'l der projicirenden Ebene dlP' sich schneiden, ist der erste Durchgang der Linie gh. Die projicirende Ebene dlP' schneidet die Kante c's; der Durchschnittspunkt sei h. Die erste Projection h' dieses Punktes ist der Durchschnittspunkt der Linien d'l' und c's'. Man construire g'g'' normal auf der Achse, und h'h'' normal auf der Achse bis zum Durchschnitt h'' mit c''s'', so ist g''h'' die zweite Projection der Linie gh, und der Durchschnittspunkt der Linien g''h'' und d''l'' die zweite Projection n'' des Punktes n, dessen erste durch die auf der Achse normal stehende Linie n''n' erhalten wird. Eben so findet man den Durchschnittspunkt p der Kante ft und der Ebene a'c's vermittelst der Linie kl, in welcher die erste projicirende Ebene ftP' und die Ebene a'c's sich schneiden. Die Punkte n und p bestimmen alsdann die Durchschnittslinie np der Ebenen dft und a'c's. Die Durchschnittslinie der Ebenen d'e't und a'c's zu erhalten, construire man den Punkt m, in welchem die Kante a's die Ebene d'e't schneidet. Man nehme die zweite projicirende Ebene asP'' der Kante a's zu Hilfe. Diese projicirende Ebene schneidet die Kante d't in dem Punkte r, dessen Projectionen r'' und r', die Kante e't in dem Punkte v, dessen Projection v'' und v' sind, die Ebene d'e't also in der Linie rv. Der Durchschnittspunkt m' der Projectionen r'v' und a's' ist die erste Projection des Punktes m. Vermittelst des Punktes m bestimmt sich die Linie nm in welcher die Ebenen a'c's und d'e't sich schneiden. Aehnlich findet sich die Durchschnittslinie pq der Ebenen a'c's und eft. U. s. w.

Sechstes Kapitel.

Von einigen krummen Flächen.

1) Vom geraden Cylinder.

§. 98.

Man stelle sich irgend eine krumme Linie von einfacher oder von doppelter Krümmung vor, und eine feste gerade Linie in beliebiger Lage, nur darf sie, wenn die krumme Linie von einfacher Krümmung ist, nicht in der Ebene der krummen Linie sich befinden, oder mit dieser Ebene parallel gehen. Ferner werde eine unendliche gerade Linie gedacht und längs der Curve geführt, während sie beständig parallel mit jener festen Linie erhalten wird. Die gerade Linie beschreibt hierbei eine krumme Fläche: diese heißt ein gerader Cylinder. Die krumme Linie heißt die Richtungslinie des geraden Cylinders, die feste gerade Linie seine Parallellinie, die zweite gerade Linie seine Erzeugungslinie.

Ein gerader Cylinder ist durch seine Richtungslinie und durch seine Parallellinie bestimmt.

§. 99.

1) Jede gerade Linie, welche mit einem geraden Cylinder einen Punkt gemeinschaftlich hat, und parallel mit seiner Parallellinie ist, liegt ganz innerhalb des geraden Cylinders. — Denn mit einer solchen Linie fällt die Erzeugungslinie während ihrer Bewegung einmal zusammen.

2) Jede gerade Linie, welche ganz innerhalb eines geraden Cylinders liegt und parallel mit seiner Parallellinie ist, heißt eine Seite des geraden Cylinders.

3) Durch einen jeden Punkt eines geraden Cylinders kann eine Seite gedacht werden. Denn die Erzeugungslinie wird zur Seite, während sie durch jenen Punkt geht.

4) Jede Seite eines geraden Cylinders ist parallel mit jeder von den übrigen Seiten.

5) Jede Seite eines geraden Cylinders kann seine Parallellinie vertreten. Daher ist ein gerader Cylinder auch durch seine Richtungslinie und durch eine von seinen Seiten bestimmt.

§. 100.

Wird ein gerader Cylinder durch eine Ebene geschnitten, welche durch die Parallellinie geht oder mit derselben parallel ist, so ist die Durchschnittslinie eine gerade Linie.

Der Punkt, in welchem die Ebene die Richtungslinie des geraden Cylinders schneidet, sei durch a bezeichnet. Die Seite des geraden Cylinders welche durch den Punkt a geht, hat denselben mit der Ebene gemeinschaftlich. Geht die Ebene durch die Parallellinie, so befindet sich die Seite in der Ebene nach Geom. II. §. 15., ist die Ebene mit der Parallellinie parallel, so folgt dasselbe, wenn man in der Ebene eine gerade Linie denkt, parallel mit der Parallellinie. Liegt aber die Seite in der Ebene, so ist sie die Durchschnittslinie der Ebene und des geraden Cylinders.

Eine Ebene, welche einen geraden Cylinder in einer Seite schneidet, kann denselben geraden Cylinder zugleich in einer zweiten, dritten u. s. w. Seite schneiden.

§. 101.

Die Linie, in welcher ein gerader Cylinder von einer Ebene geschnitten wird, welche die Parallellinie schneidet, ist eine krumme Linie.

Die Ebene wird von sämmtlichen Seiten geschnitten. Man nehme an, die Durchschnittslinie sei gerade, und denke durch eine von den Seiten und durch die gerade Durchschnittslinie eine Ebene. Jede von den übrigen Seiten hat alsdann einen Punkt mit dieser Ebene gemeinschaftlich, nämlich ihren Durchschnittspunkt, und ist parallel mit einer Linie in dieser Ebene, nämlich mit der zuerst gedachten Seite. Es würden also alle Seiten des geraden Cylinders in der Ebene liegen, und das wäre mit seiner Erklärung unvereinbar.

§. 102.

Wird ein gerader Cylinder von parallelen Ebenen geschnitten, so sind die Durchschnittsfiguren congruent.

Sind die Ebenen parallel mit der Parallellinie, oder geht die eine von den Ebenen durch die Parallellinie, so sind die Durchschnittslinien gerade, und der Satz fällt in die Augen. — Der Beweis ist noch für den Fall zu führen, daß die Ebenen die Parallellinie schneiden. Prismen werden von parallelen Ebenen in congruenten Durchschnittsfiguren geschnitten. Hieraus erhellet, daß wenn parallele Ebenen von parallelen Linien geschnitten werden, die Durchschnittspunkte in jeder von den Ebenen dieselbe Lage zu einander haben. Die sämmtlichen Seiten des geraden Cylinders schneiden die parallelen Ebenen, weil diese von der Parallellinie geschnitten werden, und die Seiten sind parallel. Die Durchschnittspunkte der Seiten mit den parallelen Ebenen haben also in jeder von den Ebenen dieselbe Lage. Daraus erhellet, daß die Durchschnittslinien congruent sind.

§. 103.

Man stelle sich einen geraden Cylinder vor, und schneide ihn durch eine Ebene, welche seine Parallellinie schneidet, also seine sämmtlichen Seiten. Die Durchschnittslinie der Ebene und des geraden Cylinders ist eine krumme Linie. Man stelle sich einen zweiten geraden Cylinder vor, dessen Richtungslinie diese Durchschnittslinie, und dessen Parallellinie die Parallellinie des ersten geraden Cylinders ist: Der zweite gerade Cylinder fällt mit dem zuerst gedachten zusammen.

Denn beide geraden Cylinder haben alle Seiten gemeinschaftlich.

§. 104.

Aus dem vorigen Paragraphen erhellet, daß derselbe gerade Cylinder vermittelst verschiedener Richtungslinien erhalten werden, und daß seine Durchschnittslinie mit einer jeden Ebene, welche seine Parallellinie schneidet, als seine Richtungslinie dienen kann.

Wenn die ursprüngliche Richtungslinie eines geraden Cylinders eine Curve von doppelter Krümmung ist, und man schneidet diesen geraden Cylinder durch eine Ebene, welche nicht parallel ist mit seiner Parallellinie, so wird in der Durchschnittslinie eine Curve von einfacher Krümmung als Richtungslinie für den geraden Cylinder gewonnen. Diese heißt dann besonders eine ebene Richtungslinie des geraden Cylinders.

§. 105.

Ein gerader Cylinder ist durch die Projectionen seiner Richtungslinie und durch die Projectionen seiner Parallellinie gegeben, vorausgesetzt, daß die gegebenen Projectionen jene Linien selbst bestimmen.

§. 106.

Die Linien, in welchen ein gerader Cylinder die Projectionsebenen schneidet, nennen wir die Schnitte des geraden Cylinders.

Einen geraden Cylinder werden wir durch einen Buchstab des großen lateinischen Alphabets bezeichnen. Und ist ein gerader Cylinder durch C bezeichnet, so bezeichnen wir seinen Schnitt in der ersten Projectionsebene durch C′, seinen zweiten Schnitt durch C″.

§. 107.

Ist die Parallellinie eines geraden Cylinders parallel mit einer Projectionsebene, so ist der Schnitt des Cylinders in dieser Projectionsebene gerade; schneidet die Parallellinie eine Projectionsebene, so ist der Schnitt des Cylinders in dieser Projectionsebene krumm. U. s. w.

§. 108.

Ist ein Schnitt eines geraden Cylinders eine krumme Linie, so ist der gerade Cylinder durch diesen Schnitt und durch seine Parallellinie, oder durch eine von seinen Seiten bestimmt.

2) Vom Kegel.

§. 109.

Man stelle sich irgend eine Curve von einfacher oder von doppelter Krümmung vor, und nehme irgendwo einen Punkt an, nur, wenn die Curve von einfacher Krümmung ist, nicht in der Ebene der Curve. Durch den Punkt denke man eine unendliche gerade Linie, und führe diese längs der Curve, während sie beständig durch jenen Punkt gehend erhalten wird. Die gerade Linie beschreibt hierbei eine krumme Fläche: Diese heißt ein Kegel. Die krumme Linie heißt die Richtungslinie des Kegels, der Punkt die Spitze, die gerade Linie die Erzeugungslinie des Kegels.

Der Kegel ist durch seine Richtungslinie und durch seine Spitze bestimmt.

§. 110.

1) Jede gerade Linie, welche durch die Spitze eines Kegels und durch einen Punkt seiner Richtungslinie geht, befindet sich ganz innerhalb des Kegels. — Denn die Erzeugungslinie des Kegels fällt einmal mit ihr zusammen.

2) Jede gerade Linie, welche durch die Spitze eines Kegels und durch einen Punkt seiner Richtungslinie geht, heißt eine Seite des Kegels.

3) Durch jeden Punkt eines Kegels kann eine Seite gedacht werden. — Denn die Erzeugungslinie wird zur Seite, während sie durch jenen Punkt geht.

4) Alle Seiten eines Kegels schneiden sich in seiner Spitze.

§. 111.

1) Geht eine Ebene durch die Spitze eines Kegels, und hat sie mit der Richtungslinie desselben keinen Punkt gemeinschaftlich, so hat die Ebene mit dem Kegel nur die Spitze gemeinschaftlich.

Hätte die Ebene mit dem Kegel einen zweiten Punkt gemeinschaftlich, so würde sich die Seite, welche durch diesen Punkt geht, in der Ebene befinden, und die Ebene hätte mit der Richtungslinie den Punkt gemeinschaftlich, welchen diese Seite mit der Richtungslinie gemeinschaftlich hat; und das wäre der Voraussetzung zuwider.

2) Eine Ebene, welche durch die Spitze eines Kegels geht, und mit der Richtungslinie des Kegels einen Punkt, oder n Punkte gemeinschaftlich hat, hat mit dem Kegel die Seite ge-

meinschaftlich, welche durch jenen Punkt geht, oder die n Seiten welche durch jene n Punkte gehen.

3) Wird ein Kegel durch eine Ebene geschnitten, welche nicht durch die Spitze desselben geht, so ist die Durchschnittslinie eine krumme Linie.

Wäre die Durchschnittslinie gerade, so könnte durch dieselbe und durch irgend eine Seite des Kegels eine Ebene gelegt werden. Jede Seite des Kegels würde mit dieser Ebene zwei Punkte gemeinschaftlich haben, nämlich ihren Durchschnittspunkt mit der Ebene und die Spitze, welche mit der ersten Seite in der Ebene liegt. Sämmtliche Seiten des Kegels würden also in einer Ebene liegen, und das ist seiner Erklärung zuwider.

§. 112.

Man stelle sich einen Kegel vor, und schneide ihn durch eine Ebene, welche nicht durch seine Spitze geht. Die krumme Durchschnittslinie, welche sich ergiebt, benutze man als Richtungslinie eines zweiten Kegels, der die Spitze mit dem ersten Kegel gemeinschaftlich hat: Der zweite Kegel und der erste fallen gänzlich in einander.

Denn die beiden Kegel haben alle Seiten gemeinschaftlich.

§. 113.

Ist die ursprüngliche Richtungslinie eines Kegels eine Curve von doppelter Krümmung, so wird für ihn eine Richtungslinie von einfacher Krümmung gewonnen in seiner Durchschnittslinie mit irgend einer Ebene, welche ihn schneidet, ohne durch seine Spitze zu gehen. Eine solche Richtungslinie heißt dann besonders eine *ebene* Richtungslinie des Kegels.

§. 114.

Ein Kegel ist gegeben, wenn seine Richtungslinie und seine Spitze durch ihre Projectionen gegeben sind.

§. 115.

Die Linien, in welchen ein Kegel die Projectionsebenen schneidet, heißen die *Schnitte* des Kegels.

Ein Kegel wird durch einen Buchstab des großen lateinischen Alphabets bezeichnet werden. Und ist ein Kegel durch K bezeichnet, so bezeichnen wir seinen ersten Schnitt durch K', seinen zweiten durch K''.

§. 116.

Befindet sich die Spitze des Kegels in einer Projectionsebene, so ist jeder Schnitt des Kegels in dieser Projectionsebene eine gerade Linie; befindet sich die Spitze eines Kegels außerhalb einer Projectionsebene, so ist der Schnitt des Kegels in dieser Projectionsebene eine krumme Linie. U. m. dgl.

§. 117.

Ist ein Schnitt eines Kegels eine krumme Linie, so ist der Kegel durch diesen Schnitt und durch seine Spitze bestimmt.

3) Von der windschiefen Ebene.

§. 118.

Zwei gerade Linien, welche nicht in einer Ebene liegen, nennen wir windschiefe Linien.

§. 119.

Ist eine Ebene parallel mit zweien windschiefen Linien, und schneidet eine gerade Linie die beiden windschiefen Linien, so schneidet sie auch jene Ebene.

Die beiden windschiefen Linien seien ab und cd, die mit ihnen parallele Ebene sei E. Eine gerade Linie pq schneide die beiden windschiefen Linien. Es wird behauptet, die Linie pq schneide die Ebene E. — Man nehme an, die Linie pq wäre mit der Ebene E parallel. Dann ließe sich durch die Linie pq eine Ebene F denken, welche parallel mit der Ebene E ist. Jede von den windschiefen Linien hat mit der Ebene F einen Punkt gemeinschaftlich, nämlich den Durchschnittspunkt mit der Linie pq. Es können nicht beide windschiefen Linien in der Ebene F sich befinden, weil sie sonst nicht windschief wären. Daher muß wenigstens die eine von den windschiefen Linien die Ebene F schneiden. Dann schneidet sie aber auch die mit der Ebene F parallele Ebene E, und das würde der Voraussetzung widersprechen. Daher muß jede gerade Linie, welche die beiden windschiefen Linien schneidet, auch die mit ihnen parallele Ebene schneiden.

§. 120.

Ist eine Ebene parallel mit der einen von zwei windschiefen Linien, so giebt es unendlich viele gerade Linien, welche die beiden windschiefen Linien schneiden, und welche parallel mit jener Ebene sind, aber alle diese Linien schneiden sich in einem und demselben Punkt derjenigen von den beiden windschiefen Linien, welche nicht mit der Ebene parallel ist.

Man stelle sich zwei windschiefe Linien ab und cd vor, und eine Ebene E, welche parallel ist mit der einen von ihnen, nämlich mit ab, aber nicht mit der anderen cd. Es wird behauptet, daß es unendlich viele gerade Linien giebt, welche die beiden windschiefen Linien ab und cd schneiden, und dabei parallel sind mit der Ebene E, und daß alle diese Linien durch einen und denselben Punkt der Linie cd gehen. — Durch die Linie ab denke man eine Ebene F, welche mit der Ebene E parallel ist. Die Ebene F schneidet die Linie cd. Der Durchschnittspunkt sei p. Jede gerade Linie, welche durch den Punkt p und durch irgend einen Punkt der Linie ab gedacht wird, schneidet die beiden windschiefen Linien ab und cd, und ist, da sie in der Ebene F liegt, parallel mit der Ebene E. Wenn man durch einen anderen Punkt c der Linie cd und durch irgend einen Punkt a der Linie ab eine gerade Linie ca legt, so hat diese einen Punkt a mit der Ebene F gemeinschaftlich, während ein anderer Punkt c von ihr außerhalb der Ebene F sich befindet; eine solche Linie ca wird also jedesmal die Ebene F schneiden und die mit ihr parallele Ebene E. Hieraus ersieht sich, daß es unendlich viele gerade Linien giebt, welche die beiden windschiefen Linien ab und cd schneiden, und parallel sind mit der Ebene E, daß aber eine jede solche Linie durch einen und denselben Punkt p der Linie cd geht. Darin liegt der Satz.

§. 121.

Schneidet eine Ebene eine jede von zwei windschiefen Linien, so giebt es unendlich viele gerade Linien, welche die beiden windschiefen Linien schneiden, und dabei parallel mit der Ebene sind, und je zwei solcher Linien sind windschief.

Man denke zwei windschiefe Linien ab und cd, und eine Ebene E, welche beide schneidet. Es wird behauptet, daß es unendlich viele gerade Linien giebt, von welchen jede die beiden windschiefen Linien schneidet und parallel mit der Ebene E ist, und daß je zwei solcher Linien windschief sind. — Man nehme in der einen Linie ab einen Punkt p an, und denke durch ihn eine Ebene F, parallel mit der Ebene E. Die Ebene F wird die andere Linie cd in einem Punkt q schneiden. In der geraden Linie pq erhält man eine gerade Linie, welche die beiden windschiefen Linien ab und cd schneidet und welche mit der Ebene E parallel ist. Es fällt in die Augen, daß solcher Linien sich unendlich viele construiren lassen. Je zwei von ihnen müssen aber windschief sein, denn lägen zwei in einer Ebene, so würden auch die windschiefen Linien ab und cd sich in dieser Ebene finden müssen, welches sich widerspricht. Darin liegt der Satz.

§. 122.

Man stelle sich zwei windschiefe Linien vor, und eine Ebene, welche beide schneidet. Eine unendliche gerade Linie werde längs der beiden windschiefen Linien geführt, so, daß sie immer beide windschiefen Linien schneidet und beständig parallel mit der Ebene ist. Die gerade Linie, welche längs der windschiefen Linien geführt wird, beschreibt eine krumme Fläche: diese heißt eine windschiefe Ebene. Die beiden windschiefen Linien heißen die Richtungslinien der windschiefen Ebene, die Ebene heißt die Parallelebene, die gerade Linie, welche längs der windschiefen Linien geführt wurde, die Erzeugungslinie der windschiefen Ebene.

Eine windschiefe Ebene ist durch ihre Richtungslinien und durch ihre Parallelebene bestimmt.

§. 123.

In einer windschiefen Ebene lassen sich unendlich viele gerade Linien denken, welche mit der Parallelebene parallel sind. Diese Linien liegen dergestalt, daß die Erzeugungslinie während ihrer Bewegung einmal mit einer jeden von ihnen zusammenfällt. Jede solche Linie heißt eine Seite der windschiefen Ebene.

Je zwei Seiten einer windschiefen Ebene sind windschiefe Linien.

Durch jeden Punkt einer windschiefen Ebene kann eine Seite gedacht werden.

§. 124.

Eine windschiefe Ebene wird von einer Ebene, welche parallel mit ihrer Parallelebene ist, in einer geraden Linie geschnitten.

Die Ebene schneidet jede von den Richtungslinien der windschiefen Ebene, weil sie parallel ist mit der Parallelebene, welche beide Richtungslinien schneidet. Der Durchschnittspunkt der Ebene mit der einen Richtungslinie sei p, der mit der anderen q. Man denke die gerade Linie pq. Sie liegt in der Ebene, ist parallel mit der Parallelebene, und die Erzeugungslinie fällt während ihrer Bewegung einmal mit ihr zusammen. Die Linie pq liegt also gleichzeitig in der Ebene und in der windschiefen Ebene. Man denke die unendlich vielen, einander unendlich nahe liegenden Ebenen welche parallel mit der Parallelebene möglich sind. Jede hat nach dem Bisherigen mit der windschiefen Ebene eine gerade Linie gemeinschaftlich, und in je drei auf einander folgenden Ebenen liegen die geraden Linien einander unendlich nahe. Daraus erhellet, daß jede solche Ebene die windschiefe Ebene schneidet, keine etwa dieselbe berührt.

Die Ebene hat mit der windschiefen Ebene nichts mehr als die Seite gemein, in der sie dieselbe schneidet; denn eine zweite Seite kann nicht in der Ebene liegen, weil sonst die beiden in ihr befindlichen Seiten nicht windschief wären, noch kann eine zweite Seite die Ebene schneiden, weil sie sonst auch die Parallelebene schneiden müßte.

§. 125.

Wird eine windschiefe Ebene durch eine Ebene geschnitten, welche mit beiden Richtungslinien parallel ist, so ist die Durchschnittslinie eine gerade Linie.

Man nehme, Fig. 79, die Linien af und bg als die Richtungslinien einer windschiefen Ebene an. Die Linien ab, cd, fg seien drei beliebige Seiten. Eine Ebene E, welche mit beiden Richtungslinien parallel ist, schneide diese Seiten in den Punkten x, y, z. Wir werden darthun, daß die drei Punkte x, y, z in einer geraden Linie liegen, und daraus wird erhellen, daß die Durchschnittslinie der windschiefen Ebene und der Ebene E eine gerade Linie ist.

Man denke die Ebene abg, und ziehe in ihr aq parallel mit bg, dh und gq parallel mit ab. Man denke ferner die Ebenen cdh, fgq, faq. Die Ebene E schneide die Ebene abg in der Linie xv. Die Ebenen cdh und fgq werden dann von der Ebene E beziehlich in den Linien ny und vz geschnitten. ch ist die Durchschnittslinie der Ebenen cdh und faq, fq die Durchschnittslinie der Ebenen fgq und faq.

Um zu zeigen daß die Punkte x, y, z in einer geraden Linie sich befinden, werden wir beweisen, daß ny parallel mit vz ist, und daß sich verhält

$$ny : vz = xn : xv.$$

Die Seite cd ist parallel mit der Parallelebene. Die Linie dh ist es gleichfalls, denn sie ist es mit der Seite ab, welche parallel mit der Parallelebene ist. Die Ebene cdh, welche durch die beiden sich schneidenden Linien cd und dh geht, ist daher parallel mit der Parallelebene. Eben so folgt, daß die Ebene fgq parallel ist mit der Parallelebene. Demnach sind die Ebenen cdh und fgq selbst parallel, und werden von der Ebene E in parallelen Linien geschnitten. Es sind also die Linien ny und vz parallel.

Die Ebene faq ist parallel mit der Ebene E. Denn die Richtungslinie af ist nach der Voraussetzung mit der Ebene E parallel, und die Linie aq ist parallel mit der Ebene E, weil sie mit der Richtungslinie bg parallel ist, welche es wiederum ist mit der Ebene E. — Die Linien ny und hc sind parallel, als die Linien in welchen die beiden parallelen Ebenen E und faq von der Ebene cdh geschnitten werden. Die Linien vz und qf sind parallel, als Durchschnittslinien der beiden parallelen Ebenen E und faq und der Ebene fgq. Daher verhält sich

$$ny : hc = dn : dh$$
$$vz : qf = gv : gq$$

oder, wie leicht erhellet,

$$vz : qf = dn : dh.$$

Hieraus folgt

$$ny : hc = vz : qf$$
$$ny : vz = hc : qf$$
$$ny : vz = ah : aq$$

und endlich

$$ny : vz = xn : xv.$$

Die drei Punkte x, y und z befinden sich also in einer geraden Linie. Liegen aber die Punkte, in welchen irgend drei Seiten der windschiefen Ebene von der Ebene E geschnitten werden, in einer geraden Linie, so ist die Durchschnittslinie der windschiefen Ebene und der Ebene E gerade. Und das ist der Satz.

§. 126.

Die gerade Linie, in welcher eine windschiefe Ebene von einer Ebene geschnitten wird, die mit ihren Richtungslinien parallel ist, heißt eine Transversalseite, oder eine Querseite der windschiefen Ebene.

§. 127.

Jede Transversalseite schneidet alle Seiten der windschiefen Ebene.

Denn die Ebene, welche die Transversalseite liefert, wird nach §. 119. von allen Seiten der windschiefen Ebene geschnitten.

§. 128.

Durch jeden Punkt einer windschiefen Ebene kann eine Transversalseite gelegt werden.

Denn durch jeden Punkt der windschiefen Ebene kann eine Ebene gedacht werden, welche parallel mit beiden Richtungslinien ist.

§. 129.

Je zwei Transversalseiten einer windschiefen Ebene sind windschiefe Linien.

Denn lägen zwei Transversalseiten in einer Ebene, so würden sämmtliche Seiten der windschiefen Ebene in derselben Ebene sich befinden müssen, weil sämmtliche Seiten von jeder der Transversalseiten geschnitten werden; und das würde sich widersprechen, da je zwei Seiten windschiefe Linien sind.

§. 130.

1) Werden zwei windschiefe Linien gedacht, und beliebig viele Ebenen, deren jede parallel ist mit beiden windschiefen Linien, so sind diese Ebenen parallel.

Denn sollten zwei der Ebenen sich schneiden, so müßten die

windschiefen Linien parallel mit der Durchschnittslinie sein, also parallel unter sich, welches sich widerspricht.

2) Alle Transversalseiten einer windschiefen Ebene sind mit jeder Ebene parallel, welche parallel ist mit den Richtungslinien der windschiefen Ebene. Nach 1).

§. 131.

Eine Ebene, welche parallel mit beiden Richtungslinien einer windschiefen Ebene ist, mag eine Parallelebene der Transversalseiten genannt werden. Mit einer solchen sind nach dem vorigen Paragraph alle Transversalseiten parallel.

§. 132.

Da sämmtliche Seiten einer windschiefen Ebene von jeder Transversalseite geschnitten werden, und alle Transversalseiten parallel mit der Parallelebene der Transversalseiten sind, so folgt, daß wenn man irgend zwei Seiten einer windschiefen Ebene als Richtungslinien, und die Parallelebene ihrer Transversalseiten als Parallelebene einer zweiten windschiefen Ebene nimmt, diese zweite windschiefe Ebene mit der ersten zusammenfällt. Die windschiefe Ebene kann man daher stets in doppelter Weise hervorgehen lassen: indem man nämlich irgend zwei Transversalseiten als Richtungslinien nimmt und irgend eine mit irgend zweien Seiten parallele Ebene als Parallelebene, oder indem man zwei Seiten als Richtungslinien nimmt und als Parallelebene eine Ebene, welche mit zweien Transversalseiten parallel ist.

Man denke eine windschiefe Ebene, durch jede Seite derselben eine Ebene parallel mit der Parallelebene. Es ist dies das einzige System von parallelen Ebenen, welche durch die Seiten gelegt werden können. Jede dieser Ebenen kann als Parallelebene dienen. Wir wollen dies System die Parallelebenen der Seiten nennen, jede einzelne Ebene die Parallelebene der Seite, durch welche sie geht. Eben so in Bezug auf die Transversalseiten.

§. 133.

Eine Ebene, welche durch eine Seite einer windschiefen Ebene geht, und dabei die Parallelebene schneidet, geht zugleich durch eine Transversalseite der windschiefen Ebene.

Man stelle sich eine windschiefe Ebene vor. Irgend eine Seite derselben sei a b. Durch die Seite a b denke man eine Ebene E, welche die Parallelebene schneidet. Es wird behauptet, die Ebene E gehe zugleich durch eine Transversalseite der windschiefen Ebene. — Durch irgend eine zweite Seite cd der windschiefen Ebene lege man eine Ebene F, parallel mit der Parallelebene. Die Ebene E, welche die Parallelebene schneidet, schneidet auch die mit dieser parallele Ebene F. Die Durchschnittslinie der Ebenen E und F sei durch pq bezeichnet. Die Seite a b ist parallel mit der Ebene F, daher auch parallel mit pq. Die Linien c d und p q schneiden sich in einem Punkt x; denn wären sie parallel, oder fielen sie in einander, so würden die Seiten ab und cd parallel sein, welches sich widerspricht. Durch den Punkt x der Seite c d geht eine Transversalseite der windschiefen Ebene, und sie mag die Seite ab in dem Punkt y treffen. Der Punkt x befindet sich auch in der Linie p q, und mit dieser zugleich in der Ebene E; der Punkt y liegt mit der Seite ab ebenfalls in der Ebene E. Daher liegt die Transversalseite xy in der Ebene E. Also geht diese durch eine Transversalseite. Darin liegt der Satz.

§. 134.

Eine Ebene, welche durch eine Seite einer windschiefen Ebene geht und durch eine von ihren Transversalseiten, hat mit der windschiefen Ebene keine anderen Punkte gemeinschaftlich, als die jener Seite, und die der Transversalseite, durch welche sie geht.

Die Ebene sei E, die Seite, durch welche sie geht, sei ab, die Transversalseite, durch welche sie auch geht, sei xy. Man nehme an, die Ebene E habe noch einen Punkt z, welcher weder in der Seite ab, noch in der Transversalseite x y liegt, mit der windschiefen Ebene gemeinschaftlich, und denke die Seite der windschiefen Ebene, welche durch den Punkt z geht. Jede Transversalseite schneidet sämmtliche Seiten der windschiefen Ebene. Daher muß die Transversalseite x y die durch den Punkt z gehende Seite in einem Punkt t schneiden. Die Punkte z und t liegen in der Ebene E. Also liegt auch die Seite tz in dieser Ebene. Dann befänden sich aber die beiden Seiten a b und t z in der Ebene E, und das ist nicht möglich, weil je zwei Seiten windschiefe Linien sind. Daraus erhellet der Satz.

§. 135.

Eine Ebene, welche durch eine Seite und durch eine Transversalseite einer windschiefen Ebene geht, mag eine berührend schneidende Ebene der windschiefen Ebene genannt werden, und zwar die berührend schneidende Ebene, oder auch die Berührungsebene des Punktes, in dem die Seite und die Transversalseite sich schneiden, welche die Ebene enthält.

§. 136.

1) Man denke eine windschiefe Ebene. Die Parallelebene sei N, die Parallelebene der Transversalseiten sei Q. Jede gerade Linie, welche parallel mit der Durchschnittslinie der Ebenen N und Q ist, schneidet die windschiefe Ebene in einem Punkt.

Es bezeichne kl eine solche Linie. Durch kl werde eine Ebene E gedacht, parallel mit N. Die Ebene E schneidet die windschiefe Ebene in einer Seite ab; und die Linien kl und ab müssen sich schneiden, weil sonst die Seite ab parallel mit der Durchschnittslinie der Ebenen N und Q, also auch parallel mit der Ebene Q sein müßte, während sie doch die in Q befindliche Transversalseite schneidet. Die Linie kl schneidet also die windschiefe Ebene. Die Ebene E hat mit der windschiefen Ebene nach §. 124 nur die Seite ab gemein, daher hat die Linie kl mit der windschiefen Ebene nur den Punkt gemein, in welchem sie die Seite ab trifft.

2) Jede gerade Linie, welche parallel ist mit der Durchschnittslinie der beiden Parallelebenen N und Q, heißt eine Achse der windschiefen Ebene, und zwar die Achse desjenigen Punktes, in welchem sie die windschiefe Ebene schneidet.

3) Für jeden Punkt einer windschiefen Ebene besteht eine Achse; sämmtliche Achsen einer windschiefen Ebene sind parallel, und jede Achse ist parallel mit der Ebene N und mit der Ebene Q.

4) Man denke normal auf den Achsen eine Ebene Π, und auf diese sämmtliche Seiten und Transversalseiten projicirt: die Projectionen der Seiten auf der Ebene Π fallen parallel aus, eben so die Projectionen der Transversalseiten.

Denn die Parallelebenen der Seiten stehen normal auf der Ebene Π, eben so die Parallelebenen der Transversalseiten.

§. 137.

Man denke eine Ebene F, welche die Achsen einer windschiefen Ebene schneidet. Es besteht immer eine Seite gh und eine Transversalseite tv, welche parallel sind mit der Ebene F.

Die Parallelebene der Seiten sei N, die Parallelebene der Transversalseiten bezeichne Q.

Die Ebene F schneidet die Ebene N in einer Linie xy, die Ebene Q in einer Linie yz. Zwei beliebige Transversalseiten seien ac und bd. Durch die eine ac werde eine Ebene K gelegt, parallel mit xy. — Die Ebene K schneidet die andere Transversalseite bd. Es kann nämlich bd nicht in K sich befinden, weil ac und bd windschief sind. Andererseits kann bd nicht parallel mit K laufen: xy und K sind parallel, xy schneidet die Ebene Q, also schneidet auch K die Ebene Q, und zwar, da ac parallel Q ist, in einer Linie, welche parallel ist mit ac; sollte also bd parallel mit K laufen, so wäre es parallel mit K und mit Q, also parallel mit deren Durchschnittslinie, folglich auch parallel mit ac, welches sich widerspricht. — Den Durchschnittspunkt zwischen bd und K bezeichne h. Durch den Punkt h werde die Seite gh gedacht: sie ist parallel mit der Ebene F: die Seite gh trifft die Transversalseite ac in einem Punkt g, liegt also in der Ebene K, zugleich befindet sich gh in einer mit N parallelen Ebene E; die Linie xy ist parallel mit den Ebenen K und E, also parallel mit ihrer Durchschnittslinie gh, mithin ist gh parallel mit einer Linie xy in der Ebene F, also parallel mit dieser Ebene. — In gleicher Weise ergiebt sich vermittelst einer Ebene L, welche man durch eine Seite ab parallel mit yz denkt, eine Transversalseite tv, die parallel ist mit der Ebene F.

Es besteht nur eine Seite gh und eine Transversalseite tv parallel mit der Ebene F. Denn denkt man die Ebene, welche durch gh und tv geht, so schneiden alle übrigen Seiten und Transversalseiten diese Ebene, also auch die damit parallele Ebene F.

Es besteht daher auch jedesmal eine, und nur eine berührend schneidende Ebene, welche parallel ist mit einer Ebene F, die die Achsen schneidet. Sie geht durch die Seite und durch die Transversalseite, welche parallel laufen mit F.

§. 138.

1) Es besteht eine Seite und eine Transversalseite, welche parallel sind mit der Ebene Π, die auf den Achsen normal steht.

Nach dem vorigen Paragraph.

2) Der Punkt s, in welchem die Seite gh und die Transversalseite tv sich schneiden, die mit der Ebene Π parallel gehen, heißt der Scheitel der windschiefen Ebene, die Achse des Punktes s die Hauptachse.

Die berührend schneidende Ebene des Punktes s steht normal auf der Hauptachse. Alle übrigen berührend schneidenden Ebenen stehen schief auf den Achsen, welches sofort daraus erhellet, daß alle übrigen Seiten die berührend schneidende Ebene des Punktes s schneiden.

§. 139.

Es sei, Fig. 80, s der Scheitel einer windschiefen Ebene, gh und tv seien die durch ihn gehende Seite und Transversalseite. Man nehme sg beliebig, sh = sv = st = sg, durch t und v denke man Seiten ab und cd, durch g und h Transversalseiten ac und bd. Die Ebene der Linien gh und tv, d. h. die berührend schneidende Ebene des Scheitels s, werde als zweite Projectionsebene benutzt. Die Hauptachse steht normal auf dieser Ebene; deshalb sind nach 4) des Paragraphen 136 die Projectionen a″b″ und c″d″ parallel mit gh, und a″c″ und b″d″ parallel mit tv.

Die projicirenden Ebenen acP″ und bdP″ sind parallel, und es ist ta″ gleich tb″, folglich ist ta gleich tb und aa″ gleich bb″. Eben so folgt aa″ gleich cc″, und cc″ gleich dd″. Mithin ist aa″ = bb″ = cc″ = dd″. Von diesen Linien befinden sich aa″ und dd″ nach vorn, und bb″ und cc″ nach hinten, oder umgekehrt. Man denke die Linien ad und bc. Sie sind nach dem eben Erwiesenen parallel mit der durch s gedachten Ebene P″, befinden sich zu entgegengesetzten Seiten derselben und in gleichen Abständen von ihr. — Es verhält sich

a″t : a″b″ = ts : b″d″.

Die Punkte a″, s, d″ liegen daher in gerader Linie, eben so die Punkte b″, s, c″. Daraus erhellet weiter, daß die Linien ad und bc die Hauptachse schneiden, beziehlich in Punkten n und q, und es ist na = nd, qb = qc und sn = sq. Dabei stehen die Linien ad und bc auf der Hauptachse normal.

Man denke durch die Hauptachse zwei Ebenen E und F, welche die Winkel halbiren, die von den Seiten gh und tv gebildet werden. Sie stehen normal auf der berührend schneidenden Ebene des Punktes s, sind rechtwinklig unter sich, und ihre zweiten Schnitte sind die Diagonalen des Rhombus a″b″d″c″.

Die eine Ebene nimmt die Linie ad, die andere die Linie bc in sich auf. — Vier neue Punkte g, h, v, t, in gleichen Abständen von s genommen, liefern wie zuvor zwei neue Linien ad, bc, und es erhellet, daß jede der Ebenen E und F die windschiefe Ebene in einer Curve schneidet, welche die Hauptachse zum Durchmesser hat.

Auf der Seite cd, Fig. 80, werde vx beliebig genommen, auf der Seite ac gy gleich vx. Die Linie xy wird, wie sich leicht ersieht, parallel mit vg, also parallel mit E″, normal zu F, und durch die Ebene F halbirt. Die Ebene F schneidet daher alle Sehnen der windschiefen Ebene, welche mit E″ parallel sind, rechtwinklig und halbirt dieselben; eben so schneidet E alle mit F″ parallelen Sehnen rechtwinklig, und theilt sie in zwei gleiche Theile; und durch jede der Ebenen E und F wird die windschiefe Ebene in zwei symmetrische Theile zerlegt. Die Ebenen E und F heißen Diametral-Ebenen.

§. 140.

Es sei, Fig. 81, r irgend ein Punkt einer windschiefen Ebene. gh und tv seien die durch ihn gehende Seite und Transversalseite. Man nehme rg = rh, rt = rv, und denke durch t und v die Seiten ab und cd, durch g und h die Transversalseiten ac und bd. Die Ebene der Linien gh und tv, d. h. die berührend schneidende Ebene des Punktes r, werde als zweite Projectionsebene benutzt. Die Achse des Punktes r steht, da r nicht Scheitel sein soll, schief auf dieser Ebene, ihre Projection sei rn″, und die Projectionen a″b″ und c″d″ werden nicht parallel gh, noch die a″c″ und b″d″ mit tv.

Man denke die Parallelebenen der Transversalseiten ac, tv, bd, und es folgt, da rg gleich rh ist, daß ta gleich ist tb, und vc gleich vd. Aehnlich ergiebt sich, daß ga gleich gc ist, und hb gleich hd.

Man denke die Linien ad und bc. Es verhält sich

$$cg : ga = cv : vd$$

deshalb ist ad parallel mit der Linie gv, also parallel mit der berührend schneidenden Ebene des Punktes r. Eben so ist bc parallel mit dieser Ebene.

Es werde ferner eine Ebene K gedacht, normal auf der Achse des Punktes r, und auf diese Ebene projicire man sämmtliche Linien, welche wir hier in Betracht gezogen haben. Es entsteht ein Parallelogramm (§. 136), die Diagonalen desselben sind die Projectionen der Linien ad und bc, und die Projection des Punktes r fällt in den Durchschnittspunkt der Diagonalen. Daraus erhellet, daß die Linien ad und bc die Achse schneiden, beziehlich in Punkten n und q, so daß na = nd ist und nb = nc. Mit der berührend schneidenden Ebene des Punktes r parallel werde durch ad eine Ebene E, durch bc eine Ebene F gedacht. Da at gleich ist tb, folgt, daß rn gleich rq ist.

Man denke jetzt irgend eine neue Seite, welche die Ebene E in a, die Ebene F in b, die durch r gehende Transversalseite in t schneide, und es ist, weil rn = rq und die Ebenen E, P'', F parallel sind, at gleich tb. Auf der durch r gehenden Transversale nehme man rv = rt, und denke durch v die Seite, sie schneidet die Ebenen E und F in Punkten c und d, so daß vc = vd. Werden ferner durch a und b Transversalseiten gelegt, so schneiden sie die Seite cd in den Punkten c und d, und die durch r gehende Seite in Punkten g und h, so daß rg = rh ist. Man projicire nämlich auf die zur Achse des Punktes r normale Ebene K die gedachten Linien Fig. 82, so ist, indem wir diese Projectionen mit einfach markirten Buchstaben bezeichnen a't' = t'b', t'r' = r'v', v'c' = v'd', und weil die Projectionen parallel ausfallen g'r' = r'h'. Die Punkte, in welchen die durch a und b gelegten Transversalseiten die Ebenen F und E beziehlich treffen, seien x und y. Da ag = gx und bh = hy, so ist auch a'g' = g'x' und b'h' = h'y'. Deshalb befinden sich x′ und y′ in c′ d′. Schneiden sich aber a′g′ und c′d′ in x′, so ist, da die Linien ag und cd sich schneiden, x ihr Durchschnittspunkt, und da x in F sich befindet, so fällt x mit c zusammen, eben so y mit d in der Ebene E. Hieraus erhellet die obere Behauptung. — Die neue Sehne ad, zu welcher die gegenwärtigen Linien führen, geht demnach durch den alten Punkt n, dergestalt, daß na = nd ist; und die Ebene F, welche durch n gehend parallel der berührend schneidenden Ebene des Punktes r gedacht ist, schneidet die windschiefe Ebene in einer Curve, welche den Punkt n der Achse zum Mittelpunkt hat.

Die Seite gh und die Transversalseite tv sind mit der Ebene F parallel. Alle übrigen Seiten und Transversalseiten schneiden die Ebene F, weil sie die berührend schneidende Ebene des Punktes r schneiden, und F mit dieser Ebene parallel ist. Je größer die Entfernung von dem Punkt r ist, in welcher Seiten sich befinden, je kleiner werden die Winkel, welche die Seiten mit der Parallelebene durch die Transversalseite tv bilden, und die in der Unendlichkeit liegenden Seiten fallen mit dieser Ebene zusammen; und je größer die Entfernung von r ist, in welcher Transversalseiten gedacht werden, je kleiner sind die Winkel, welche die Transversalseiten mit der Parallelebene durch die Seite gh bilden, und die in unendlicher Ferne liegenden Transversalseiten fallen zusammen mit dieser Ebene. Daraus erhellet, daß die Curve, in welcher die Ebene F die windschiefe Ebene schneidet, sich ins Unendliche erstreckt, und daß sie zu Asymptoten die Linien hat, in welchen die Ebene F geschnitten wird von den Parallelebenen der Seite gh und der Transversalseite tv, d. h. von den Ebenen, welche durch gh und die Achse des Punktes r, und durch tv und dieselbe Achse gehen.

§. 141.

Die in unendlicher Ferne liegenden Seiten einer windschiefen Ebene sind parallel mit der Parallelebene der Transversalseiten. Sie sind daher parallel mit beiden Parallelebenen und deshalb mit den Achsen. Eben so die Transversalseiten, welche in der Unendlichkeit liegen. Daher sind die Seiten, welche in der Unendlichkeit liegen, parallel den Transversalseiten in der Unendlichkeit.

Wenn man daher eine Ebene F sich vorstellt, welche die Achsen schneidet, und die Lage der Ebene F dergestalt ändert, daß sie kleinere und kleinere Winkel mit den Achsen bildet, bis sie zuletzt mit ihnen parallel wird, so wird ihre Durchschnittsfigur mit der windschiefen Ebene sich zwar noch ins Unendliche erstrecken, aber die Asymptoten rücken in unendliche Ferne, oder finden nicht mehr Statt.

§. 142.

Es sei, Fig. 83, s der Scheitel einer windschiefen Ebene, gh die durch ihn gehende Seite, tv die durch ihn gehende Transversalseite. Beide bilden den Winkel α. gh diene als Achse der x, die Hauptachse als Achse der y, die Normale Z als Achse der z. Die Gleichungen der Transversalseite sind alsdann

$$1)\ x = z \operatorname{Cotg} \alpha$$

$$2)\ y = 0.$$

Durch h werde eine zweite Transversalseite bd gedacht. Ihre Projection auf der Ebene YZ bilde mit der Achse der y den Winkel β; ihre Gleichungen sind alsdann

$$3)\ x = z \operatorname{Cotg} \alpha + a$$

$$4)\ y = z \operatorname{Cotg} \beta.$$

Die durch die Hauptachse und durch die Seite gh gelegte Ebene XY ist Parallelebene der Seiten. Irgend eine Seite treffe die Transversalseiten tv und bd in den Punkten x', y', z' und x'', y'', z'', und es sind die Gleichungen dieser Seite

$$5)\quad z = z'$$

$$6)\ \frac{y - y'}{x - x'} = \frac{y' - y''}{x' - x''}.$$

Nach den Gleichungen 1), 2), 3), 4), ist

$$x' = z' \operatorname{Cotg} \alpha \qquad x'' = z' \operatorname{Cotg} \alpha + a$$

$$y' = 0 \qquad y'' = z' \operatorname{Cotg} \beta.$$

Diese Werthe, in 6) substituirt liefern

$$\frac{y}{x - z' \operatorname{Cotg} \alpha} = \frac{z' \operatorname{Cotg} \beta}{a}.$$

Hierin setze man z' veränderlich und es entsteht

$$ay = z \operatorname{Cotg} \beta (x - z \operatorname{Cotg} \alpha)$$

als Gleichung der windschiefen Ebene.

Die Gestalt der gewonnenen Gleichung lehrt sofort, daß

die Curven, in welchen eine Ebene und eine windschiefe Ebene sich schneiden können, Linien des zweiten Grades sind.

§. 143.

Aus den vorstehenden Paragraphen folgt nunmehr:

Eine windschiefe Ebene wird von jeder Ebene, welche die Achsen schneidet, und nicht durch eine Seite geht, in einer Hyperbel geschnitten.

Jede Ebene, welche parallel den Achsen ist, ohne parallel zu sein mit einer von den Parallelebenen, schneidet die windschiefe Ebene in einer Parabel.

§. 144.

Die Linien, in welchen eine windschiefe Ebene die Projectionsebenen schneidet, nennen wir die Schnitte der windschiefen Ebene.

Eine windschiefe Ebene wird durch einen Buchstab des großen lateinischen Alphabets bezeichnet werden. Und ist eine windschiefe Ebene durch A bezeichnet, so bezeichnen wir ihren ersten Schnitt durch A′, ihren zweiten durch A″.

§. 145.

Eine windschiefe Ebene ist bestimmt, wenn ihre Richtungslinien durch Projectionen und ihre Parallelebene durch die Schnitte gegeben sind.

Eine windschiefe Ebene ist auch bestimmt, wenn ihre Schnitte gegeben sind und ihre Parallelebene.

4) Von der Umdrehungsfläche.

§. 146.

Man stelle sich eine gerade Linie vor, und eine zweite beliebige Linie, in einer beliebigen Lage zur ersten. Man drehe die zweite Linie um die erste, ohne daß die Lage der zweiten Linie gegen die erste geändert wird, bis die zweite Linie wieder in ihre ursprüngliche Stellung zurückgekehrt ist. Die zweite Linie beschreibt während der Bewegung eine krumme Fläche: diese heißt eine **Umdrehungsfläche**. Die gerade Linie, um welche die zweite Linie gedreht wurde, heißt die **Umdrehungsachse**, die zweite Linie die **Erzeugungslinie** der Umdrehungsfläche.

Wird die Erzeugungslinie gerade, und parallel mit der Umdrehungsachse angenommen, so ist die Umdrehungsfläche der Mantel eines gewöhnlichen normalen Cylinders. Ist die Erzeugungslinie gerade, und schneidet sie die Umdrehungsachse, so ist die Umdrehungsfläche der Mantel eines gewöhnlichen normalen Kegels. Ist die Erzeugungslinie ein Halbkreis, und liegt sein Durchmesser in der Umdrehungsachse, so ist die Umdrehungsfläche die Kugel, deren Durchmesser der Durchmesser jenes Halbkreises ist.

§. 147.

Jeder Punkt der Erzeugungslinie beschreibt, während der Bewegung um die Umdrehungsachse, einen Kreis, dessen Ebene normal auf der Umdrehungsachse steht.

Dies ersieht sich sogleich, wenn man aus jedem Punkte der Erzeugungslinie eine Normale auf die Umdrehungsachse gefällt denkt, und dann die Umdrehung ausführt.

§. 148.

Jede Ebene, welche eine Umdrehungsfläche schneidet, und normal auf der Umdrehungsachse steht, schneidet daher die Umdrehungsfläche in einem Kreise, und der Radius dieses Kreises ist der normale Abstand des Durchschnittspunktes der Ebene und der Erzeugungslinie von der Umdrehungsachse.

Dergleichen Kreise heißen Parallelkreise.

Jeder Punkt einer Umdrehungsfläche liegt in der Peripherie eines Parallelkreises.

§. 149.

Jede Umdrehungsfläche wird durch Ebenen, welche durch die Umdrehungsachse gehen, in congruenten Durchschnittsfiguren geschnitten.

Dies folgt aus §. 147.

Die Durchschnittsfigur einer Umdrehungsfläche mit einer Ebene, welche durch die Umdrehungsachse geht, heißt eine Meridianlinie der Umdrehungsfläche, ihre Ebene eine Meridianebene. Alle Meridianlinien derselben Umdrehungsfläche sind congruent.

Diese Theile einer Meridianlinie, welche zu beiden Seiten der Umdrehungsachse liegen, sind congruent. Ein solcher Theil, als Erzeugungslinie benutzt, liefert die Umdrehungsfläche wieder. Ist daher die ursprüngliche Erzeugungslinie einer Umdrehungsfläche eine Curve von doppelter Krümmung, so erhält man in der Meridianlinie eine ebene Erzeugungslinie.

§. 150.

Eine Umdrehungsfläche ist gegeben, wenn ihre Umdrehungsachse und ihre Erzeugungslinie, oder eine Meridianlinie gegeben sind.

§. 151.

Durch jeden Punkt einer windschiefen Ebene lassen sich zwei gerade Linien denken, welche innerhalb derselben liegen, eine Seite und eine transversale Seite; durch jeden Punkt eines geraden Cylinders, eines Kegels, eines windschiefen Cylinders läßt sich eine gerade Linie denken, welche innerhalb der Fläche fällt; durch jeden Punkt einer Umdrehungsfläche läßt sich ein Kreis denken, der innerhalb der Umdrehungsfläche sich befindet. Hierdurch werden die genannten Flächen der beschreibenden Geometrie zugängig. Wir werden etwas später noch eine Gattung von Flächen vorführen, die der Construction zugängig und technisch wichtig sind.

Siebentes Kapitel.

Construction von Durchschnittspunkten und Durchschnittslinien bei krummen Flächen.

---

§. 152. Aufgabe.

Ein gerader Cylinder C ist, Fig. 84, durch die Projectionen seiner Parallellinie pq und durch die Projectionen seiner Richtungslinie an gegeben. Man soll die Schnitte C' und C'' des geraden Cylinders construiren.

Auflösung. Durch einen beliebigen Punkt a der Richtungslinie construire man eine gerade Linie ab, parallel mit der Parallellinie pq. Die Linie ab ist eine Seite des geraden Cylinders. Man construire die Durchgänge a^{I} und b^{II} der Seite ab. Der Durchgang a^{I} ist ein Punkt des ersten Schnittes C', der Durchgang b^{II} ein Punkt des zweiten Schnittes C'' des geraden Cylinders. In derselben Weise construire man so viele Punkte der Schnitte, als nöthig erscheinen, dieselben zu bestimmen und zu zeichnen.

§. 153. Aufgabe.

Ein Kegel ist durch die Projectionen seiner Spitze s und durch die Projectionen seiner Richtungslinie an gegeben. Man soll die Schnitte des Kegels construiren.

Auflösung. Man nehme in der Richtungslinie beliebig einen Punkt a, und construire durch ihn und durch die Spitze s eine gerade Linie as. Diese ist eine Seite des Kegels. Ihr Durchgang a^{I} ist ein Punkt des ersten, der Durchgang s^{II} ein

Punkt des zweiten Schnittes des Kegels. In derselben Weise verschaffe man sich so viele Punkte der Schnitte, als man nothwendig erachtet, dieselben zu zeichnen.

Die ersten Projectionen aller Seiten, welche man construirt, um sich Punkte der Schnitte zu verschaffen, gehen durch den Punkt s'. Nachdem einige von den Projectionen durch den Punkt s' gezeichnet sind, wird er durch diese Linien bedeckt, und nicht mehr mit völliger Schärfe erkennbar sein. Dadurch wird Unsicherheit und Unrichtigkeit für die fernere Construction herbeigeführt. Den Punkt s' erkennbar zu erhalten, unterbreche man jede von den Projectionen in der Gegend des Punktes s', so daß keine durch ihn gezeichnet ist, und er frei bleibt. Aehnlich verfahre man in allen Fällen, in welchen viele Linien durch einen und denselben Punkt gezeichnet werden müssen.

§. 154. Aufgabe.

Eine windschiefe Ebene ist durch die Projectionen ihrer Richtungslinien und durch die Schnitte ihrer Parallelebene gegeben. Man soll die Schnitte der windschiefen Ebene construiren.

Auflösung. Man construire eine Ebene E, welche mit der Parallelebene parallel ist, bestimme die Punkte a und b, in welchen die Ebene E von den Richtungslinien der windschiefen Ebene geschnitten wird, und construire die gerade Linie ab. Die Linie ab ist eine Seite der windschiefen Ebene. Man construire ihre Durchgänge a^{I} und b^{II}. Der Punkt a^{I} ist ein Punkt des ersten Schnittes der windschiefen Ebene, der Punkt b^{II} ein Punkt des zweiten. Aehnlich construire man so viele Punkte der Schnitte, als man zum Zeichnen derselben nothwendig erachtet.

§. 155. Aufgabe.

Es ist ein gerader Cylinder gegeben, und eine gerade Linie, welche ihn schneidet; man soll den Durchschnittspunkt, oder die Durchschnittspunkte, construiren.

Auflösung. Durch die gerade Linie lege man eine Ebene, welche mit der Parallellinie des geraden Cylinders parallel ist. Die Ebene wird den geraden Cylinder in einer Seite, oder in mehreren Seiten schneiden. Man bestimme diese Seiten und die Punkte, in welchen sie von der gegebenen geraden Linie geschnitten werden. Diese Punkte sind die Durchschnittspunkte des geraden Cylinders und der geraden Linie.

Ausführung der Construction. Ein gerader Cylinder C sei, Fig. 85, durch seinen ersten Schnitt C′ und durch die Projectionen s′l′ und s″l″ seiner Parallellinie st gegeben. Ferner sei gegeben eine gerade Linie pq durch ihre Projectionen p′q′ und p″q″. Man soll die Durchschnittspunkte a und b der geraden Linie und des geraden Cylinders construiren.

Man construire zuerst die Ebene E, welche durch die Linie pq geht, und mit der Parallellinie st parallel ist. Zu dem Ende nehme man in der Linie pq den Punkt n beliebig, lege durch ihn eine gerade Linie nv parallel mit der Parallellinie st, construire die ersten Durchgänge p′ und n′ der Linien pq und nv, und zeichne durch diese Durchgänge den ersten Schnitt E′ der Ebene E. Der zweite ist nicht erforderlich.

Man bestimme zweitens die Seiten, in welchen die Ebene den geraden Cylinder schneidet. Die ersten Durchgänge dieser Seiten sind die Punkte a′ und b′, in welchen der Schnitt C′ des geraden Cylinders von dem Schnitt E′ der Ebene getroffen wird. Durch die Durchgänge und die Parallellinie sind die Seiten bestimmt.

Drittens sind die Punkte a und b zu construiren, in welchen die Seiten des geraden Cylinders, deren Durchgänge a′ und b′ sind, von der Linie pq geschnitten werden. Man ziehe die Linien a′a′ und b′b′ parallel mit s′l′, so hat man die ersten Projectionen der Seiten a′a und b′b. Die Punkte a′ und b′, in welchen diese Projectionen die erste Projection der Linie pq schneiden, sind die ersten Projectionen der Punkte a und b; die zweiten Projectionen werden erhalten, wenn man von a′ und b′ aus Normalen auf die Achse fällt, und sie bis zu den Durchschnitten a″ und b″ mit der zweiten Projection der Linie pq verlängert. Damit ist die Aufgabe gelöst.

§. 156.

Hätte man bei der vorigen Aufgabe nicht den Schnitt des Cylinders gehabt, sondern die Projectionen seiner Richtungslinie, so würde man zuerst den Schnitt haben construiren müssen. Im Allgemeinen ist es bequemer, wenn Schnitte gegeben sind.

Wir werden daher im Allgemeinen die Schnitte als bekannt voraussetzen.

§. 157. Aufgabe.

Ein gerader Cylinder wird von einer Ebene geschnitten, welche nicht mit seiner Parallellinie parallel ist. Man soll die Durchschnittsfigur construiren, und mit der Ebene herabschlagen.

Auflösung. Man construire eine Anzahl Seiten des geraden Cylinders, und die Punkte, in welchen sie die Ebene schneiden. Sie sind Punkte der verlangten Durchschnittsfigur. Man nehme die Anzahl der Seiten so groß, daß ihre Durchschnittspunkte mit der Ebene ausreichen, die Durchschnittsfigur zu bestimmen. Die herabgeschlagene Durchschnittsfigur zu erhalten, schlage man mit der Ebene die in ihr liegenden Durchschnittspunkte herab, und zeichne durch die herabgeschlagenen Durchschnittspunkte die Durchschnittslinie.

§. 158. Beispiel.

Es sei, Fig. 86, die Curve C′ der erste Schnitt eines geraden Cylinders C, $a^{I}s'$ und $a^{II}s''$ seien die Projectionen einer von seinen Seiten, die als Parallellinie dienen soll. Der gerade Cylinder wird geschnitten durch die Ebene E. Man soll die Durchschnittslinie construiren und mit der Ebene E herabschlagen.

Auflösung. Man construire zuerst den Durchschnittspunkt a der Seite $a^{I}s$ und der Ebene E. Den Punkt a zu erhalten, nehme man die zweite projicirende Ebene der Seite $a^{I}s$ zu Hilfe. Der zweite Schnitt dieser projicirenden Ebene ist $a^{II}s''$, der erste ist der Normalschnitt $a^{II}a^{I}$. Die Linie, in welcher sich die Ebene E und die zweite projicirende Ebene der Seite $a^{II}s$ schneiden, sei pq. Die Punkte p^{I} und q^{II} sind die Durchgänge der Linie pq, durch welche sich die Projectionen in bekannter Weise bestimmen. Der Punkt a′, in welchem sich die ersten Projectionen der Seite $a^{I}s$ und der Linie pq schneiden, ist die erste Projection des Durchschnittspunktes a. Die zweite wird erhalten, wenn man von a′ aus eine Normale auf die Achse fällt, und sie bis zum Durchschnitt a″ mit der zweiten Projection der Seite $a^{I}s$ verlängert.

Dieselbe Operation wiederhole man mit anderen Seiten,

bis man so viele Durchschnittspunkte der Seiten mit der Ebene E erhalten hat, als nothwendig erscheinen, die Projectionen der verlangten Durchschnittsfigur zu zeichnen. Die Seiten selbst ergeben sich dadurch, daß die ersten Durchgänge aller Seiten in dem ersten Schnitt C′ liegen, und ihre Projectionen parallel sind mit denen der Seite $a^{I}s$. Um z. B. eine zweite Seite $b^{I}t$ zu erhalten, nehme man beliebig den Punkt b^{I} in dem Schnitte C′, ziehe die erste Projection $b^{I}t'$ parallel mit $a^{I}s'$, fälle von b^{I} eine Normale $b^{I}b^{II}$ auf die Achse, und ziehe $b^{II}t''$ parallel mit $a^{II}s''$.

Die Durchschnittsfigur mit der Ebene E herabzuschlagen, schlage man die sämmtlichen Durchschnittspunkte herab, welche man construirt hat. Es werde die Durchschnittsfigur auf die erste Projectionsebene herabgeschlagen. Den Punkt (a) zu erhalten, fälle man von a′ aus die Normale ax auf den Schnitt E′, verlängere sie, und mache die Verlängerung x(a) gleich der Hypotenuse eines rechtwinkligen Dreiecks, das die Linien a′x und $a^{0}a''$ zu Katheten hat. Sind sämmtliche Durchschnittspunkte a, b, c .... herabgeschlagen, so zeichne man durch die herabgeschlagenen Punkte (a), (b), (c) .... die herabgeschlagene Durchschnittsfigur.

§. 159. Zweites Beispiel.

Der Kreis C′, Fig. 87, sei der erste Schnitt eines geraden Cylinders; seine Seiten stehen normal auf der ersten Projectionsebene. Der Cylinder wird durch die Ebene E geschnitten. Der erste Schnitt E′ der Ebene steht normal auf der Achse; die Ebene selbst ist also normal auf der zweiten Projectionsebene. Man soll die Durchschnittsfigur construiren und herabschlagen.

Auflösung. Die erste Projection der Durchschnittsfigur ist der Kreis C′. Die zweite Projection der Durchschnittsfigur ist ein Theil des Schnittes E″. Man construire den Durchmesser $a^{I}g^{I}$ des Kreises C′ parallel mit der Achse, und denke die in a^{I} und g^{I} stehenden Seiten des Cylinders. Die Punkte, in welchen diese Seiten die Ebene E schneiden, seien beziehlich a und g. Die zweiten Projectionen der Seiten $a^{I}a$ und $g^{I}g$ werden erhalten, wenn man die Normalen $a^{I}a^{0}$ und $g^{I}g^{0}$ auf die Achse fällt, und sie über die Achse hinaus verlängert. Die Punkte a'' und g'', in welchen die zweiten Projectionen der Seiten $a'a$ und $g'g$ den Schnitt E'' treffen, sind die zweiten Projectionen der Punkte a und g, und das Stück $a''g''$ des Schnittes E'' ist die zweite Projection der Durchschnittsfigur.

Die Durchschnittsfigur ist noch herabzuschlagen. Sie ist eine Ellipse. Die große Achse derselben ist das Stück $a''g''$, die kleine Achse ist der Durchmesser des Kreises C'. Aus den Achsen ist die Ellipse leicht herzustellen. Ohne die Natur der Durchschnittsfigur zu kennen, läßt sich dieselbe vermittelst einzelner Punkte herabschlagen. Man nehme z. B. einen Punkt b' in C' und denke die Seite des geraden Cylinders, welche in b' steht. Der Durchschnittspunkt dieser Seite mit der Ebene E sei b. Die zweite Projection des Punktes b wird erhalten, wenn man die Normale $b'b^0$ auf die Achse fällt, und sie bis zum Durchschnitt b'' mit E'' verlängert. Den Punkt b herabzuschlagen, construire man $b''(b)$ normal auf E'', und gleich xb'. Ein zweiter Punkt (n) wird sogleich erhalten, wenn man $(b)b''$ über E'' verlängert, und die Verlängerung $b''(n)$ gleich $b''(b)$ macht. Der Punkt (n) rührt von der in n' stehenden Seite her. Die Durchschnittsfigur wird hierbei nicht mit einer bestimmten Ebene, sondern überhaupt nur herabgeschlagen. Will man sie mit der Ebene E auf die erste Projectionsebene herabschlagen, so verlängere man $g'a'$ über E' hinaus, mache $y(a)$ gleich E^0a'' und $y(g)$ gleich E^0g'', und man kann hierauf die Ellipse aus den Achsen construiren, oder vermittelst einzelner Punkte herabschlagen; so wird z. B. $[b]$ erhalten, indem man $b'z$ normal auf E'', und $z[b]$ gleich E^0b'' construirt.

§. 160.

Eine krumme Fläche, welche Seiten hat, und deren Natur es bedingt, daß je zwei auf einander folgende Seiten in einer Ebene sich befinden, läßt sich so biegen, daß sie zu einer Ebene wird, ohne daß die Größe der Fläche dabei eine Aenderung erleidet.

Man stelle sich drei unmittelbar auf einander folgende Seiten vor. Durch die erste und zweite dieser Seiten denke man eine Ebene E, durch die zweite und dritte eine Ebene F. Die Ebenen E und F schneiden sich in der zweiten, mittleren Seite. Die eine der Ebenen, etwa F, werde um die zweite Seite gedreht, bis sie mit der anderen Ebene, E, zusammenfällt. Die drei Seiten liegen alsdann in einer Ebene. Die Drehung denke man dergestalt vollzogen, daß die erste und dritte Seite nicht auf einander fallen, sondern zu entgegengesetzten Seiten der zweiten Seite zu liegen kommen. Nach der Drehung ist die Lage der ersten und zweiten Seite zu einander noch die ursprüngliche, eben so ist die Lage der zweiten und dritten, nur die Lage der ersten und dritten Seite zu einander hat sich geändert. Da die Lage der ersten und zweiten Seite zu einander, und die der zweiten und dritten ungeändert geblieben ist, so erhellet, daß der Theil der krummen Fläche, welcher diese drei Seiten enthält, in eine Ebene übergegangen ist, die an Größe mit diesem Theil der krummen Fläche übereinstimmt. Je drei auf einander folgende Seiten können ähnlich behandelt werden. Daraus geht hervor, daß die ganze krumme Fläche sich zu einer Ebene biegen läßt, welche an Größe mit der krummen Fläche übereinstimmt.

Es erhellet ferner, daß je zwei unmittelbar neben einander liegende Punkte der krummen Fläche ihre Lage nicht verändert haben, nachdem die krumme Fläche in der erwähnten Weise zu einer Ebene ist gebogen worden, daß aber von drei unmittelbar auf einander folgenden Punkten, welche in drei benachbarten Seiten sich befinden, nach der Biegung der erste und dritte in eine Lage gekommen sind, die verschieden ist von der ursprünglichen.

Eine Fläche, welche Seiten hat, und bei welcher je zwei auf einander folgende Seiten in einer Ebene liegen, heißt eine **abwickelbare Fläche**.

Eine abwickelbare Fläche **abwickeln** heißt, sie zu einer Ebene biegen.

Eine Linie, welche in einer abwickelbaren krummen Fläche sich befindet, verändert bei dem Abwickeln der krummen Fläche nicht ihre Größe, wohl aber, wenn sie nicht eine Seite der krummen Fläche ist, ihre Gestalt. — Die Linie ändert nicht ihre

Größe, weil je zwei auf einander folgende Punkte derselben ihre Lage nicht verändern, sie ändert aber ihre Gestalt, weil von drei auf einander folgenden Punkten der erste und dritte eine andere Lage annehmen.

Eine Linie, welche in einer abwickelbaren krummen Fläche liegt, mit dieser Fläche abwickeln, heißt, die Linie herstellen, in welche jene durch das Abwickeln der krummen Fläche übergeht.

Von den bisher erklärten Flächen sind der gerade Cylinder und der Kegel abwickelbar. Beide Flächen haben nämlich Seiten; zwei auf einander folgende Seiten eines geraden Cylinders liegen in einer Ebene, denn sie sind parallel, und zwei auf einander folgende Seiten eines Kegels liegen in einer Ebene, weil sie sich in der Spitze des Kegels schneiden. Die windschiefe Ebene und der windschiefe Cylinder sind nicht abwickelbar, denn je zwei auf einander folgende Seiten sind windschiefe Linien, und es fällt in die Augen, daß solche Flächen nicht in eine Ebene gebogen werden können.

§. 161. Aufgabe.

Es sei, Fig. 87, der Kreis C′ der erste Schnitt eines geraden Cylinders, dessen Seiten auf der ersten Projectionsebene normal stehen. Der gerade Cylinder wird durch die Ebene E geschnitten, welche normal steht auf der zweiten Projectionsebene. Man soll die Durchschnittsfigur der Ebene und des geraden Cylinders mit dem geraden Cylinder abwickeln.

Auflösung. Man construire zuerst die Projectionen der Durchschnittsfigur. Die erste Projection ist der Kreis C′, die zweite das Stück a″g″ des zweiten Schnittes der Ebene E, wie schon §. 170 ist erörtert worden.

Die Seiten, welche in Punkten a^1, b^1, c^1 u. s. w. stehen, mögen die Ebene beziehlich in dem Punkte a, b, c u. s. w. schneiden.

Man denke den geraden Cylinder längs der Seite a^1a aufgeschnitten und abgewickelt. Die Peripherie des Kreises C′ geht dabei in eine gerade Linie über. Diese zeichne man zunächst. Sie wird erhalten in der geraden Linie $(a^1)[a^1]$, Fig. 88, welche gleich ist dem dreifachen Durchmesser, vermehrt um den fünften

Theil der Sehne des Quadranten *). Man theile hierauf die Peripherie des Kreises C' in eine Anzahl gleicher Theile. Die Theile seien a'b', b'c', c'd' u. s. w. In eine eben so große Anzahl gleicher Theile theile man die gerade Linie (a')[a']. Die Theile seien hier (a')(b'), (b')(c'), (c')(d') u. s. f. Die Seiten des geraden Cylinders, welche in den Punkten a', b', c', d' u. s. f. stehen, werden in dem abgewickelten Cylinder durch die Punkte (a'), [a'], (b'), (c'), (d') u. s. f. gehen und normal stehen auf der Linie (a')[a'], die Seite in a' wird in dem abgewickelten Cylinder doppelt vorkommen, in (a') und in [a']. Man schlage die Stücke a'a, b'b, c'c, d'd u. s. f. herab, und trage sie normal auf die zugehörigen Punkte der Linie (a')[a']. Das Stück a'a ist gleich a°a″, das Stück b'b gleich b°b″ u. s. f. Hat man die Normalen (a')(a), (b')(b), (c')(c), (d')(d) u. s. f. aufgetragen, so sind die Punkte (a), (b), (c), (d) u. s. f. Punkte der abgewickelten Durchschnittslinie, welche dann durch eine ausreichende Anzahl derselben gezeichnet werden kann. Die Theile (g)(a) und (g)[a] der abgewickelten Durchschnittsfigur sind congruent; man hat daher nur nöthig, die Seiten für den einen Theil herabzuschlagen.

Schief abgeschnittene Röhren aus Metallblech, Kniestücke sind hiernach leicht und genau herzustellen.

§. 162. Aufgaben.

Es ist ein Kegel gegeben durch seinen Schnitt in der ersten Projectionsebene und durch die Projectionen seiner Spitze. Der Kegel wird durch eine Ebene geschnitten, welche durch die Spitze geht, und deren erster Schnitt gegeben ist. Man soll die Durchschnittslinie construiren.

Auflösung. Der Kegel wird von der Ebene in einer Seite, oder in mehreren Seiten geschnitten. Die Seiten des

*) Eine gerade Linie, welche gleich ist dem dreifachen Durchmesser eines Kreises und dem fünften Theil der Sehne seines Quadranten, ist um 0,000342 . . . . r, unter r den Radius verstanden, kleiner als die Peripherie. Diese Differenz ist so gering, daß sie in den gewöhnlichen praktischen Fällen vernachlässigt werden darf; bei einem Radius von einer Ruthe ist die gerade Linie um etwa ⅝‴ zwölftheiligen Maaßes kleiner als die Peripherie.

Kegels gehen sämmtlich durch den ersten Schnitt desselben. Daher werden der erste Schnitt des Kegels und der erste Schnitt der Ebene sich schneiden, und jeder Punkt, in welchem dies geschieht, ist der erste Durchgang einer Seite des Kegels, in welcher der Kegel von der Ebene geschnitten wird. Die Seiten, in welchen die Ebene den Kegel schneidet, können hiernach construirt werden: man hat von jeder den ersten Durchgang und einen zweiten Punkt, nämlich die Spitze des Kegels.

§. 163. Aufgabe.

Ein Kegel ist durch seinen ersten Schnitt und durch die Projectionen seiner Spitze gegeben. Der Kegel wird durch eine gerade Linie geschnitten. Man soll die Durchschnittspunkte construiren.

Auflösung. Man lege durch die gerade Linie und durch die Spitze des Kegels eine Ebene, construire die Seiten, in welchen der Kegel von dieser Ebene geschnitten wird, und die Punkte, in welchen diese Seiten von den gegebenen geraden Linien geschnitten werden. Diese Punkte sind die Durchschnittspunkte der geraden Linie und des Kegels.

§. 164. Beispiel.

Die krumme Linie K', Fig. 89, sei der erste Schnitt eines Kegels K, s' und s'' seien die Projectionen seiner Spitze s. Eine gerade Linie pq ist durch ihre Projectionen p'q' und p''q'' gegeben. Die Durchschnittspunkte der geraden Linie und des Kegels sollen construirt werden. — Man construire

1) eine Ebene E, welche durch die gerade Linie pq und durch die Spitze des Kegels geht. Zu dem Ende nehme man in der geraden Linie pq beliebig den Punkt n, construire durch n und durch die Spitze des Kegels eine gerade Linie ns, und durch die sich in n schneidenden Linien pq und ns eine Ebene E. Der erste Schnitt E' der Ebene geht durch die ersten Durchgänge p' und n' der Linien pq und ns. Des zweiten Schnittes bedarf man nicht.

2) construire man die Seiten, in welchen der Kegel K von der Ebene E geschnitten wird. Die ersten Durchgänge dieser Seiten sind die Punkte a' und b', in welchen sich die Schnitte K' und E' schneiden. Vermittelst der Durchgänge und der Pro-

jectionen der Spitze s sind die Projectionen der Seiten a's und b's zu zeichnen.

3) construire man die Punkte a und b, in welchen die Seiten a's und b's von der Linie pq geschnitten werden. Die Projectionen a' und a'', b' und b'' der Punkte a und b sind die Punkte, in welchen die Projectionen der Seiten a's und b's geschnitten werden von den Projectionen der geraden Linie pq. Die Punkte a und b sind die verlangten Durchschnittspunkte der geraden Linie pq und des Kegels K.

§. 165. Aufgabe.

Es ist ein Kegel gegeben und eine Ebene, welche ihn schneidet, ohne durch seine Spitze zu gehen; man soll die Durchschnittslinie des Kegels und der Ebene construiren.

Auflösung. Man construire Seiten des Kegels, und die Durchschnittspunkte dieser Seiten mit der Ebene. Diese Durchschnittspunkte gehören der verlangten Durchschnittslinie an, und durch eine ausreichende Anzahl bestimmt sich die Durchschnittslinie.

§. 166. Erstes Beispiel.

Es ist, Fig. 90, ein Kegel K durch seinen ersten Schnitt K' und durch die Projectionen s' und s'' seiner Spitze s gegeben, ferner eine Ebene E, welche den Kegel schneidet, durch ihre Schnitte E' und E''. Man soll die Durchschnittsfigur construiren und herabschlagen.

Auflösung. Man construire zuerst eine Ebene F, welche durch die Spitze des Kegels geht, ihn schneidet, und normal auf der zweiten Projectionsebene steht. Der erste Schnitt einer solchen Ebene wird erhalten in einer geraden Linie F', welche den ersten Schnitt K' des Kegels schneidet und normal auf der Achse steht; den zweiten Schnitt erhält man in der geraden Linie F'', welche durch die Punkte F° und s'' gezogen ist.

Die Ebene F schneidet den Kegel K in zwei Seiten. Die ersten Durchgänge dieser Seiten sind die Punkte a' und b', in welchen der Schnitt F' den Schnitt K' schneidet; die ersten Projectionen der Seiten sind die Linien a's' und b's', die zweiten Projectionen befinden sich in dem Schnitt F''.

Die Punkte, in welchen die Seiten a's und b's die Ebene

E schneiden, seien beziehlich a und b. Sie sind zugleich die Punkte, in welchen die Durchschnittslinie pq der Ebenen F und E die Seiten a's und b's trifft.

Die Punkte a und b zu erhalten, construire man die Linie pq. Die Durchgänge der Linie pq werden in den Punkten p' und q'', in welchen sich die Schnitte der Ebenen E und F schneiden, dargeboten. Vermittelst der Durchgänge bestimmen sich die Projectionen der Linie pq in bekannter Weise. Die Punkte a' und b', in welchen die ersten Projectionen der Seiten a's und b's von der ersten Projection der Linie pq geschnitten werden, sind die ersten Projectionen der Punkte a und b, die zweiten finden sich in F''.

Durch die ausgeführte Operation sind zwei Punkte der Durchschnittsfigur erhalten worden. Durch die Wiederholung desselben Verfahrens kann man wiederholt zwei Punkte, und überhaupt so viele erlangen, als die Bestimmung der Durchschnittsfigur erfordert.

Das Herabschlagen der Durchschnittsfigur erfolgt durch das Herabschlagen derjenigen ihrer Punkte, welche man construirt hat. Die Durchschnittsfigur werde mit E auf P' herabgeschlagen. Den Punkt a herabzuschlagen, fälle man die Normale a'x auf E', verlängere sie, und mache die Verlängerung x(a) gleich der Hypotenuse eines rechtwinkligen Dreiecks, welches die Linien a'x und a°a'' zu Katheten hat. Der Punkt b, welcher mit dem Punkte a in der Linie pq liegt, wird herabgeschlagen, indem man b'y normal auf E' construirt, und die Linie p'(a) bis zum Durchschnitt (b) mit der Verlängerung von b'y zieht. Der Punkt (b) muß nämlich in der Verlängerung von b'y liegen, zugleich in der mit E auf P' herabgeschlagenen Linie pq, und die letztere ist p'(a).

§. 167. Zweites Beispiel.

Der Kreis K', Fig. 91, sei der erste Schnitt eines Kegels K. Die erste Projection s' der Spitze s liegt in dem Mittelpunkt des Kreises K', die zweite ist s''. Der Kegel wird durch die Ebene E geschnitten, welche normal auf der zweiten Projectionsebene steht. Man soll die Durchschnittsfigur construiren, mit der Ebene E herabschlagen, und mit dem Kegel abwickeln.

Auflösung. Der Kegel K ist der Mantel eines gewöhnlichen normalen Kegels. Die Durchschnittsfigur kann hier in einfacherer Weise construirt werden, als vermittelst der Seiten. Man zeichne eine gerade Linie F″ parallel mit der Achse, und denke eine Ebene F, welche parallel mit der ersten Projectionsebene, und deren zweiter Schnitt die Linie F″ ist. Die Ebene F schneidet die Ebene E in einer geraden Linie pq, welche auf der zweiten Projectionsebene normal steht. Der zweite Durchgang der Linie pq ist der Punkt q'', in welchem E″ und F″ sich schneiden, die erste Projection p'q' steht normal auf der Achse. Der Kegel wird von der Ebene F in einem Kreise geschnitten, dessen Halbmesser gleich tv ist. Der Kreis und die gerade Linie pq liegen in der Ebene F, und schneiden sich in zwei Punkten a und b. Der Kreis liegt auch in dem Kegel, die Linie pq auch in der Ebene E; die Punkte a und b, in welchen der Kreis und die Linie pq sich schneiden, liegen also mit dem Kreise in dem Kegel, zugleich mit der Linie pq in der Ebene E. Und da die Punkte a und b zugleich in dem Kegel und in der Ebene E sich befinden, so sind es zwei Punkte der verlangten Durchschnittslinie. Die Projection des Kreises ist dem Kreise congruent, und die Projection seines Mittelpunktes befindet sich in s'. Man darf daher nur von s' aus, mit tv als Radius, die Linie p'q' schneiden in den Punkten a' und b', um die ersten Projectionen der Punkte a und b zu erhalten; die zweiten liegen in q''. In derselben Weise verschaffe man sich so viele Punkte der ersten Projection der Durchschnittslinie, als man zu deren Bestimmung nöthig findet. Die zweite Projection der Durchschnittsfigur ist das Stück d″g″ des Schnittes E″.

In dem gegenwärtigen Fall ist die Durchschnittsfigur eine Ellipse, und auch die Projection derselben ist eine Ellipse. Die eine Achse der letzteren wird erhalten, wenn man durch s' eine gerade Linie parallel der Achse P zieht, und auf diese Linie die Normalen d″d' und g″g' fällt: d'g' ist alsdann die eine Achse der Ellipse, welche die erste Projection der Durchschnittsfigur abgiebt. Die zweite Achse zu erhalten, lege man den Schnitt F″ durch die Mitte des Stückes d″g″; a'b' ist alsdann die zweite Achse. Aus den Achsen ist aber die Ellipse leicht zu construiren.

Die Durchschnittsfigur werde mit der Ebene E auf die erste Projectionsebene herabgeschlagen. Die Punkte a und b herabzuschlagen, mache man $E^0 (q^{II})$ gleich $E^0 q^{II}$, construire $(q^{II})(a)$ normal auf der Achse, und $a'(a)$ und $b'(b)$ parallel der Achse: die Punkte (a) und (b) sind die herabgeschlagenen Punkte a und b. Eben so verfahre man mit den übrigen Punkten. Wer die Ellipse vermittelst ihrer Achsen zeichnen will, nehme auf der Verlängerung von $s'd'$ das Stück $x(d)$ gleich $E^0 d''$, und $x(g)$ gleich $E^0 g''$, und es ist $(d)(g)$ die eine Achse, während die zweite gleich $a'b'$ ist. Man kann in dieser Art die Ellipse herabschlagen, ohne vorher ihre Projectionen construirt zu haben.

Endlich ist die Durchschnittsfigur mit dem Kegel abzuwickeln. Man denke den Kegel längs der Seite $g^I s$ aufgeschnitten und abgewickelt. Er bildet dann einen Kreisausschnitt, dessen Radius gleich $g^{II} s''$, und dessen Bogen gleich der Peripherie des Kreises K' ist. Den Kreisausschnitt zu zeichnen bedarf es des Mittelpunktswinkels, der durch φ bezeichnet sein mag. Es verhält sich

$$\varphi : 360^0 = 2\pi s'g^I : 2\pi s''g^{II}$$

und hieraus folgt

$$\varphi = \frac{s'g^I}{s''g^{II}} 360^0.$$

Der Quotient $\frac{s'g^I}{s''g^{II}}$ muß, wenn das Verhältniß der Linien $s'g^I$ und $s''g^{II}$ nicht gegeben ist, durch Messen der Linien ausgemittelt werden. In der Figur verhält sich $s'g' : s''g^{II} = 4 : 15$; daher ist in unserm Fall φ gleich 96^0. Der Kreisausschnitt wird nun, Fig. 92, durch den Radius $s''g^{II}$ und den Mittelpunktswinkel hergestellt, der, wenn er nicht ein construirbarer Winkel ist, vermittelst eines Transporteurs oder sonst geeigneten Instruments muß aufgetragen werden.

Man theile hierauf die Peripherie des Kreises K' in eine Anzahl von gleichen Theilen $g^I h^I$, $h^I l^I$ u. s. f., und den Bogen $(g^I)[g^I]$ des Kreisausschnitts in eine eben so große Anzahl gleicher Theile $(g^I)(h^I)$, $(h^I)(l^I)$ u. s. f. Die Punkte, in welchen die Seiten $g^I s$, $h^I s$, $l^I s$ u. s. f. die Ebene E schneiden, seien g, h, l u. s. w. Die Seiten $g^I s$, $h^I s$, $l^I s$ u. s. w. sind in dem abgewickelten Kegel $(g^I)(s)$, $(h^I)(s)$, $(l^I)(s)$ u. s. f. Man schlage die

Stücke $g'g$, $h'h$, $l'l$ u. s. f. herab, und trage sie auf die abgewickelten Seiten: dadurch gewinnt man die abgewickelten Punkte der Durchschnittslinie. Das Stück $g'g$ ist gleich $g''g''$; man mache also $(g')(g)$ gleich $g''g''$, und man hat den abgewickelten Punkt (g). Es werde ferner das Stück $h'h$ herabgeschlagen. Man ziehe die erste Projection $h's'$ der Seite $h's$. Der Punkt h', in welchem diese Projection und die erste Projection der Durchschnittsfigur sich schneiden, ist die erste Projection des Punktes h; die zweite liegt in E'', und wird erhalten, wenn man $h'h''$ normal auf der Achse zieht. Man stelle sich durch den Punkt h eine Ebene vor, welche mit der ersten Projectionsebene parallel ist. Die Stücke der Seiten, welche zwischen der gedachten Ebene und der ersten Projectionsebene liegen, sind einander gleich, also sämmtlich gleich $h'h$. Daraus erhellet, daß, wenn man $h''y$ parallel der Achse zieht, $g''y$ gleich $h'h$ ist. Man mache daher $(h')(h)$ gleich $g''g''$, und man hat den Punkt (h). Eben so finden sich die Punkte (l) u. s. f. Der Theil $(g)(d)$ der abgewickelten Durchschnittslinie ist dem Theil $[g](d)$ congruent.

Wenn der Punkt h' der ersten Projection der Durchschnittsfigur einer von den Punkten ist, welche man construirt hat, so ist er richtig, insofern die Construction genau ausgeführt wurde, wenn dagegen der Punkt h' zwischen zwei construirten Punkten liegt, also in einem Theil der Projection der Durchschnittsfigur, welchen man aus freier Hand gezeichnet hat, so ist es wahrscheinlich, daß seine Lage von der richtigen, die er haben müßte, abweicht. Dadurch würde auch der Punkt (h) unrichtig werden. Bei einer Construction, welche Genauigkeit erfordert, wird es daher gerathen sein, noch besonders den Punkt zu construiren, in welchem die Seite $h's$ die Ebene E schneidet, und zu prüfen, ob der sich dabei ergebende Punkt h' mit dem ersten zusammenfällt. Aehnliches gilt in ähnlichen Fällen. Auch kann man es so einrichten, daß man von Hause aus die Punkte construirt, welche man später abwickelt.

§. 168. Zusatz.

Es sei Fig. 93, die Ebene E parallel mit der Seite $d's$. Die Durchschnittsfigur ist in diesem Fall eine Parabel, und sie kann sofort herabgeschlagen werden. Man ziehe nämlich durch s' eine Parallellinie zur Achse, und mache v(g) gleich $E^0 g''$, so ist (g) der Scheitelpunkt der herabgeschlagenen Parabel, und ihre Achse (g)s'. Ferner ist n ein Punkt der herabgeschlagenen Parabel; seine Coordinaten sind x und y. Aus

$$y^2 = px$$

folgt $x : y = y : p.$

Nach dieser Proportion läßt sich der unbekannte Parameter p construiren, und dann die Parabel selbst.

Die Projection der Parabel ist selbst eine Parabel. Der Scheitelpunkt derselben ist g', ihre Achse $g'd^1$, ein Punkt von ihr n. Die Coordinaten dieses Punktes sind g'v und' y. Hieraus kann man, wie oben, den Parameter, und dann die Parabel selbst construiren.

Fig. 94 schneidet die Ebene E die Seite $d^1 s$ oberhalb s. Die Durchschnittsfigur ist in diesem Fall eine Hyperbel. Sie läßt sich sofort herabschlagen: Man ziehe s'(d) parallel der Achse, nehme v(g) gleich $E^0 g''$, v(d) gleich $E^0 d''$, und (g) und (d) sind die Scheitelpunkte der herabgeschlagenen Hyperbel. n ist ein anderer Punkt derselben. Man setze die Hauptachse (g)(d) gleich 2a, und es ist

$$a^2 y^2 - b^2 x^2 = -a^2 b^2.$$

Hieraus folgt

$$b = \frac{a y}{\sqrt{(x+a)(x-a)}}.$$

Den Parameter b zu construiren, beschreibe man über v(d) einen Halbkreis, errichte (g)q normal auf v(d) und ziehe vq; alsdann ist

$$vq = \sqrt{(x+a)(x-a)}$$

$$\text{also} \quad b = \frac{a y}{vq}$$

$$\text{oder } vq : a = y : b$$

demnach nehme man (g)r gleich vq, (g)p gleich y, ziehe rp, parallel damit tz, und es ist (g)z der zweite Parameter b. Vermittelst a und b läßt sich die Hyperbel construiren.

Die Projection der Hyperbel ist selbst eine Hyperbel, und man kann deren Parameter, ähnlich wie es eben geschehen ist, bestimmen.

§. 169. Aufgabe.

Der Kreis K′, Fig. 95, sei der erste Schnitt eines schiefen Kegels K, dessen Spitze s und dessen Achse a′s ist. Der Kegel wird durch eine Ebene E geschnitten. Man soll die Durchschnittsfigur construiren.

Auflösung. Man denke eine Ebene F, welche mit der ersten Projectionsebene parallel ist, und welche den Kegel und die Ebene E schneidet. Die Ebene F schneidet den Kegel in einem Kreise, die Ebene E in einer geraden Linie, und die Punkte, in welchen dieser Kreis und die gerade Linie sich schneiden, sind Punkte der verlangten Durchschnittslinie. —

Man zeichne in der zweiten Projectionsebene eine gerade Linie F″ parallel mit der Achse, und betrachte sie als den zweiten Schnitt einer mit der ersten Projectionsebene parallelen Ebene F. Die Durchschnittslinie der Ebenen E und F sei pq. Sie ist parallel mit dem Schnitt E′. Der zweite Durchgang der Linie pq ist q″; die zweite Projection der Linie pq liegt in F″; die erste Projection zu erhalten, construire man q″q′ normal auf der Achse, und ziehe q′p′ parallel mit E′. Der Mittelpunkt des Kreises, in welchem die Ebene F und der Kegel sich schneiden, sei m. Die Punkte m″ und m′ sind, wie leicht erhellet, die Projectionen des Punktes m. Die erste Projection des Kreises ist dem Kreise congruent, die zweite befindet sich in F″. Der Radius des Kreises ist gleich m″n″. Mit der Zirkelöffnung m″n″ schneide man von m′ aus die Linie p′q′ in b′ und c′. Die Punkte b′ und c′ sind die ersten Projectionen der Punkte b und c, in welchen der Kreis und die Linie pq sich schneiden, und die der verlangten Durchschnittslinie angehören. Die zweiten Projectionen dieser Punkte liegen in F″, und werden durch die auf der Achse normal stehenden Linien b′b″ und c′c″ erhalten. Durch Wiederholung dieses Verfahrens ergeben sich wiederholt zwei Punkte der Durchschnittslinie, und man construirt deren so viele, als zur Bestimmung der Durchschnittslinie nothwendig erscheinen.

§. 170. Aufgabe.

Eine windschiefe Ebene ist durch die Projectionen ihrer Richtungslinien und durch die Schnitte ihrer Parallelebene gegeben. Sie wird durch eine Ebene geschnitten, welche parallel ist mit der Parallelebene. Man soll die Durchschnittslinie construiren.

Auflösung. Die Durchschnittslinie ist gerade, nämlich eine Seite der windschiefen Ebene. Sie zu erhalten, construire man die Punkte, in welchen die Ebene von den Richtungslinien geschnitten wird, und durch diese Punkte eine gerade Linie.

§. 171. Aufgabe.

Es ist eine windschiefe Ebene durch ihre Richtungslinien und durch ihre Parallelebene gegeben, man soll eine Seite derselben construiren.

Auflösung. Parallel mit der Parallelebene construire man eine Ebene und deren Durchschnittslinie mit der windschiefen Ebene. Sie ist eine Seite.

§. 172. Aufgabe.

Eine gegebene windschiefe Ebene wird durch eine Ebene geschnitten, welche mit den Richtungslinien parallel ist; man soll die Durchschnittslinie construiren.

Auflösung. Die Durchschnittslinie ist gerade, nämlich eine Transversalseite der windschiefen Ebene. Sie zu erhalten, construire man irgend zwei Seiten der windschiefen Ebene, bestimme die Punkte, in welchen sie die Ebene schneiden, und lege durch die Durchschnittspunkte eine gerade Linie.

§. 173. Aufgabe.

Es ist eine windschiefe Ebene gegeben. Eine Ebene geht durch eine Seite der windschiefen Ebene, und ist nicht parallel mit der Parallelebene. Man soll die Transversalseite construiren, durch welche die Ebene geht.

Auflösung. Man construire noch irgend zwei Seiten der windschiefen Ebene, bestimme die Punkte, in welchen die Ebene von ihnen geschnitten wird, und lege durch diese Durchschnittspunkte eine gerade Linie; sie ist die verlangte Transversalseite.

§. 174. Aufgabe.

Es ist eine windschiefe Ebene gegeben und eine Ebene, welche sie in einer krummen Linie schneidet; man soll die Durchschnittslinie construiren, und mit der Ebene herabschlagen.

Auflösung. Man construire Seiten der windschiefen Ebene, und die Punkte, in welchen sie die Ebene schneiden. Diese Punkte gehören der Durchschnittslinie an, und durch eine gehörige Anzahl solcher Punkte bestimmt sich die Durchschnittslinie. Durch die Gesetze §. 138 bis §. 143 kann man sich Erleichterungen verschaffen.

§. 175. Beispiel.

Die Linien a′b′, a″b″, c′d′, c″d″, Fig. 96, seien die Projectionen der Richtungslinien ab und cd einer windschiefen Ebene. Die Parallelebene stehe normal auf der Achse, die (nicht gezeichneten) Schnitte der Parallelebene sind also normal auf der Achse zu denken. Durch die Schnitte E′ und E″ ist eine Ebene E gegeben. Man soll die Durchschnittslinie der windschiefen Ebene und der Ebene E construiren.

Auflösung. Man construire eine Ebene F, welche mit der Parallelebene parallel ist. Die Ebene F schneidet die windschiefe Ebene in einer Seite tv, die Ebene E in einer geraden Linie pq. Die Linien pq und tv schneiden sich in einem Punkt n, und dieser ist ein Punkt der verlangten Durchschnittslinie. In derselben Weise construirt man so viele Punkte der Durchschnittslinie, als deren Bestimmung erfordert.

Ausführung der Construction. Man zeichne F′F″ normal auf der Achse, und man hat die Schnitte der Ebene F. Der Punkt, in welchem die Ebene F von der Richtungslinie ab geschnitten wird, sei t; t′ und t″ sind die Projectionen dieses Punktes. v bezeichne den Punkt, in welchem die Richtungslinie cd die Ebene F schneidet; v′ und v″ sind seine Projectionen. Die Durchgänge der Linie pq, in welcher die Ebenen E und F sich schneiden, sind p^{I} und q^{II}. Den Durchschnittspunkt n der Linien tv und pq zu construiren, schlage man beide mit der Ebene F auf eine der Projectionsebenen, etwa auf die erste, herab. Zu dem Ende construire man t′(t′) normal auf F′ und gleich der zweiten Ordinate des Punktes t, v′(v) normal auf F′ und gleich der zweiten Ordinate von v: (t)(v) ist dann die mit F auf P′ herabgeschlagene Seite tv. Man nehme ferner $n^{0}(q^{II})$ gleich $n^{0}q^{II}$, und ziehe $p^{I}(q^{II})$, so ist $p^{I}(q^{II})$ die mit F auf P′ herabgeschlagene Linie pq. Der Punkt (n), in welchem sich die

Linien (t)(v) und $(p^{I})(q^{II})$ schneiden, ist der mit der Ebene F auf die erste Projectionsebene herabgeschlagene Punkt n. Den Punkt n schlage man mit der Ebene F zurück; dadurch wird er zugleich in die Ebene E zurückgeschlagen. Zu dem Ende construire man (n)n' normal auf F', und $n^{0}n''$ gleich n'(n), und n' und n'' sind die Projectionen des Punktes n.

§. 176. Aufgabe.

Es ist eine windschiefe Ebene gegeben und eine gerade Linie, welche sie schneidet, man soll den Durchschnittspunkt construiren.

Auflösung. Man lege durch die gerade Linie eine Ebene, und construire die Linie, in welcher die Ebene die windschiefe Ebene schneidet. Der Punkt, in welchem die gerade Linie und die Durchschnittslinie sich schneiden, ist der Punkt, in welchem die windschiefe Ebene von der geraden Linie geschnitten wird. Es finden höchstens zwei Durchschnittspunkte Statt, weil die Ebene und die windschiefe Ebene sich höchstens in einer Linie zweiten Grades schneiden.

§. 177. Aufgabe.

Es ist eine Umdrehungsfläche gegeben durch ihre Umdrehungsachse und durch ihre Erzeugungslinie, welche nicht zugleich Meridianlinie ist; man soll die Meridianlinie (ebene Erzeugungslinie) construiren.

Auflösung. Man lege durch die Umdrehungsachse eine Ebene, nehme in der Erzeugungslinie irgend einen Punkt an, fälle von ihm aus eine Normale auf die Umdrehungsachse, denke den Kreis, welchen die Normale bei der Umdrehung beschreibt, und construire den Punkt, in welchem die Peripherie dieses Kreises die Ebene schneidet. Dieser Punkt ist ein Punkt der in der Ebene liegenden Meridianlinie. In derselben Weise können so viele Punkte der Durchschnittslinie erhalten werden, als zu deren Bestimmung erforderlich sind.

Die Peripherie des Kreises schneidet die Ebenen in zwei Punkten, auf entgegengesetzten Seiten der Umdrehungsachse befindlich. Die Theile der Meridianlinie, welche zu beiden Seiten der Umdrehungsachse liegen, sind congruent. Man begnügt sich daher mit dem einen dieser Theile, und deshalb ist nur von dem einen Durchschnittspunkt der Peripherie des Kreises mit der Ebene gesprochen worden.

§. 178. Beispiel.

Eine gerade Linie a'a, Fig. 97, stehe normal auf der ersten Projectionsebene und diene als Umdrehungsachse, eine gerade Linie bc, welche mit der zweiten Projectionsebene parallel und durch ihre Projectionen gegeben ist, sei Erzeugungslinie einer Umdrehungsfläche. Es soll die Meridianlinie construirt werden.

Auflösung. Es ist in unserm Falle vortheilhaft, die Meridianebene parallel mit der zweiten Projectionsebene zu nehmen. Daher construire man durch die Umdrehungsachse a'a eine Ebene E, welche mit der zweiten Projectionsebene parallel ist. Der erste Schnitt E' der Ebene wird in einer Linie erhalten, welche man durch a' parallel mit der Achse zeichnet. Die erste Projection der Meridianlinie fällt in E', die zweite ist der Meridianlinie congruent.

Die Linien a'a und bc sind windschief. Die gerade Linie, welche auf den beiden Linien a'a und bc normal steht, sei ad. Sie steht normal auf der zweiten Projectionsebene. Die erste Projection der Linie ad ist a'd', die zweite der Punkt d''. Bei der Umdrehung beschreibt die Linie a'd einen Kreis, dessen Ebene mit der ersten Projectionsebene parallel ist. Der Punkt, in welchem die Peripherie dieses Kreises den rechts von der Umdrehungsachse liegenden Theil der Ebene E schneidet, sei g. Die erste Projection des Punktes g ergiebt sich, wenn man auf E' das Stück a'g' gleich a'd' nimmt, die zweite zu erhalten, ziehe man d''g'' parallel mit der Achse und mache d''g'' gleich a'g'. Der Punkt g ist derjenige Punkt des rechts liegenden Theils der Meridianlinie, welcher der Umdrehungsachse zunächst liegt. Die erste Projection des rechtsliegenden Theils der Meridianlinie ist daher das Stück des Schnittes E', welches rechts von dem Punkt g' sich befindet.

Irgend einen anderen Punkt der Meridianlinie zu erhalten, nehme man in der Linie bc beliebig einen Punkt c, denke von c aus eine Normale auf a'a gefällt, den Kreis, welchen die Normale bei der Umdrehung beschreibt, und construire den Punkt h, in welchem die Peripherie des Kreises die Ebene E trifft.

Die Normale, von c aus auf die Umdrehungsachse a'a gefällt, ist gleich der (nicht gezeichneten) Linie a'c'. Die Ebene des Kreises, welchen die Normale beschreibt, ist parallel mit P'. Die erste Projection h' des Punktes h wird daher erhalten, wenn man a'h' gleich a'c' nimmt. Die zweite Projection h'' zu erhalten, construire man h'h'' normal auf der Achse und c''h'' parallel der Achse. c''h'' ist nämlich ein Theil des zweiten Schnitts der Kreisebene. Eben so bestimmen sich beliebig viele Punkte der Meridianlinie.

Es mag noch die Gleichung der krummen Linie hergeleitet werden, welche in dem vorliegenden Falle die Meridianlinie ist. Man setze den normalen Abstand der beiden Linien a'a und bc gleich p; dann ist d''g'' gleich p. Man verlängere g'g'' bis v, und setze g''v gleich q. Die Stücke p und q sind bekannt; denn der normale Abstand der beiden windschiefen Linien a'a und bc wird in a'd' dargeboten, und q bestimmt sich durch die Lage der Projection b''c''. Man setze d''r gleich x, rh'' gleich y. tc'' ist gleich y; und es verhält sich

$$p : q = d''t : y$$

also ist

$$y = \frac{q}{p} d''t.$$

Das Stück d''t ist gleich d'c'. Die Linie a'c' ist gleich x, a'd' ist p, folglich ist

$$d''t = \sqrt{x^2 - p^2}$$

und $$y = \frac{q}{p}\sqrt{x^2 - p^2}.$$

Die zweite Projection der Meridianlinie ist daher eine Hyperbel, also auch die Meridianlinie selbst.

§. 179.

Unter der Voraussetzung, daß die Umdrehungsachse auf einer der Projectionsebenen normal stehe, führen sich die Constructionen im Allgemeinen am bequemsten aus. Wir werden daher auch in der Folge diese Voraussetzung gelten lassen. In Fällen, in welchen die Umdrehungsachse nicht auf einer der Projectionsebenen normal steht, wird man wohl thun, die Umdrehungsfläche zuerst auf ein Paar Projectionsebenen zu projiciren, auf deren einer die Umdrehungsachse normal ist, die Construction mit diesen Projectionsebenen auszuführen, und, wenn es nöthig ist, durch Zurückschlagen alles auf die ursprünglichen Projectionen zurückführen.

§. 180. Aufgabe.

Es ist eine Umdrehungsfläche gegeben und eine Ebene, welche die Umdrehungsfläche schneidet. Die Ebene geht nicht durch die Umdrehungsachse, noch steht sie auf derselben normal. Man soll die Durchschnittslinie construiren.

Auflösung. Die Ebene, welche die Umdrehungsfläche schneidet, sei E. Man construire eine Ebene F, welche normal steht auf der Umdrehungsachse. Die Ebene F schneidet die Umdrehungsfläche in einem Kreise, und die Ebene E in einer geraden Linie. Die Punkte, in welchen der Kreis und die gerade Linie sich schneiden, sind Punkte der verlangten Durchschnittslinie. Die Punkte liegen nämlich gleichzeitig in der Umdrehungsfläche und in der Ebene E; in der Umdrehungsfläche, weil sie in dem Kreise liegen, in der Ebene E, weil sie sich in der geraden Linie befinden. In derselben Weise verschafft man sich so viele Punkte der Durchschnittslinie, als man zu deren Bestimmung nöthig findet.

§. 181. Erstes Beispiel.

Eine gerade Linie a'a, Fig. 98, stehe normal auf der ersten Projectionsebene, und diene als Umdrehungsachse. Die ebene Erzeugungslinie bc befinde sich in einer mit der zweiten Projectionsebene parallelen Meridianebene. Die erste Projection der ebenen Erzeugungslinie liegt in einer (nicht gezeichneten) geraden Linie, welche durch a' geht und parallel mit der Achse ist. Die zweite Projection der Erzeugungslinie sei die krumme Linie b″c″. Diese ist der Erzeugungslinie congruent. Die Linien E′ und E″ seien die Schnitte einer Ebene E, welche die Umdrehungsfläche schneidet, und welche auf der zweiten Projectionsebene normal steht. E′ ist also normal auf der Achse. Man soll die Durchschnittsfigur der Ebene E und der Umdrehungsfläche construiren, und mit der Ebene E auf die erste Projectionsebene herabschlagen.

Auflösung. Man construire eine Ebene F, welche normal steht auf der Umdrehungsachse. Die Ebene F wird parallel mit der ersten Projectionsebene. Als zweiter Schnitt der Ebene F dient, da die Ebene F sonst beliebig ist, eine in beliebiger Entfernung von der Achse parallel mit dieser gezogene Linie F″. Die Ebene F schneidet die Ebene E in einer geraden Linie pq, welche auf der zweiten Projectionsebene normal steht. Der zweite Durchgang der Linie pq ist der Punkt q^{II}, in welchem die Schnitte E″ und F″ sich schneiden; die erste Projection $p'q^{I}$ der Linie pq wird erhalten, indem man $q^{II}p'$ normal auf der Achse zeichnet. Die Umdrehungsfläche wird von der Ebene F in einem Kreise geschnitten, dessen Halbmesser gleich xy ist. Die erste Projection des Kreises ist ein ihm congruenter Kreis, und sein Mittelpunkt ist a^{I}. Wenn man daher mit xy als Radius von a^{I} aus die Linie $p'q^{I}$ in g′ und h′ schneidet, so bieten sich in den Punkten g′ und h′ die ersten Projectionen der Punkte g und h dar, in welchen der Kreis und die gerade Linie pq sich schneiden. Die zweiten Projectionen der Punkte g und h liegen in q^{II}. Die Punkte g und h sind Punkte der verlangten Durchschnittslinie. In derselben Weise werden mehr Punkte erhalten, welche der Durchschnittslinie angehören. Die zweite Projection der Durchschnittslinie befindet sich in dem Schnitt E″.

Die Punkte g und h mit der Ebene E auf die erste Projectionsebene herabzuschlagen, ziehe man die Linien g′(g) und h′(h) normal auf E′, und mache z(g) und t(h) gleich $E^{0}q^{II}$. Eben so verfährt man mit den übrigen construirten Punkten der Durchschnittslinie.

§. 182. Zweites Beispiel.

Die gerade Linie $p^{I}p$, Fig. 99, stehe normal auf der ersten Projectionsebene und diene als Umdrehungsachse. Die gerade Linie $a^{I}b$ sei die Erzeugungslinie. Die Umdrehungsfläche wird durch die Ebene E geschnitten. Man soll die Durchschnittslinie construiren und mit der Ebene E herabschlagen.

Auflösung. Die Aufgabe läßt sich in doppelter Weise lösen. Man kann nämlich die ebene Erzeugungslinie construiren nach §. 193, und darauf verfahren wie im vorigen Paragraph; oder man kann die Erzeugungslinie in eine Anzahl verschiedener Stellungen bringen, welche sie während der Umdrehung einnimmt, und bei jeder von diesen Stellungen ihren Durchschnittspunkt mit der Ebene E construiren; dadurch ergeben sich ebenfalls Punkte der verlangten Durchschnittslinie. Das letzte Verfahren wollen wir hier zur Ausführung bringen.

Der normale Abstand der beiden windschiefen Linien $p^I p$ und ab sei pq. Es sei $p^I q'$ normal auf $a^I b'$, so ist $p^I q'$ die erste Projection desselben. Man beschreibe in P' mit $p^I q'$ als Radius einen Kreis, dessen Mittelpunkt p^I ist. Die erste Projection $a^I b'$ der Linie ab ist in allen ihren Stellungen Tangente dieses Kreises. Der Durchgang a^I der Linie ab beschreibt während der Umdrehung einen Kreis, dessen Radius $p^I a^I$, und dessen Mittelpunkt p^I ist, und der in der ersten Projectionsebene liegt. Man zeichne diesen Kreis. Es sei b derjenige Punkt der Linie ab, dessen erste Projection der Durchschnittspunkt b' der Projection $a^I b'$ und der Peripherie des größeren Kreises ist. Der Punkt b beschreibt während der Umdrehung einen Kreis, der dem größeren Kreise in der ersten Projectionsebene congruent, und dessen Ebene parallel ist der ersten Projectionsebene. Die erste Projection des von b beschriebenen Kreises ist demnach der von a^I beschriebene Kreis, die zweite Projection des von b beschriebenen Kreises liegt in einer durch b'' parallel mit der Achse gezogenen geraden Linie F''. Die erste Projection des Punktes b wird sich daher in allen Stellungen der Linie ab in der Peripherie des durch a^I beschriebenen Kreises befinden, die zweite in der Linie F''. Hiernach ist es leicht die Projectionen der Linie ab für andere Stellungen derselben zu zeichnen. Man zeichne z. B. $c^I d'$ als Tangente für den kleineren Kreis, $c' c^{II}$ und $d' d''$ normal auf der Achse, und $c^{II} d''$, so sind $c^I d'$ und $c^{II} d''$ die Projectionen der Erzeugungslinie ab in einer anderen Stellung cd.

Der Punkt, in welchem die Linie ab die Ebene E schneidet, sei n. Die zweite Projection des Punktes n ist der Durchschnittspunkt n'' des Schnittes E'' und der Projection $a^{II} b''$; die erste wird erhalten, wenn man n''n' normal auf der Achse zieht. Eben so finden sich die Projectionen des Punktes v, in welchem die Linie cd und die Ebene E sich schneiden. U. s. w.

Das Herabschlagen der Durchschnittsfigur mit der Ebene E auf die erste Projectionsebene ist in bekannter Weise ausgeführt.

§. 183.

In den beiden vorstehenden Beispielen ist die Ebene E normal auf der zweiten Projectionsebene angenommen worden. Hat die Ebene E, welche die Umdrehungsfläche schneidet, eine andere Lage, so kann man leicht die Stellung dahin einrichten, daß die Ebene E normal auf der zweiten Projectionsebene wird. Uebrigens leidet die Construction keine wesentliche Aenderung, wenn die Ebene E nicht normal auf der zweiten Projectionsebene steht, und besondere Umstände es bedingen, diese Stellung beizubehalten.

§. 184. Aufgabe.

Es ist eine Umdrehungsfläche gegeben und eine gerade Linie, welche sie schneidet, man soll die Durchschnittspunkte construiren.

Auflösung. Man lege durch die gerade Linie eine Ebene, construire die Durchschnittslinie der Ebene mit der Umdrehungsfläche, und die Punkte, in welchen die Durchschnittslinie und die gerade Linie sich schneiden. Diese Punkte sind die verlangten.

§. 185.

Wir gelangen jetzt zur Construction von Durchschnittslinien, welche entstehen, wenn krumme Flächen einander schneiden. Punkte der Durchschnittslinie zweier Flächen A und B können dadurch erhalten werden, daß man die sich schneidenden Flächen A und B durch eine dritte Fläche C schneidet. Dabei gehen zwei Durchschnittslinien hervor, eine AC der Flächen A und C, und eine BC der Flächen B und C. Schneiden sich die Durchschnittslinien AC und BC, so sind die Punkte, in welchen es geschieht, Punkte der Durchschnittslinie der Flächen A und B; denn die Punkte liegen gleichzeitig in A und B, in A mit der Linie AC, in B mit BC. Dies ist ein allgemeines Prinzip, welches ganz besonders beachtet zu werden verdient, und wir haben dasselbe bei mehreren der vorstehenden Aufgaben bereits zur Anwendung gebracht. In den meisten Fällen ist die dritte Fläche C eine Ebene, zuweilen ein gerader Cylinder, ein Kegel, eine Kugelfläche.

§. 186.

Es sind zwei gerade Cylinder gegeben, welche sich schneiden, man soll ihre Durchschnittslinie construiren.

Auflösung I. Man construire Seiten des einen geraden Cylinders und die Punkte, in welchen sie den anderen schneiden. Dies sind Punkte der verlangten Durchschnittslinie, und durch eine ausreichende Anzahl derselben wird sie bestimmt.

Auflösung II. Man construire eine Ebene E, welche parallel ist sowohl mit der Parallellinie des einen, als mit der Parallellinie des anderen geraden Cylinders. Im Allgemeinen schneidet die Ebene E jeden der beiden geraden Cylinder in zwei Seiten (auch wohl in mehr oder weniger als zwei Seiten), diese schneiden sich in vier Punkten (mehr oder weniger bei mehr oder weniger als zwei Seiten) und diese Punkte gehören der verlangten Durchschnittslinie an. Durch Wiederholung desselben Verfahrens erhält man wiederholt eine Anzahl Punkte der Durchschnittslinie, und man kann sich deren so viele verschaffen, als erfordert werden.

§. 187. Erstes Beispiel.

Die Curve C', Fig. 100, sei der erste Schnitt eines geraden Cylinders, e'f' und e''f'' seien die Projectionen seiner Parallellinie ef. Die Curve K' sei der erste Schnitt eines zweiten geraden Cylinders, dessen Parallellinie rs durch die Projectionen r's' und r''s'' gegeben ist. Man soll die Durchschnittslinie der beiden geraden Cylinder construiren.

Auflösung. Man construire eine Ebene E, welche mit den Parallellinien der beiden geraden Cylinder parallel ist. Wenn die Ebene E die beiden geraden Cylinder schneidet, so geschieht es in vier Seiten, deren Durchschnittspunkte der verlangten Durchschnittslinie angehören. Die öftere Wiederholung des Verfahrens liefert so viele Punkte, als man bedarf.

Ausführung der Construction. Man nehme einen Punkt z beliebig, und construire durch ihn eine gerade Linie xz parallel mit ef, und eine gerade Linie yz parallel mit rs. Man construire die ersten Durchgänge x^I und y^I der Linien xz und yz, und zeichne durch sie die gerade Linie E'. Diese ist der erste Schnitt einer Ebene E, welche mit den Parallellinien der beiden geraden Cylinder parallel ist. Die Ebene E schneidet die geraden Cylinder in vier Seiten, deren ersten Durchgänge die Punkte a^I, c^I, g^I, k^I sind. Man construire diese Seiten $a^I b$, c'd, g'h, k'l. Die Punkte n, p, q, v, in welchen sie sich schneiden, sind Punkte der verlangten Durchschnittslinie.

Alle Ebenen, welche parallel sind mit den Parallellinien der beiden geraden Cylinder, sind unter sich parallel. Der erste Schnitt einer zweiten Ebene F, welche mit den Parallellinien beider geraden Cylinder parallel ist, wird daher erhalten, wenn man eine gerade Linie F' parallel mit E' zeichnet. Hieraus erhellet, wie zu verfahren gewesen wäre, wenn die zuerst construirte Ebene E die Cylinder nicht geschnitten hätte.

§. 188. Zweites Beispiel.

Zwei normale Cylinder C und K schneiden sich, Fig. 101. Sie selbst und ihre Lage zu einander sind gegeben durch die Radien ihrer Grundebenen, den normalen Abstand ihrer Achsen, und durch den Winkel, welchen die Achse des Cylinders K mit einer Ebene bildet, die auf der Achse des Cylinders C normal steht. Man soll die Durchschnittslinien construiren, und mit dem Cylinder C, dessen Halbmesser der größere ist, abwickeln.

Auflösung. Man lege den Cylinder C auf die erste Projectionsebene so, daß er normal auf der zweiten Projectionsebene steht. Sein Schnitt in der zweiten Projectionsebene ist alsdann ein Kreis C'', welcher den gegebenen Halbmesser der Grundebene zum Halbmesser hat und die Achse P berührt. Die Achse des Cylinders C sei durch ab bezeichnet. Sie steht auf der zweiten Projectionsebene normal. Der zweite Durchgang derselben ist der Mittelpunkt b'' des Kreises C'', und ihre erste Projection a'b' steht in dem Berührungspunkt normal auf der Achse. — Die zweite Projectionsebene steht auf der Achse des Cylinders C normal. Die Achse cd des zweiten Cylinders K bildet daher mit der zweiten Projectionsebene den gegebenen Winkel. Man verlängere b'b'', nehme b''c'' gleich dem gegebenen normalen Abstande der Achsen beider Cylinder, ziehe c''d'' parallel der Achse, nehme den Punkt d' beliebig, zeichne die gerade Linie d'c' unter dem gegebenen Winkel gegen die Achse geneigt, und errichte d'd'' normal auf der Achse. Die Linien c'd' und c''d'' sind alsdann die Projectionen der Achse cd des zweiten Cylinders K. Sie ist mit der ersten Projectionsebene parallel, ihr zweiter Durchgang ist d''. Man construire e'g' normal auf $c'd^I$, mache xe' sowohl als xg' gleich dem gegebenen Radius der Grundebene des Cylinders K, ziehe $e'f^I$ und $g'h^I$ parallel $c'd^I$, und errichte auf der Achse die Normalen $f^I f^{II}$ und $h^I h^{II}$. Die Linien $e'f^I$ und $g'h^I$ sind die ersten Projectionen der äußersten Seiten des Cylinders K, die Punkte f^{II} und h^{II} ihre zweiten Durchgänge. Die Linie $f^{II}h^{II}$ ist daher die große Achse der Ellipse, welche den zweiten Schnitt des Cylinders K ausmacht. Die kleine Achse wird erhalten, wenn man $d^{II}y$ und $d^{II}z$ gleich dem gegebenen Halbmesser der Grundebene des Cylinders K nimmt. Aus den Achsen kann die Ellipse K″ construirt werden. Hierdurch sind die beiden Cylinder projicirt, und man kann zur Construction ihrer Durchschnittslinien schreiten.

Da die Durchschnittslinien abgewickelt werden sollen, ist es rathsam, diejenigen Punkte zu construiren, welche später abgewickelt werden. Man theile die Peripherie des Kreises C″ in eine gerade Anzahl gleicher Theile, etwa 32, dergestalt, daß der höchste Punkt t″ des Kreises C″ ein Theilpunkt werde. Die Punkte l^{II} und n^{II} seien zwei Theilpunkte, welche gleich weit von t^{II} liegen. Durch l^{II} und n^{II} zeichne man eine gerade Linie F″. Sie wird der Achse P parallel. Die Linie F″ betrachte man als den zweiten Schnitt einer Ebene F, welche mit der ersten Projectionsebene parallel ist. Die Ebene F schneidet den Cylinder C in zwei Seiten, deren zweite Durchgänge die Punkte l^{II} und n^{II}, und deren erste Projectionen $k'l^I$ und $m'n^I$ sind. Der Cylinder K wird von der Ebene F ebenfalls in zwei Seiten geschnitten. Ihre zweiten Durchgänge sind q^{II} und s^{II}, ihre ersten Projectionen die Linien $p'q^I$ und $m's^I$. Die Punkte k′, p′, m′, v′, in welchen sich die ersten Projectionen der Seiten schneiden, sind die ersten Projectionen von vier Punkten der Durchschnittslinien beider Cylinder. Die zweiten Projectionen der Punkte k und p liegen im l^{II}, die zweiten Projectionen der Punkte m und v in n^{II}. Dasselbe Verfahren wird wiederholt, bis man die ersten Projectionen der Durchschnittslinien bestimmt hat. Sollten die Punkte, welche man abzuwickeln die Absicht hat, nicht ausreichen, die Projectionen der Durchschnittsfiguren zu bestimmen, so muß man natürlich noch andere construiren.

Die Durchschnittsfiguren beider Cylinder sind mit dem Cylinder C abzuwickeln. — Man denke den Cylinder C längs der Seite, deren zweiter Durchgang t'' ist, aufgeschnitten, und in die erste Projectionsebene abgewickelt, dergestalt, daß die halbe Peripherie $b'n''t''$ rechts von b' in die Achse fällt, die andere Hälfte links. Der Punkt t'' der Peripherie des Kreises fällt dabei in (t'') so, daß die Entfernung $b'(t'')$ gleich dem dreifachen Halbmesser des Kreises C und dem zehnten Theil der Sehne seines Quadranten ist; und noch einmal in $[t'']$ in gleicher Entfernung von b'. Das Stück $(t'')[t'']$ theile man, wie die Peripherie des Kreises C'', in 32 gleiche Theile. Die abgewickelten Seiten des Cylinders stehen auf der Achse normal. Man darf daher nur in den Theilpunkten Normalen auf der Achse errichten um die abgewickelten Seiten zu erhalten, deren zweiten Durchgänge die correspondirenden Punkte der Peripherie des Kreises C'' sind. Die Stücke $n''m$ und $n''v$ sind gleich ihren ersten Projectionen $n'm'$ und $n'v'$. Man mache daher $(n'')(m)$ gleich $n'm'$ und $(n'')(v)$ gleich $n'v'$, um die abgewickelten Punkte (m) und (v) zu erhalten, oder ziehe, was dasselbe leistet, $m'(m)$ und $v'(v)$ parallel mit der Achse. Eben so ergeben sich die Punkte (k) und (p) und die übrigen.

§. 189. Aufgabe.

Die Kreise C' und K', Fig. 102, sind die ersten Schnitte zweier Cylinder C und K. Die Achse des ersten ist $a'b$, die des anderen $c'd$. Die Cylinder sind durch die Schnitte und durch ihre Achsen bestimmt. Die Cylinder schneiden sich, und man soll die Durchschnittsfigur construiren.

Auflösung. Man zeichne in der zweiten Projectionsebene eine gerade Linie F'' parallel mit der Achse, und betrachte sie als den zweiten Schnitt einer mit der ersten Projectionsebene parallelen Ebene F. Die Ebene F schneidet einen jeden der Cylinder in einem Kreise, welcher dem Schnitt des Cylinders congruent ist; und die Durchschnittspunkte der beiden Kreise sind Punkte der verlangten Durchschnittsfigur. Der Mittelpunkt des Kreises, in welchem der Cylinder C von der Ebene F geschnitten wird, sei s. Die zweite Projection des Punktes s ist der Durchschnittspunkt s'' des Schnittes F'' und der Projection $a''b''$, die erste Projection liegt in $a'b'$, und wird durch die auf der Achse normal stehende Linie s″s′ erhalten. Aehnlich bestimmt sich der Mittelpunkt t des Kreises, in welchem der Cylinder K und die Ebene F sich schneiden. Die ersten Projectionen der Kreise sind ihnen selbst congruent. Man beschreibe daher von s′ als Mittelpunkt einen Kreis, der dem Kreise C′ congruent ist, und schneide seine Peripherie von l′ aus mit dem Halbmesser des Kreises K′ in den Punkten n′ und q′. Die Punkte p′ und q′ sind die ersten Projectionen zweier Punkte der verlangten Durchschnittslinie. Die zweiten Projectionen befinden sich in dem Schnitt F″. In derselben Weise bestimmt man mehr Punkte.

Dies Verfahren ist nur zu empfehlen, wenn die Schnitte beider Cylinder Kreise sind.

§. 190. Aufgabe.

Ein gerader Cylinder und ein Kegel schneiden sich, man soll die Durchschnittslinien construiren.

Erste Auflösung. Man construire Seiten des geraden Cylinders, und die Punkte, in welchen sie den Kegel schneiden, oder Seiten des Kegels, und die Punkte, in welchen sie den geraden Cylinder schneiden: die Durchschnittspunkte gehören den Durchschnittslinien an.

Zweite Auflösung. Man construire Ebenen, welche durch die Spitze des Kegels gehen und mit der Parallellinie des geraden Cylinders parallel sind. Solche Ebenen, die beide Flächen schneiden, schneiden eine jede in Seiten, und die Durchschnittspunkte dieser Seiten gehören den verlangten Durchschnittslinien an.

§. 191. Beispiel.

Es sei, Fig. 103, C′ der erste Schnitt eines geraden Cylinders C, a′b′ und a″b″ seien die Projectionen seiner Parallellinie ab. K′ sei der erste Schnitt eines Kegels K; seine Spitze s ist durch ihre Projectionen s′ und s″ gegeben. Man soll die Durchschnittslinien construiren.

Auflösung. Das Verfahren, welches in der zweiten Auflösung des vorigen Paragraphen angegeben ist, werde zur Anwendung gebracht. Man construire durch die Spitze s des Kegels eine gerade Linie rs, welche parallel ist mit der Parallellinie ab des geraden Cylinders, und bestimme ihren ersten Durchgang r^I. Alle Ebenen, welche durch die Linie rs gelegt werden, gehen durch die Spitze s des Kegels und fallen parallel aus mit der Parallellinie ab, und die ersten Schnitte der Ebenen gehen durch den Durchgang r^I. Man zeichne daher eine gerade Linie E' durch den Durchgang r^I, und betrachte sie als den ersten Schnitt einer durch die Linie rs gehenden Ebene E. Die Ebene E schneidet den Kegel in zwei Seiten cs und ds, deren ersten Durchgänge die Punkte c^I und d^I sind, den geraden Cylinder in zwei Seiten gq und hp, und die ersten Durchgänge dieser Seiten sind g^I und h^I. Man zeichne die Projectionen dieser Seiten. Die Punkte n', p', q', t', in welchen die ersten Projectionen sich schneiden, sind die ersten Projectionen von vier Punkten n, p, q, t der verlangten Durchschnittslinien, deren zweite Projectionen n'', p'', q'', t'' in bekannter Weise gefunden werden. Vermittelst einer zweiten Ebene F, welche durch die Linie rs gelegt wird, und deren erster Schnitt F' durch den Punkt r^I zu legen ist, ergeben sich wiederum vier Punkte u. s. f. bis die Durchschnittslinien bestimmt erscheinen.

§. 192.

Schneiden sich ein Cylinder und ein Kegel, und ist in der einen Projectionsebene sowohl der Schnitt des Cylinders als der des Kegels ein Kreis, so kann man Punkte der Durchschnittsfiguren vermittelst Ebenen erhalten, die mit dieser Projectionsebene parallel sind, und die beide Flächen schneiden. Eine solche Ebene schneidet nämlich den Cylinder in einem Kreise, welcher seinem Schnitt congruent ist, den Kegel in einem Kreise dessen Halbmesser leicht zu entnehmen ist, und die Punkte, in welchen beide Kreise sich schneiden, sind Punkte der verlangten Durchschnittsfiguren.

§. 193. Aufgabe.

Ein gerader Cylinder und eine windschiefe Ebene schneiden sich, man soll die Durchschnittslinie construiren.

Auflösung. Man construire Seiten der windschiefen Ebene, und die Punkte, in welchen sie den geraden Cylinder schneiden. Diese Punkte gehören der Durchschnittslinie an, und durch eine ausreichende Anzahl kann sie bestimmt werden.

§. 194. Aufgabe.

Ein gerader Cylinder und eine Umdrehungsfläche schneiden sich, man soll die Durchschnittslinie construiren.

Auflösung. Man construire Ebenen, welche auf der Umdrehungsachse der Umdrehungsfläche normal stehen. Eine solche Ebene schneidet die Umdrehungsfläche in einem Kreise, den geraden Cylinder in irgend einer Linie, und die Punkte, in welchen sich die zwei Durchschnittslinien schneiden, gehören der verlangten Durchschnittslinie an.

Andere Auflösung. Man nehme einen Parallelkreis der Umdrehungsfläche, und denke einen geraden Cylinder, der diesen Parallelkreis zur Richtungslinie, und die Parallellinie des gegebenen Cylinders zur Parallellinie hat. Dieser Cylinder und der gegebene schneiden sich in Seiten. Man construire diese Seiten, und die Punkte, welche sie mit dem Parallelkreise gemeinschaftlich haben, und man hat Punkte der verlangten Durchschnittslinie, deren sich in derselben Weise beliebig viele erlangen lassen.

§. 195. Beispiel.

Es ist, Fig. 104, eine Umdrehungsfläche gegeben durch ihre Umdrehungsachse a'a, welche auf der ersten Projectionsebene normal steht, und durch ihre Meridianlinie bc. Die Meridianebene der letzteren ist in paralleler Lage mit der zweiten Projectionsebene angenommen, so daß die gegebene zweite Projection b″c″ der Meridianlinie ihr selbst congruent ist. Die Umdrehungsfläche wird geschnitten von einem Cylinder C, dessen erster Schnitt die Ellipse C′, und dessen Achse die durch ihre Projectionen d'g′ und d″g″ gegebene mit der zweiten Projectionsebene parallele Linie dg ist. Der Punkt d' ist der erste Durchgang der Linie dg und zugleich der Mittelpunkt der Ellipse C′, und die Projection d'g′ ist mit der Achse parallel. Die sämmtlichen Seiten des Cylinders sind parallel mit der Achse dg. Man soll die Linien construiren, in welchen der Cylinder und die Umdrehungsfläche sich schneiden.

Auflösung. Man ziehe eine Linie F″ parallel mit der Achse, und betrachte sie als den zweiten Schnitt einer Ebene F, welche mit der ersten Projectionsebene parallel, also auf der Umdrehungsachse a'a normal ist. Die Ebene F schneidet die

Umdrehungsfläche in einem Kreise. Der Halbmesser dieses Kreises ist gleich $n''x$. Sein Mittelpunkt n liegt in der Umdrehungsachse, die erste Projection desselben in a^1. Der Cylinder C wird von der Ebene F in einer Ellipse geschnitten, welche der Ellipse C' congruent ist. Der Mittelpunkt g der Ellipse liegt in der Achse dg des Cylinders, seine zweite Projection ist g''. Die Punkte p und q, in welchen der Kreis und die Ellipse sich schneiden, sind zwei Punkte der verlangten Durchschnittslinien. Die Projectionen dieser Punkte werden folgendermaßen erhalten: Man zeichne a^1y parallel der Achse, mache $y(n)$ gleich $g''n''$, und beschreibe von (n) aus mit $n''x$ als Radius einen Kreis, der die Ellipse C' in den Punkten (p) und (q) schneiden mag. Man wird einsehen, daß dieser Kreis und die Ellipse C' dieselbe Lage zu einander haben, als der Kreis und die Ellipse in der Ebene F, daß also die Punkte (p) und (q) zu d^1 und (n) eben so liegen, wie die Punkte p und q zu g und n. Man ziehe ferner $(p)p'$ parallel der Achse, und $(q)q'$ parallel der Achse, und schneide diese Linien von a^1 aus mit $n(p)$ (oder $n''x$) als Radius in p' und q', und es wird weiter einleuchten, daß die Punkte p' und q' die ersten Projectionen der Punkte p und q sind. Die zweiten Projectionen der Punkte p und q befinden sich in F'', und ergeben sich durch Normalen, welche aus p' und q' auf die Achse gefällt werden. Dasselbe Verfahren wiederhole man so oft, bis man eine zur Bestimmung der Durchschnittslinien ausreichende Anzahl von Punkten erlangt hat.

§. 196. Zweites Beispiel.

Es ist, Fig. 105, eine Umdrehungsfläche gegeben durch ihre Umdrehungsachse a^1a, welche auf der ersten Projectionsebene normal steht, und durch ihre Meridianlinie bc. Die Meridianlinie ist in einer mit der zweiten Projectionsebene parallelen Meridianebene angenommen, also ihrer zweiten Projection $b''c''$ congruent. Die Umdrehungsfläche wird durch einen geraden Cylinder C geschnitten, welcher durch seinen ersten Schnitt C' und durch seine Parallellinie dg gegeben ist. Man soll die Durchschnittsfigur beider Flächen construiren.

Auflösung. Man zeichne in der zweiten Projectionsebene die Linie F'' parallel mit der Achse, und betrachte sie als den zweiten Schnitt einer mit der ersten Projectionsebene parallelen Ebene F. Die Ebene F schneidet die Umdrehungsfläche in einem Parallelkreise, dessen zweite Projection in F″ liegt, und dessen Halbmesser gleich a″k″ ist. Man denke einen geraden Cylinder Z, dem der Parallelkreis als Richtungslinie dient, und der die Linie dg zur Parallellinie hat, und construire den ersten Schnitt Z′ dieses Cylinders. Der Schnitt Z′ ist ein dem Parallelkreise congruenter Kreis. Seinen Mittelpunkt zu erhalten, construire man die Achse hl des Cylinders Z, und bestimme deren ersten Durchgang. Die Achse hl geht durch den Mittelpunkt a des Parallelkreises. Man zeichne daher durch a′ die Linie h′l′ parallel mit d′g′, durch a″ die Linie h″l″ parallel mit d″g″, und man hat die Projectionen der Achse hl. Von h′ aus als Mittelpunkt beschreibe man mit a″k″ als Radius einen Kreis. Dieser ist der erste Schnitt Z′ des Cylinders Z. Die Cylinder C und Z schneiden sich in zwei Seiten mp und nq; und die Punkte p und q, welche diese Seiten mit dem Parallelkreise gemeinschaftlich haben, gehören der verlangten Durchschnittslinie an. Die Punkte m′ und n′, in welchen die ersten Schnitte der Cylinder sich schneiden, sind die ersten Durchgänge der Seiten m′p und n′q. Ihre Projectionen sind parallel mit der Projection der Linie dg. Die zweiten Projectionen der Punkte p und q sind die Durchschnittspunkte der zweiten Projectionen der Seiten mit der Linie F″, die ersten finden sich in bekannter Weise.

§. 197. Aufgabe.

Es sind zwei Kegel gegeben, welche sich schneiden, man soll ihre Durchschnittslinien construiren.

Erste Auflösung. Man construire Seiten des einen Kegels und die Punkte, in welchen sie den anderen Kegel schneiden. Diese Punkte gehören den Durchschnittslinien an.

Zweite Auflösung. Man construire eine Ebene, welche durch die Spitzen der beiden Kegel geht und die Kegel schneidet. Die Ebene schneidet jeden der Kegel in Seiten, und die Durchschnittspunkte dieser Seiten sind Punkte der verlangten Durchschnittslinien. Durch mehr solcher Ebenen erlangt man so viele Punkte der Durchschnittslinien, als deren Bestimmung erfordert.

§. 198. Beispiel.

Es ist, Fig. 106, K′ der erste Schnitt eines Kegels K, und s′ und s″ sind die Projectionen seiner Spitze s. C′ ist der erste Schnitt eines zweiten Kegels C, die Projectionen seiner Spitze t sind t′ und t″. Man soll die Durchschnittslinien der Kegel construiren.

Auflösung. Es mag das Verfahren angewendet werden, welches in der zweiten Auflösung des vorigen Paragraphen angegeben ist. Durch die Spitzen s und t lege man eine gerade Linie st, und construire ihren ersten Durchgang s_1. Jede Ebene, welche durch die Linie st gelegt wird, geht durch die Spitzen der beiden Kegel, und der erste Schnitt jeder solchen Ebene geht durch den Durchgang s_1. Man zeichne durch s_1 eine gerade Linie E′, und betrachte sie als den ersten Schnitt einer Ebene E, welche durch die Linie s t geht. Die Ebene E schneidet den Kegel K in den Seiten a′s und b′s, den Kegel C, in den Seiten g′t und h′t. Die Punkte n, p, q, v, in welchen sich diese Seiten schneiden, sind Punkte der verlangten Durchschnittslinien. Eine zweite Ebene F, deren erster Schnitt F′ wiederum durch s_1 zu legen ist, liefert abermals vier Punkte, u. s. f.

§. 199.

Sind in einer Projectionsebene die Schnitte zweier sich schneidenden Kegel Kreise, so werden Punkte der Durchschnittslinie beider Kegel leicht vermittelst Ebenen erhalten, welche mit jener Projectionsebene parallel sind und die Kegel schneiden. Eine solche Ebene schneidet nämlich jeden der Kegel in einem Kreise, und die Durchschnittspunkte beider Kreise sind Punkte der verlangten Durchschnittslinie.

§. 200. Aufgabe.

Es schneiden sich ein Kegel und eine windschiefe Ebene, man soll die Durchschnittslinie construiren.

Auflösung. Man construire Seiten der windschiefen Ebene und die Punkte, in welchen sie den Kegel schneiden. Diese Punkte gehören der Durchschnittslinie an.

§. 201. Aufgabe.

Ein Kegel und eine Umdrehungsfläche schneiden sich, und man soll die Durchschnittslinie construiren.

Auflösung. Man denke einen Kegel, welcher einen Parallelkreis der Umdrehungsfläche zur Richtungslinie, und die Spitze mit dem gegebenen Kegel gemeinschaftlich hat. Dieser Kegel und der gegebene schneiden sich in Seiten. Man construire diese Seiten, und die Punkte, welche sie mit dem Parallelkreise gemeinschaftlich haben; die Punkte gehören der verlangten Durchschnittslinie an.

§. 202. Beispiel.

Es ist, Fig. 107, eine Umdrehungsfläche durch ihre auf der ersten Projectionsebene normal stehende Umdrehungsachse a'a, und durch ihre Meridianlinie bc gegeben. Die Meridianlinie ist in einer mit der zweiten Projectionsebene parallelen Meridianebene angenommen, und ihrer zweiten Projection b''c'' congruent. Es ist ferner ein Kegel K durch seinen ersten Schnitt K' und durch die Projectionen s' und s'' seiner Spitze gegeben. Beide Flächen schneiden sich, und man soll die Durchschnittslinien construiren.

Auflösung. Man zeichne in der zweiten Projectionsebene eine gerade Linie F'' parallel mit der Achse, und betrachte sie als den zweiten Schnitt einer mit der ersten Projectionsebene parallelen Ebene F. Die Ebene F schneidet die Umdrehungsfläche in einem Parallelkreise, dessen zweite Projection in F'' liegt, dessen Mittelpunkt a, und dessen Halbmesser a''d'' ist. Man denke den Kegel C, dessen Richtungslinie dieser Parallelkreis und dessen Spitze s ist, und construire den ersten Schnitt C' desselben. Die Achse des Kegels C ist die durch den Mittelpunkt a des Parallelkreises gelegte Linie gs; und ihr erster Durchgang g' ist der Mittelpunkt des Kreises, welcher den ersten Schnitt des Kegels C abgiebt. Den Radius des Schnittes C' zu erhalten, construire man die zweite Projection einer der äußersten Seite des Kegels, etwa s''d''; das Stück g''d'' ist der Radius des Kreises C'. Mit ihm schlage man aus g' einen Bogen, welcher den Schnitt K' des Kegels K schneidet in den Punkten h' und m'. Man construire die Seiten h's und m's. In ihnen schneiden sich die Kegel. Die Punkte p und q, welche diese Seite mit dem Parallelkreise gemeinschaftlich haben, sind

Punkte der verlangten Durchschnittslinie, deren in derselben Weise beliebig viele sich erzielen lassen.

§. 203. Aufgabe.

Es schneiden sich ein Kegel und eine Umdrehungsfläche. Die Umdrehungsachse steht normal auf einer Projectionsebene, und der Schnitt des Kegels in dieser Projectionsebene ist ein Kreis. Man soll die Durchschnittslinie construiren.

Auflösung. Man schneide beide Flächen durch Ebenen, welche mit jener Projectionsebene parallel sind. Jede solche Ebene schneidet sowohl den Kegel als die Umdrehungsfläche in einem Kreise. Die Durchschnittspunkte beider Kreise sind Punkte der verlangten Durchschnittsfigur.

§. 204. Aufgabe.

Zwei windschiefe Ebenen schneiden sich, und man soll die Durchschnittslinie bestimmen.

Auflösung. Sind die Parallelebenen der beiden windschiefen Ebenen parallel, so construire man Ebenen, welche parallel sind mit den Parallelebenen. Solche Ebenen schneiden die windschiefen Ebenen in Seiten, und die Durchschnittspunkte dieser Seiten sind Punkte der verlangten Durchschnittslinie. Aehnlich verfahre man, wenn die Parallelebenen der Transversalseiten beider windschiefen Ebenen parallel sein sollten. Sind weder die Parallelebenen der windschiefen Ebenen, noch die Parallelebenen ihrer Transversalseiten parallel, so construire man Seiten der einen windschiefen Ebene, und die Punkte, in welchen sie die andere schneiden; und diese Punkte sind Punkte der verlangten Durchschnittslinie.

§. 205. Aufgabe.

Eine windschiefe Ebene und eine Umdrehungsfläche schneiden sich, und man soll die Durchschnittslinie construiren.

Auflösung. Man construire Ebenen, welche auf der Umdrehungsachse normal stehen, und beide Flächen schneiden. In jeder solchen Ebene befinden sich zwei Durchschnittslinien, die eine von der Umdrehungsfläche, die andere von der windschiefen Ebene herrührend. Man construire diese Durchschnittslinien und die Punkte, in welchen sie sich schneiden. Sie gehören der verlangten Durchschnittslinie an. Oder man construire Seiten der windschiefen Ebene und die Punkte, in welchen sie die Umdrehungsfläche schneiden, und man erhält Punkte der verlangten Durchschnittslinie.

§. 206. Aufgabe.

Es schneiden sich zwei Umdrehungsflächen, und man soll ihre Durchschnittslinie construiren.

Auflösung. Nach der Lage der Umdrehungsachsen sind drei Fälle zu unterscheiden. Die Umdrehungsachsen sind entweder parallel, oder sie schneiden sich, oder sie sind windschief.

Sind die Umdrehungsachsen parallel, so schneide man die Umdrehungsflächen durch Ebenen, welche auf den Umdrehungsachsen normal stehen. Jede solche Ebene schneidet jede der beiden Umdrehungsflächen in einem Kreise, und die Punkte, in welchen diese Kreise sich schneiden, sind Punkte der verlangten Durchschnittslinie.

Schneiden sich die Umdrehungsachsen, so schneide man die Umdrehungsflächen durch eine Kugelfläche, deren Mittelpunkt im Durchschnittspunkt der Umdrehungsachsen liegt. Die Kugelfläche schneidet jede der beiden Umdrehungsflächen in einem Kreise. Die Punkte, in welchen diese Kreise sich schneiden, sind Punkte der verlangten Durchschnittslinie. Und vermittelst mehrerer solcher Kugelflächen lassen sich so viele Punkte der Durchschnittslinie erlangen, als zu deren Bestimmung erfordert werden.

Sind endlich die Umdrehungsachsen windschief, so schneide man beide Umdrehungsflächen durch Ebenen, welche auf der Umdrehungsachse der einen normal stehen, construire die Durchschnittslinien der Ebenen mit den Umdrehungsflächen, und die Punkte, in welchen diese Durchschnittslinien sich schneiden.

§. 207. Beispiel.

Es ist, Fig. 108, eine Umdrehungsfläche gegeben durch ihre Umdrehungsachse a'a, welche auf der ersten Projectionsebene normal steht, und durch ihre Meridianlinie cd. Die letztere wird in einer Meridianebene gedacht, welche mit der zweiten Projectionsebene parallel ist. Die gegebene zweite Projection c''d'' der Meridianlinie ist daher der Meridianlinie selbst congruent. In ganz gleicher Weise ist eine zweite Umdrehungsfläche durch ihre Umdrehungsachse b'b und ihre Meridianlinie gh gegeben. Die

Umdrehungsachsen beider Umdrehungsflächen sind demnach parallel. Man soll die Durchschnittslinie der Umdrehungsflächen construiren.

Auflösung. Man zeichne die Linie F″ parallel mit der Achse, und betrachte sie als den zweiten Schnitt einer Ebene F, welche auf den parallelen Umdrehungsachsen normal steht. Die Ebene F schneidet die Umdrehungsfläche, deren Umdrehungsachse a′a ist, in einem Kreise, dessen Halbmesser gleich ist a″x, die andere Umdrehungsfläche in einem Kreise, dessen Halbmesser gleich b″y ist. Die Durchschnittspunkte p und q der Kreise sind Punkte der verlangten Durchschnittslinie. Die Projectionen der Kreise sind ihnen selbst congruent und die Mittelpunkte der Projectionen liegen in a′ und b′. Man beschreibe daher von a′ aus mit a″x als Radius einen Kreis, und schneide dessen Peripherie von b′ aus mit b″y als Radius in den Punkten p′ und q′. Diese Punkte sind die ersten Projectionen der Punkte p und q. Die zweiten Projectionen finden sich in F″, und sie fallen in einander, wenn die Umdrehungsachsen in einer mit der zweiten Projectionsebene parallelen Ebene sich befinden. Durch mehrmalige Wiederholung desselben Verfahrens findet man so viele Punkte der Durchschnittslinie als man zu deren Bestimmung bedarf.

§. 208. Zweites Beispiel.

Es ist, Fig. 109, eine Umdrehungsfläche gegeben durch ihre Umdrehungsachse a′a, welche auf der ersten Projectionsebene normal steht, und durch ihre Meridianlinie dg. Die Meridianlinie dg ist in einer mit der zweiten Projectionsebene parallelen Ebene angenommen, daher ihrer zweiten Projection d″g″ congruent. Diese Umdrehungsfläche wird von einer zweiten Umdrehungsfläche geschnitten, deren Umdrehungsachse bc die Umdrehungsachse a′a in dem Punkt b schneidet, während sie parallel mit der zweiten Projectionsebene läuft. Die erste Projection der Umdrehungsachse bc ist die mit der Achse parallele Linie a′c′, die zweite ist b″c″. Die Meridianlinie hl der zweiten Umdrehungsfläche ist in einer mit der zweiten Projectionsebene parallelen Meridianebene angenommen. Die gegebene zweite Projection h″l″ derselben ist ihr selbst also congruent. Man soll die Durchschnittslinie der beiden Umdrehungsflächen construiren.

Auflösung. Man schlage von b″ als Mittelpunkt mit beliebigem Halbmesser einen Kreisbogen x″y″, welcher die zweiten Projectionen der beiden Meridianlinien in x″ und y″ schneidet. Diesen Kreis betrachte man als die zweite Projection des größten Kreises einer Kugel, dessen Ebene mit der zweiten Projectionsebene parallel, und dessen Mittelpunkt b ist. Die Kugel hat mit dem Kreise einerlei Radius, und ihr Mittelpunkt ist b. Jede der beiden Umdrehungsflächen wird von der Kugel in einem Kreise geschnitten, dessen Ebene auf ihrer Umdrehungsachse, also, bei der angenommenen Lage der Umdrehungsachsen, auch auf der zweiten Projectionsebene, normal steht. Die zweiten Schnitte der Ebenen dieser Kreise sind a″x″ und p″y″. Die Peripherieen der Kreise schneiden sich auf der Kugelfläche, und die Punkte p und q, in welchen dies geschieht, sind Punkte der verlangten Durchschnittslinie. Die Ebenen der Kreise schneiden sich in einer geraden Linie, welche durch die Punkte p und q geht, und auf der zweiten Projectionsebene normal steht in dem Punkte p″. Man construire die erste Projection der Linie pq. Sie wird erhalten, wenn man von p″ aus die Linie p″q′ normal auf der Achse zeichnet. In der ersten Projection der Linie pq finden sich die ersten Projectionen der Punkte p und q. Zugleich liegen die ersten Projectionen der Punkte p und q in der ersten Projection eines jeden der beiden Kreise. Die erste Projection des Kreises, in welchem die Kugel die Umdrehungsfläche schneidet, deren Umdrehungsachse a′a ist, wird in einem Kreise erhalten, dessen Mittelpunkt a′ und dessen Radius a″x″ ist. Man schneide daher von a′ aus mit dem Radius a″x″ die gerade Linie p′q′ in den Punkten p′ und q′ und man hat die ersten Projectionen der Punkte p und q. Die zweiten Projectionen liegen in p″. Durch mehrmalige Wiederholung desselben Verfahrens erlangt man so viele Punkte der Durchschnittslinie, als zu ihrer Bestimmung nöthig sind.

§. 209. Drittes Beispiel.

Es ist, Fig. 110, eine Umdrehungsfläche gegeben durch ihre Umdrehungsachse a′a, welche auf der ersten Projectionsebene normal steht, und durch ihre Meridianlinie bc. Die Meridianlinie bc ist in einer mit der zweiten Projectionsebene parallelen Ebene angenommen, daher ihrer gegebenen zweiten Projection b″c″ congruent. Eine zweite Umdrehungsfläche ist durch ihre Umdrehungsachse dg, welche die erste Projectionsebene schneidet und mit der zweiten Projectionsebene parallel ist, gegeben, und durch ihre Meridianlinie hl, die in einer mit der zweiten Projectionsebene parallelen Meridianebene angenommen, also ihrer gegebenen zweiten Projection h″l″ congruent ist. Die Umdrehungsachsen liegen nicht in einer Ebene. Die Umdrehungsflächen schneiden sich, und man soll ihre Durchschnittslinie construiren.

Auflösung. Man zeichne eine gerade Linie F″ parallel mit der Achse, und betrachte sie als den zweiten Schnitt einer mit der ersten Projectionsebene parallelen Ebene F. Die Ebene F schneidet die erste Umdrehungsfläche in einem Kreise, dessen Halbmesser gleich a″x ist, und dessen erste Projection erhalten wird, wenn man von a′ aus mit a″x als Radius einen Kreis beschreibt. Die zweite Umdrehungsfläche wird von der Ebene F in einer Curve geschnitten, welche durch C bezeichnet werden mag. Die Punkte p und q, in welchen der Kreis und die Curve C sich schneiden, sind Punkte der verlangten Durchschnittslinie, und die ersten Projectionen dieser Punkte sind die, in welchen die erste Projection des Kreises und die erste Projection der Curve C sich schneiden. Um die ersten Projectionen der Punkte p und q zu erhalten, construire man von der ersten Projection der Curve C so viel, als erforderlich ist, die Punkte p′ und q′ zu bestimmen. Man ziehe eine gerade Linie E″ normal auf d″g″, und betrachte sie als den zweiten Schnitt einer auf der Umdrehungsachse dg der zweiten Umdrehungsfläche normal stehenden Ebene E. Die Ebene E schneidet die zweite Umdrehungsfläche in einem Kreise, dessen Radius gleich yz ist, und dieser Kreis schneidet die Curve C in zwei Punkten, v und s, welche sich leicht erlangen lassen. Die Punkte v und s liegen nämlich auch in der geraden Linie, in welcher sich die Ebenen F und E schneiden. Der zweite Durchgang dieser Linie ist v″, sie steht auf der zweiten Projectionsebene normal, und ihre erste Projection geht hervor, wenn man v″s′ normal, auf der Achse construirt. Das Stück vs dieser Linie ist Sehne des Kreises zum Halbmesser yz; und wenn man v''(v) normal auf yz construirt, diese Normale von y aus mit dem Halbmesser yz in (v) schneidet, dann tv' sowohl als ts' gleich v''(v) macht, so ergeben sich in v' und s' die ersten Projectionen der Punkte v und s. Aehnlich construirt man noch einige Punkte der ersten Projection der Curve C, bis man die Punkte p' und q', in welchen die erste Projection der Curve C die erste Projection des Kreises zum Halbmesser a''x schneidet, beurtheilen kann. Die zweiten Projectionen der Punkte p und q liegen in F''. Durch eine andere mit F parallele Ebene ergeben sich bei dem nämlichen Verfahren wiederum zwei Punkte der verlangten Durchschnittslinie, u. s. f., bis man sie bestimmt sieht.

Die Ebene F hätte man auch normal auf der Umdrehungsachse der zweiten Umdrehungsfläche construiren können. Die Durchschnittsfigur der Ebene F mit der zweiten Umdrehungsfläche wäre alsdann ein Kreis geworden, die erste Projection desselben eine Ellipse, und die Durchschnittsfigur mit der ersten Umdrehungsfläche eine Curve, deren erste Projection nach §. 181 sich hätte erzielen lassen.

Achtes Kapitel.

Construction von Berührungsflächen und Normalen.

§. 210.

Eine gerade Linie, welche mit einer krummen Fläche einen Punkt n gemeinschaftlich hat, während die beiden Punkte der geraden Linie, welche dem Punkt n zunächst liegen, sich auf einer Seite der krummen Fläche befinden, heißt eine Berührungslinie oder Tangente der krummen Fläche für den Punkt n, und der Punkt n wird der Berührungspunkt genannt.

Eine gerade Linie, welche eine krumme Fläche in einem Punkt n berührt, kann dieselbe krumme Fläche in einem anderen Punkte, oder in mehreren anderen Punkten berühren, oder schneiden.

§. 211.

Der Begriff der Berührungsebene für eine krumme Fläche ist verschieden nach der Natur der Fläche, und wir werden ihn hier feststellen für die krummen Flächen, welche im sechsten Kapitel sind erklärt worden.

1) Eine Ebene, welche mit einer krummen Fläche einen Punkt n gemeinschaftlich hat, während alle Punkte der Ebene, welche dem Punkt n zunächst liegen, sich auf einer Seite der krummen Fläche befinden, oder, was dasselbe bedingt, während alle Punkte der krummen Fläche, welche dem Punkt n zunächst liegen, sich auf einer Seite der Ebene befinden, heißt eine Berührungsebene der krummen Fläche für den Punkt n, und der Punkt n wird der Berührungspunkt genannt.

Eine solche Berührungsebene wollen wir eine Berührungsebene der ersten Art nennen.

Man stelle sich z. B. eine Kugel vor, welche auf einer Ebene ruht. Die Kugel hat mit der Ebene nur einen Punkt n gemeinschaftlich, und alle Punkte der einen Fläche (Ebene oder Kugelfläche), welche dem Punkt n zunächst liegen, befinden sich auf einer Seite der anderen Fläche (Kugelfläche oder Ebene). Die Ebene ist daher für den Punkt n Berührungsebene der Kugel.

Es lassen sich sehr viele Umdrehungsflächen denken, welche Berührungsebenen der ersten Art haben.

Wenn man in einer Berührungsebene der ersten Art eine gerade Linie denkt, welche durch den Berührungspunkt n geht, so ist die gerade Linie Tangente der krummen Fläche für den Punkt n. Und wenn eine krumme Fläche für einen Punkt n eine Berührungsebene der ersten Art hat, und man schneidet beide Flächen durch eine Ebene E, welche durch den Berührungspunkt n geht, so entstehen in der Ebene E zwei Durchschnittslinien, eine gerade und eine krumme, und beide berühren sich in dem Punkt n. — Umgekehrt, wenn es eine Berührungsebene der ersten Art für einen Punkt n einer krummen Fläche giebt, so wird dieselbe erhalten, wenn man für den Punkt n zwei Berührungslinien der krummen Fläche construirt, und durch diese Berührungslinien eine Ebene legt. Sie wird ferner erhalten, wenn man die krumme Fläche durch irgend zwei Ebenen E und F schneidet, welche durch den Punkt n gehen, in jeder der Ebenen an die in ihr befindliche krumme Durchschnittslinie eine Tangente für den Punkt n herstellt, und durch diese Tangenten eine Ebene construirt.

2) Eine Ebene, welche mit einer krummen Fläche eine Linie gemeinschaftlich hat, während alle Punkte der Ebene, welche der Linie zunächst liegen, sich auf einer Seite der krummen Fläche befinden, oder, was dasselbe bedingt, während alle Punkte der krummen Fläche, welche der Linie zunächst liegen, sich auf einer Seite der Ebene befinden, heißt eine Berührungsebene der krummen Fläche für jene Linie und die Linie wird die berührte Linie oder die Linie der Berührung genannt.

Berührungsebenen dieser Gattung mögen Berührungsebenen der zweiten Art heißen.

Man stelle sich z. B. einen gewöhnlichen Cylinder vor, welcher mit seinem Mantel auf einer Ebene ruht. Der Cylinder hat mit der Ebene nur eine gerade Linie (Seite) gemeinschaftlich, und alle Punkte der einen Fläche (Cylindermantel oder Ebene) welche dieser geraden Linie zunächst liegen, befinden sich auf einer Seite der anderen Fläche (Ebene oder Cylindermantel). Die Ebene ist daher eine Berührungsebene des Cylindermantels für jene gerade Linie. — Man stelle sich ferner eine Umdrehungsfläche vor, deren Meridianlinie ein Kreis ist, und nehme die Entfernung seines Mittelpunktes von der Umdrehungsachse größer an, als den Radius. Die Umdrehungsfläche ist ein Ring. Diese Umdrehungsfläche kann auf einer Ebene dergestalt ruhen, daß sie mit derselben eine Kreislinie gemeinschaftlich hat, und sie wird dann in dieser von der Ebene berührt. Die Linie der Berührung ist also bei dem letzten Beispiel eine Kreislinie.

Alle geraden Cylinder und alle Kegel haben Berührungsebenen der zweiten Art, und die berührten Linien sind gerade Linien, nämlich Seiten.

Wenn man in einer Berührungsebene der zweiten Art eine gerade Linie ab denkt, welche die Linie der Berührung in irgend einem Punkt n schneidet, so ist die gerade Linie ab eine Tangente der krummen Fläche für den Punkt n. Und stellt man sich eine krumme Fläche vor, welche eine Berührungsebene der zweiten Art hat, nimmt in der berührten Linie irgend einen Punkt n an, und schneidet die Berührungsebene und die krumme Fläche durch eine Ebene E, welche durch den Punkt n geht, so entstehen in der Ebene E zwei Durchschnittslinien, eine krumme und eine gerade, und beide Durchschnittslinien berühren sich in dem Punkt n. — Hat eine krumme Fläche für eine in ihr liegende gerade Linie eine Berührungsebene der zweiten Art, und denkt man für irgend einen Punkt n der geraden Linie eine Tangente der krummen Fläche, so ist die Ebene, welche durch die Tangente und die gerade Linie geht, die Berührungsebene der krummen Fläche für jene gerade Linie. Eine Tangente der krummen Fläche für den Punkt n kann hier erhalten werden, wenn man die krumme Fläche durch eine Ebene schneidet, welche durch den Punkt n aber nicht durch die gerade Linie geht, und an die sich ergebende krumme Durchschnittslinie in der Ebene für den Punkt n eine Tangente construirt; diese ist zugleich Tangente der krummen Fläche für den Punkt n. — Hat eine krumme Fläche für eine in ihr liegende krumme Linie eine Berührungsebene der zweiten Art, so ist die Berührungsebene durch die krumme Linie bestimmt.

3) Eine Ebene E, welche mit einer krummen Fläche F einen Punkt n gemeinschaftlich hat, und die krumme Fläche in einer oder in mehreren Linien, die durch den Punkt n gehen, im Ganzen genommen schneidet, während es wenigstens eine oder auch beliebig viele Tangenten der krummen Fläche für den Punkt n giebt, welche in der Ebene liegen, heißt eine Berührungsebene der krummen Fläche für den Punkt n und dieser wird der Berührungspunkt genannt. Wir werden eine solche Berührungsebene eine Berührungsebene der dritten Art oder eine berührend-schneidende Ebene der krummen Fläche für den Punkt n nennen.

Berührungsebenen der dritten Art erscheinen bei den windschiefen Flächen. Es stelle, Fig. 111, die Fläche der Figurentafel der Ebene E vor, welche eine windschiefe Ebene in der Seite ab und zugleich in der Transversalseite ts schneidet. Alle übrigen Seiten schneiden die Ebene E in Punkten, welche in der Transversalseite ts liegen. Es werde angenommen, die unteren Theile der links von der Seite ab liegenden Seiten der windschiefen Ebene befinden sich diesseit, die oberen also jenseit der Ebene E, dann werden bei den rechts von ab liegenden Seiten die unteren Theile jenseit, die oberen diesseit der Ebene E sich befinden. Die windschiefe Ebene ist durch die Linien ab und ts in vier Theile getheilt, von welchen die Theile bnt und ans diesseit der Ebene E liegen, die Theile bns und ant jenseit. Wir wollen nachweisen, daß die Ebene E eine berührendschneidende Ebene für die windschiefe Ebene, und zwar für den Punkt n sei, in welchem die Seite ab und die Transversalseite ts sich schneiden. Die Ebene E hat zuvörderst den Punkt n mit der windschiefen Ebene gemein. Wird, mit Ausnahme des Punktes n, in der Linie ab oder in der Linie ts irgend ein Punkt x angenommen, und durch ihn eine gerade Linie xy gedacht, welche in der Ebene E liegt, so erhellet aus der Lage der vier Theile bnt, tna, ans und snb, daß die gerade Linie xy die windschiefe Ebene schneidet. Wird aber durch den Punkt n eine gerade Linie qv gedacht, welche in der Ebene E liegt, und nicht mit der Linie ab oder mit der Linie ts zusammenfällt, so erhellet aus der Lage jener Theile, daß eine solche Linie qv Tangente der windschiefen Ebene für den Punkt n ist. Die Ebene E schneidet also die windschiefe Ebene in den durch den Punkt n gehenden Linien ab und ts im Ganzen genommen, (d. h. in allen Punkten dieser Linien mit Ausnahme des Punktes n), und es giebt Tangenten der windschiefen Ebene für den Punkt n, welche in der Ebene E sich befinden. Der Erklärung gemäß ist also die Ebene E eine Berührungsebene der dritten Art.

§. 212.

Zwei krumme Flächen berühren einander, wenn sie einen Punkt gemeinschaftlich haben, und wenn alle Punkte der einen Fläche, welche diesem Punkte zunächst liegen, sich auf einer Seite der anderen Fläche befinden. Zwei krumme Flächen berühren ferner einander, wenn sie eine Linie gemeinschaftlich haben, und wenn alle Punkte der einen Fläche, welche dieser Linie zunächst liegen, sich auf einer Seite der anderen Fläche befinden. Zwei krumme Flächen können sich noch in anderer Weise berühren, worauf wir zunächst nicht eingehen.

Berühren sich zwei krumme Flächen in einem Punkte, so haben sie für diesen Punkt eine gemeinschaftliche Berührungsebene; und umgekehrt, haben zwei krumme Flächen für einen Punkt eine gemeinschaftliche Berührungsebene, so berühren sie selbst einander in diesem Punkt. U. m. dgl.

§. 213.

Eine gerade Linie, welche auf einer Berührungsebene der ersten oder der dritten Art in dem Berührungspunkte normal steht, heißt eine **Normale der krummen Fläche für diesen Punkt**, und man sagt, die Linie stehe auf der krummen Fläche in diesem Punkte normal. Und steht eine gerade Linie normal auf einer Berührungsebene der zweiten Art in irgend einem

Punkte der Linie der Berührung, so heißt sie eine Normale der krummen Fläche für diesen Punkt, und man sagt, sie stehe in jenem Punkt auf der krummen Fläche normal.

Hat eine krumme Fläche eine Berührungsebene der zweiten Art, so bestehen unendlich viele Normalen für die Punkte der Linie der Berührung, alle diese Normalen sind parallel, und liegen in einer Ebene, wenn die Linie der Berührung eine gerade Linie, sie bilden dagegen einen geraden Cylinder, wenn die Linie der Berührung eine krumme Linie ist.

§. 214. Aufgabe.

Es ist ein gerader Cylinder C durch seinen ersten Schnitt C′ und durch eine seiner Seiten a'b gegeben, man soll die Berührungsebene E des geraden Cylinders für die Seite a'b construiren.

Auflösung. Man construire in der ersten Projectionsebene eine gerade Linie E′, welche den Schnitt C′ des geraden Cylinders in dem ersten Durchgang a' der Seite a'b berührt, und lege durch die Linie E′ und die Seite a'b eine Ebene E. Sie ist die verlangte Berührungsebene.

§. 215.

Und ist in einem geraden Cylinder ein Punkt gegeben, und soll man für diesen eine Berührungsebene construiren, so construire man eine Berührungsebene für die Seite des geraden Cylinders, in welcher der Punkt liegt.

§. 216. Aufgabe.

Es ist ein gerader Cylinder C durch seinen ersten Schnitt C′ und durch seine Parallellinie gegeben, ferner ein Punkt n, welcher außerhalb des geraden Cylinders liegt; man soll eine Ebene E construiren, welche durch den Punkt n geht, und welche den geraden Cylinder berührt.

Auflösung. Durch den Punkt n lege man eine gerade Linie an, welche mit der Parallellinie des geraden Cylinders parallel ist, und bestimme den ersten Durchgang a' der Linie an. Durch den Durchgang a' construire man eine gerade Linie E′, welche den ersten Schnitt C′ des geraden Cylinders berührt in einem Punkte b'. Man construire ferner die Ebene E, welche durch die Linie an geht, und deren erster Schnitt die Linie E′

ist. Die Ebene E ist die verlangte Berührungsebene. Die Linie der Berührung ist die Seite $b^I c$ des geraden Cylinders, deren erster Durchgang b^I ist. Die Ebene E wird auch erhalten, wenn man durch E' und $b^I c$, oder durch an und $b^I c$ eine Ebene legt. Lassen sich von dem Punkte a^I aus mehrere Tangenten E', F' u. s. w. an den Schnitt C' legen, so giebt es eben so viele Berührungsebenen E, F u. s. w. für den geraden Cylinder, welche durch den Punkt n gehen.

§. 217. Aufgabe.

Es ist ein gerader Cylinder C durch seinen ersten Schnitt C' und durch seine Parallellinie gegeben, ferner eine gerade Linie ab, welche nicht mit der Parallellinie parallel ist, durch ihre Projectionen; man soll für den geraden Cylinder eine Berührungsebene E construiren, welche parallel ist mit der geraden Linie ab.

Auflösung. Durch einen beliebigen Punkt n der geraden Linie ab construire man eine gerade Linie nq, parallel mit der Parallellinie des geraden Cylinders. Durch die sich schneidenden Linien ab und nq denke man eine Ebene F, und construire den ersten Schnitt F' derselben. Man construire ferner eine gerade Linie E', welche mit dem Schnitt F' parallel ist, und welche den ersten Schnitt C' des geraden Cylinders berührt. Der Berührungspunkt sei c^I. Man construire die Seite $c^I d$ des geraden Cylinders, deren erster Durchgang der Berührungspunkt c^I ist, und endlich eine Ebene E, deren erster Schnitt die Linie E' ist und die durch die Seite $c^I d$ geht. Dies ist die verlangte Berührungsebene. — Können mehrere gerade Linien E', G', ... construirt werden, welche parallel sind mit F', und welche den Schnitt C' des geraden Cylinders berühren, so giebt es eben so viele Ebenen E, G, ..., welche den geraden Cylinder berühren, und dabei parallel sind mit der geraden Linie ab.

§. 218. Aufgabe.

Es ist ein gerader Cylinder C gegeben, durch seinen ersten Schnitt C' und durch seine Parallellinie, und in dem geraden Cylinder ein Punkt n, man soll eine gerade Linie nq construiren, welche auf dem geraden Cylinder in dem Punkt n normal steht.

Auflösung. Man construire die Berührungsebene E für die Seite des geraden Cylinders, in welcher der Punkt n sich befindet, und errichte auf der Berührungsebene E in dem Punkt n eine Normale nq. Sie ist die verlangte.

§. 219. Aufgabe.

Es ist ein gerader Cylinder C durch seinen ersten Schnitt C' und durch seine Parallellinie gegeben, und ein Punkt n, welcher außerhalb des geraden Cylinders liegt; man soll von dem Punkt n aus eine Normale nq auf den Cylinder fällen.

Auflösung. Man construire

1) eine Ebene E, welche durch den Punkt n geht und auf der Parallellinie des geraden Cylinders normal steht.

2) construire man die Durchschnittslinie der Ebene E und des geraden Cylinders.

3) schlage man mit der Ebene E den Punkt n und die Durchschnittslinie auf eine der Projectionsebenen herab.

4) construire man in der herabgeschlagenen Ebene E durch den Punkt (n) eine gerade Linie (n)(q), welche auf der herabgeschlagenen Durchschnittslinie normal steht. Und

5) schlage man die Linie (n)(q) in die Ebene E zurück.

Die zurückgeschlagene Linie nq ist die verlangte Normale, und ist (q) der Punkt, in welchem die Linie (n)(q) die herabgeschlagene Durchschnittslinie schneidet, so ist der zurückgeschlagene Punkt q der Durchschnittspunkt der Normale nq mit dem geraden Cylinder.

Lassen sich von dem herabgeschlagenen Punkte (n) aus mehrere Normalen auf die herabgeschlagene Durchschnittslinie fällen, so giebt es eben so viele Normalen für den geraden Cylinder, welche von n ausgehen, und sie werden erhalten, wenn man jene Normalen in die Ebene E zurückschlägt.

Die Achse eines gewöhnlichen normalen Cylinders, dessen Grundebene ein Kreis ist, wird von allen Normalen desselben geschnitten, und sie stehen rechtwinklig auf ihr. Soll daher auf einen solchen Cylinder von einem Punkt außerhalb desselben eine Normale gefällt werden, so darf man nur von dem Punkt aus eine Normale auf seine Achse fällen. Diese Construction ist nicht anzuwenden auf schiefe Cylinder oder auf normale Cylinder, deren Grundebenen nicht Kreise sind.

§. 220. Beispiel.

Es sei, Fig. 112, der Kreis C′ der erste Schnitt eines geraden Cylinders C, p^Iv', und $p^{II}v''$ seien die Projectionen einer Seite pv desselben. Der Cylinder ist durch den Schnitt C und durch die Seite pv gegeben. Es ist ferner ein Punkt n gegeben durch seine Projectionen n′ und n″. Man soll von dem Punkt n aus eine Normale nq auf den Cylinder fällen.

Auflösung. Es ist erstens eine Ebene E zu construiren, welche durch den Punkt n geht, und auf den Seiten des geraden Cylinders normal steht. Sie zu erhalten, werde $n''f^{II}$ normal auf $p^{II}v''$ gezeichnet, $n'f^I$ parallel mit der Achse und $f^{II}f^I$ normal auf der Achse, ferner durch f^I der Schnitt E′ normal auf p^Iv', und durch E^0 der Schnitt E″ normal auf $p^{II}v''$, oder, was dasselbe ist, parallel mit $f^{II}n''$. Die Ebene E, deren Schnitte E′ und E″ sind, steht normal auf der Seite pv, weil ihre Schnitte auf den Projectionen dieser Seite normal stehen, und sie geht durch den Punkt n, weil sie durch die Linie fn geht, deren erster Durchgang f^I, und deren Projectionen f^In' und $f^{II}n''$ sind.

Es ist zweitens die Durchschnittslinie der Ebene E und des geraden Cylinders zu construiren, und drittens die Durchschnittslinie und der Punkt n mit der Ebene E herabzuschlagen. Die Durchschnittslinie ist eine Ellipse. Das Herabschlagen derselben werde mit der Ebene E auf die erste Projectionsebene ausgeführt. Man ziehe durch den Mittelpunkt des Kreises C′ die Linie $c^I(d)$ normal auf E′, und construire die Seiten a^Ib und c^Id des geraden Cylinders, deren erste Durchgänge die Punkte a^I und c^I sind, in welchen die Linie $c^I(d)$ die Peripherie des Kreises schneidet. Die Punkte, in welchen die Seiten a^Ib und c^Id die Ebene E schneiden, seien b und d. Die gerade Linie bd ist die eine Achse der Ellipse. Die Projectionen der Punkte b und d ergeben sich vermittelst der Linien gh und kl, in welchen die zweiten projicirenden Ebenen der Seiten a^Ib und c^Id die Ebene E schneiden. Das Herabschlagen des Punktes n und der Punkte b und d geschieht mit der Ebene E in bekannter Weise. In der herabgeschlagenen Linie (b)(d) hat man die eine Achse der herabgeschlagenen Ellipse, die andere ist gleich dem Durchmesser des Kreises C'. Aus den Achsen construirt man die herabgeschlagene Ellipse (b)(r)(d)(s).

Viertens ist auf die herabgeschlagene Ellipse von dem Punkte (n) aus eine Normale zu fällen. Die Normale wird versuchsweise gefunden. Man nehme zu dem Ende in der Ellipse einen Punkt y an, so, daß nach dem Augenmaaß die Linie (n)y normal auf der Ellipse stehe, ziehe die Brennstrahlen ty und vy und halbire den Winkel tyv. Geht die Linie, welche den Winkel tyv in zwei gleiche Theile theilt, durch den Punkt (n), so ist sie die verlangte Normale, geht sie nicht durch den Punkt (n), so wiederhole man den Versuch mit einem anderen Punkt der Ellipse u. s. f. bis man die Normale (n)(q) erhalten hat.

Endlich ist die Normale (n)(q) in die Ebene E zurückzuschlagen. Man verlängere sie bis zum Durchschnittspunkt n' mit dem ersten Schnitt E' der Ebene E. Der Punkt n' ist der erste Durchgang der zurückgeschlagenen Normale nq. Vermittelst des Durchganges n' und der Projectionen des Punktes n bestimmen sich die Projectionen n'q' und n''q'' der verlangten Normale nq, und damit ist die Aufgabe gelöst.

§. 221. Aufgabe.

Es ist ein gerader Cylinder C durch seinen ersten Schnitt C' und durch seine Parallellinie gegeben, ferner eine Ebene E. Man soll eine Normale nq für den geraden Cylinder construiren, welche mit der Ebene E parallel ist.

Auflösung. Man construire 1) eine gerade Linie ab, welche auf der Ebene E normal steht.

2) eine Ebene F, welche den geraden Cylinder berührt und mit der Linie ab parallel ist.

3) nehme man in der Seite cd des geraden Cylinders, für welche die Ebene F Berührungsebene ist, irgend einen Punkt q an, und errichte in ihm eine Normale nq auf der Ebene F. Sie ist eine Normale, wie sie verlangt wurde.

In der Seite cd können unendlich viele Normalen für den Cylinder errichtet werden, die sämmtlich mit der gegebenen Ebene E parallel sind. Und giebt es mehrere Ebenen F, G, ..., welche den geraden Cylinder berühren und mit der Linie ab parallel sind, so liefert jede dieser Ebenen unendlich viele Normalen, welche der Bedingung entsprechen.

§. 222. Beispiel.

Es sei, Fig. 113, die Ellipse C′ der erste Schnitt eines geraden Cylinders, s′t′ und s″t″ seien die Projectionen seiner Parallellinie. Ferner seien gegeben die Schnitte E′ und E″ einer Ebene E. Man soll eine Normale nq construiren, welche mit der Ebene E parallel ist.

Auflösung. Man hat zuvörderst eine gerade Linie ab zu construiren, welche auf der Ebene E normal steht, und demnächst eine Ebene F, welche den Cylinder C berührt, und mit der Linie ab parallel ist. Zu dem Ende nehme man den Punkt b beliebig, und construire durch ihn die gerade Linie a′b normal auf E, lege weiter durch den Punkt b eine gerade Linie c′d parallel mit der Parallellinie st, und zeichne durch die ersten Durchgänge der Linien ab und cd den ersten Schnitt V′ einer Ebene V. Der erste Schnitt der Berührungsebene F wird erhalten in einer geraden Linie, welche die Ellipse C′ berührt, und mit dem Schnitt V′ parallel ist. Man zeichne, parallel mit dem Schnitt V′, irgend eine Sehne km der Ellipse, lege durch die Mitte dieser Sehne und durch den Mittelpunkt der Ellipse die gerade Linie g′l, und zeichne durch g′ den Schnitt F′ parallel mit dem Schnitt V′. Den zweiten Schnitt der Ebene F zu erhalten, construire man die Seite gh des geraden Cylinders, deren erster Durchgang der Punkt g′ ist, bestimme ihren zweiten Durchgang h″, und zeichne durch die Punkte F° und h″ die gerade Linie F″. Die Seite gh ist die von der Berührungsebene F berührte Seite. In dieser Seite nehme man beliebig einen Punkt n, und construire durch ihn eine Linie nq, welche auf der Berührungsebene F normal steht. Die Linie nq ist eine Normale des geraden Cylinders, welche mit der Ebene E parallel ist. Eine durch den Punkt l parallel mit dem Schnitt V′ gezogene gerade Linie ist der erste Schnitt einer zweiten Berührungsebene des geraden Cylinders, welche mit der Linie ab parallel ist, und vermittelst deren sich ebenfalls Normalen ergeben, welche parallel sind mit der Ebene E.

§. 223. Aufgabe.

Es ist ein Kegel K gegeben durch seinen ersten Schnitt K' und durch seine Spitze s. Man soll für eine gegebene Seite a's des Kegels eine Berührungsebene E construiren.

Auflösung. Man construire in der ersten Projectionsebene eine gerade Linie E', welche den ersten Schnitt K' des Kegels in dem ersten Durchgang a' der gegebenen Seite a's berührt, und eine Ebene E, deren erster Schnitt die Linie E' ist, und welche durch die Seite a's geht. Diese Ebene ist die verlangte Berührungsebene.

§. 224.

Und ist in einem Kegel ein Punkt gegeben, und soll für diesen eine Berührungsebene des Kegels construirt werden, so construire man eine Berührungsebene des Kegels für die Seite, in welcher der Punkt sich befindet.

§. 225. Aufgabe.

Es ist ein Kegel K durch seinen ersten Schnitt K' und durch seine Spitze s gegeben, und ein Punkt n, welcher außerhalb des Kegels liegt. Man soll eine Berührungsebene des Kegels construiren, welche durch den Punkt n geht.

Auflösung. Man construire durch die Punkte n und s eine gerade Linie. Die gerade Linie ns schneidet entweder die erste Projectionsebene, oder sie ist mit ihr parallel. Schneidet die Linie ns die erste Projectionsebene, so construire man ihren ersten Durchgang n', lege durch denselben eine gerade Linie E', welche den ersten Schnitt K' des Kegels berührt, und endlich durch die Linie E' und durch die Spitze s des Kegels eine Ebene. Diese ist die verlangte Berührungsebene E. Ist die Linie ns parallel mit der ersten Projectionsebene, so construire man eine gerade Linie E', welche den ersten Schnitt K' des Kegels berührt und dabei parallel ist mit der ersten Projection n's' der Linie ns, und lege dann eine Ebene E durch die Linie E' und durch die Spitze s des Kegels, und es ist diese Ebene die verlangte Berührungsebene. Können mehrere Linien E', F', ... construirt werden, welche den Schnitt K' berühren, und im ersten Fall durch den ersten Durchgang n' gehen, im zweiten Fall mit der Projection n's' parallel sind, so giebt es eben so viele Ebenen E, F, ..., welche der Aufgabe genügen.

§. 226. Beispiel.

Es sei, Fig. 114, die Ellipse K' der erste Schnitt eines Kegels K, die Punkte s' und s'' seien die Projectionen seiner Spitze s. Ferner ist ein Punkt n durch seine Projectionen n' und n'' gegeben, welcher außerhalb des Kegels liegt. Man soll eine Brührungsebene E an den Kegel legen, welche durch den Punkt n geht.

Auflösung. Man construire die Projectionen n's' und n''s'' der geraden Linie ns. Die Linie ns schneidet in dem gegenwärtigen Fall die beiden Projectionsebenen, und ihre Durchgänge sind n^{I} und s^{II}. Von dem ersten Durchgang n^{I} aus lege man eine Tangente E' an die Ellipse K'. Es seien p und q die Brennpunkte der Ellipse. Die Tangente zu erhalten, beschreibe man von n^{I} aus mit $n^{I}q$ als Radius den Bogen qv, schneide ihn von p aus mit der großen Achse der Ellipse als Radius in v, und ziehe die gerade Linie pv; der Punkt a, in welchem die Linie pv die Ellipse schneidet, ist der Berührungspunkt, also die gerade Linie $n^{I}a$ die Tangente E'. Die Ebene welche durch E' und durch die Spitze s des Kegels geht, ist die verlangte Berührungsebene E. Der erste Schnitt der Ebene ist die Linie E', der zweite Schnitt wird erhalten, wenn man durch E^{0} und durch s^{II} die gerade Linie E'' zeichnet. Von dem Punkte n^{I} aus läßt sich noch eine zweite Tangente an die Ellipse legen. Sie wird erhalten vermittelst des zweiten Durchschnittspunktes der Kreisbogen, und die zweite Tangente liefert eine zweite Berührungsebene des Kegels, welche der Aufgabe entspricht.

§. 227. Aufgabe.

Es ist ein Kegel K durch seinen ersten Schnitt K' und durch die Projectionen s' und s'' seiner Spitze s gegeben, und eine gerade Linie ab durch ihre Projectionen. Man soll eine Berührungsebene E des Kegels construiren, welche mit der geraden Linie ab parallel ist.

Auflösung. Man construire durch die Spitze s des Kegels eine gerade Linie ns, welche mit der Linie ab parallel ist. Die gerade Linie ns schneidet entweder die erste Projectionsebene oder sie ist mit ihr parallel. Schneidet die Linie die erste Projectionsebene, so construire man ihren ersten Durchgang n', lege durch ihn eine Tangente E' an den ersten Schnitt K' des Kegels, und construire die Ebene E, welche durch die Linien E' und ns geht; sie ist die verlangte Berührungsebene E. Ist die Linie ns parallel mit der ersten Projectionsebene, so construire man eine Tangente E' für den ersten Schnitt K' des Kegels, welche mit der ersten Projection n's' der Linie ns parallel ist, und lege durch die Linien E' und ns eine Ebene, so ist diese die verlangte Berührungsebene E. Können mehrere Tangenten E', F',.... für den Schnitt K' construirt werden, welche im ersten Fall durch den Punkt n' gehen, im zweiten mit der Projection n's' parallel sind, so giebt es eben so viele Ebenen E, F,...., welche den Kegel berühren und parallel sind mit der geraden Linie ab.

§. 228. Aufgabe.

Es ist ein Kegel K durch seinen ersten Schnitt K' und durch die Projectionen s' und s'' seiner Spitze s gegeben, und in dem Kegel ein Punkt n vermittelst seiner Projectionen. Man soll in dem Punkte n eine Normale nq auf dem Kegel errichten.

Auflösung. Man construire die Berührungsebene E des Kegels für die Seite desselben, in welcher der Punkt n sich befindet, und errichte in dem Punkte n eine Normale nq auf der Ebene E. Diese Normale ist die verlangte.

§. 229. Aufgabe.

Es ist ein Kegel K durch seinen ersten Schnitt K' und durch die Projectionen s' und s'' seiner Spitze s gegeben, und ein Punkt n, welcher außerhalb des Kegels liegt, durch seine Projectionen n' und n''. Man soll von dem Punkte n aus eine Normale auf den Kegel fällen.

Auflösung. Die Aufgabe wird versuchsweise gelöst. Man stelle sich möglichst deutlich den Kegel K selbst und den Punkt n vor, und construire die Schnitte E' und E'' einer Berührungsebene E des Kegels, welche dem Augenmaaß nach etwa diejenige sein kann, auf welcher die zu construirende Normale nq des Kegels normal steht. Auf die Ebene E fälle man von n aus eine

Normale nx, construire ihren Durchschnittspunkt x mit der Ebene E, und prüfe, ob er in der Seite des Kegels liegt, in welcher ihn die Ebene E berührt. Befindet sich der Durchschnittspunkt x in dieser Seite, so ist die Normale nx die verlangte, befindet sich der Punkt x nicht in der Seite, so wiederhole man dasselbe Verfahren mit einer zweiten Ebene, u. s. f., bis man die Normale nq gefunden hat.

Andere Auflösung. Man construire

1) die gerade Linie ns, welche durch den Punkt n und durch die Spitze s des Kegels geht;

2) eine Ebene E, welche durch den Punkt n geht, und auf der Linie ns normal steht;

3) die Linie C, in welcher die Ebene E den Kegel schneidet;

4) schlage man die Durchschnittslinie C und den Punkt n mit der Ebene E herab;

5) fälle man in der herabgeschlagenen Ebene von dem Punkt (n) aus eine Normale (n)(p) auf die herabgeschlagene Durchschnittslinie C; der Punkt, in welchem die Normale die Durchschnittslinien trifft, sei (p);

6) schlage man den Punkt (p) in die Ebene E zurück, wodurch er zugleich in den Kegel kommt;

7) construire man die Seite ps des Kegels, und fälle auf diese von dem Punkt n aus eine Normale nq. Sie ist die verlangte Normale.

Beweis. Man denke die Berührungsebene F des Kegels für die Seite ps. Die Ebenen E und F schneiden sich in einer geraden Linie gh. Die Linie gh ist Tangente der Curve C für den Punkt p, steht also normal auf der Linie np. Man denke ferner eine Ebene V, welche durch die Linien ns und ps geht. Die Ebene V steht auf der Ebene E normal, weil sie durch die Linie ns geht, welche normal steht auf der Ebene E. Die Linie gh steht normal auf der Ebene V; denn die Ebenen E und V stehen normal auf einander, und die Linie gh liegt in der einen dieser Ebenen, nämlich in E, und steht normal auf ihrer Durchschnittslinie np. Und weil die Linie gh auf der Ebene V normal steht, so steht auch die durch sie gehende Ebene F normal auf der Ebene V. Steht aber die Ebene V auf der Berührungsebene F normal, so geräth eine Normale, von dem Punkt n in der Ebene V auf die berührte Seite ps gefällt, in die Ebene V, steht normal auf der Berührungsebene F, und ist also eine Normale für den Kegel.

Bei einem gewöhnlichen normalen Kegel, dessen Grundebene ein Kreis ist, wird die Achse desselben von allen Normalen des Kegels geschnitten. Soll man daher auf einen solchen Kegel von einem außerhalb gegebenen Punkt eine Normale fällen, so construire man durch den Punkt und durch die Achse des Kegels eine Ebene, und fälle auf die Seite, in welcher die Ebene den Kegel schneidet, von dem Punkt aus eine Normale. Auf andere Kegel ist diese Construction nicht anwendbar.

§. 230. Aufgabe.

Es ist ein Kegel K durch seinen ersten Schnitt K' und durch die Projectionen s' und s'' seiner Spitze s gegeben, und eine Ebene E durch ihre Schnitte. Man soll eine Normale nq für den Kegel construiren, welche mit der Ebene parallel ist.

Auflösung. Man construire eine gerade Linie bs, welche durch die Spitze des Kegels geht, und auf der Ebene normal steht. Man construire ferner eine Ebene F, welche den Kegel berührt, und durch die Linie bs geht. Schneidet die Linie bs die erste Projectionsebene, so wird die Berührungsebene F erhalten, wenn man den ersten Durchgang b' der Linie bs construirt, von ihm aus eine Tangente F' an den ersten Schnitt des Kegels, und durch F' und bs eine Ebene F legt. Ist die Linie bs mit der ersten Projectionsebene parallel, so erhält man die Ebene F, wenn man parallel mit der ersten Projection der Linie bs eine Tangente F' für den ersten Schnitt des Kegels, und dann durch F' und bs eine Ebene F construirt. In der Seite, in welcher die Ebene F den Kegel berührt, nehme man beliebig einen Punkt n, und errichte in ihm eine Normale nq auf der Ebene F. Diese Normale genügt der Aufgabe. Es steht nämlich die Berührungsebene F normal auf der Ebene E; also sind die Ebene E und die Normale nq normal auf der Berührungsebene F, und deshalb parallel. Es erhellet, daß die Ebene F unendlich viele solche Normalen liefert, und daß, wenn sich mehrere Berührungsebenen construiren lassen, welche durch die Linie **bs** gehen, jede von ihnen unendlich viele Normalen gewährt, die der Aufgabe entsprechen.

§. 231.

Ein gerader Cylinder, dessen sämmtliche Seiten Berührungslinien einer krummen Fläche sind, heißt ein Berührungscylinder der krummen Fläche. Die Berührungspunkte der sämmtlichen Seiten bilden eine Linie, und diese wird die Linie der Berührung, oder die berührte Linie des Berührungscylinders genannt.

Ein Kegel, dessen sämmtliche Seiten Berührungslinien einer krummen Fläche sind, heißt ein Berührungskegel der krummen Fläche. Die Punkte, in welchen die Seiten eines Berührungskegels die krumme Fläche berühren, bilden eine Linie, und diese heißt die Linie der Berührung oder die berührte Linie des Berührungskegels. Ist **s** die Spitze eines Berührungskegels, so pflegt man zu sagen, der Berührungskegel gehe von dem Punkt **s** aus.

Es sei **a** irgend ein Punkt der Meridianlinie einer Umdrehungsfläche, eine gerade Linie **ab** sei Tangente dieser Meridianlinie für den Punkt **a**. Die gerade Linie ist entweder mit der Umdrehungsachse parallel, oder sie schneidet dieselbe in einem Punkte **s**. Man denke die Meridianlinie sammt der Tangente **ab** um die Umdrehungsachse gedreht. Die Meridianlinie beschreibt dabei die Umdrehungsfläche; die Tangente **ab** beschreibt, wenn sie mit der Umdrehungsachse parallel ist, einen Berührungscylinder und, wenn sie die Umdrehungsachse schneidet, einen Berührungskegel der Umdrehungsfläche; der Berührungscylinder ist ein gewöhnlicher normaler Cylindermantel, der Berührungskegel ein gewöhnlicher normaler Kegelmantel, dessen Spitze der Punkt **s** ist, und die Linie der Berührung des einen oder des anderen ist der Parallelkreis, welchen der Berührungspunkt **a** während der Umdrehung beschreibt. Ein solcher Berührungscylinder oder Berührungskegel einer Umdrehungsfläche mag ein normaler Berührungscylinder oder Berührungskegel der Umdrehungsfläche genannt werden, und zwar für den Parallelkreis derselben, in welchem sie berührt wird, oder auch für den Punkt der Meridianlinie, welcher den berührten Parallelkreis beschreibt.

§. 232. Aufgabe.

Es ist eine Umdrehungsfläche durch ihre Umdrehungsachse und durch ihre Meridianlinie gegeben, ferner eine gerade Linie bc durch ihre Projectionen; man soll einen Berührungscylinder C für die Umdrehungsfläche construiren, dessen Parallellinie die gerade Linie bc ist.

Auflösung. Für irgend einen Parallelkreis der Umdrehungsfläche construire man den normalen Berührungscylinder oder Berührungskegel, lege an diesen eine Berührungsebene E, welche mit der Linie ab parallel ist, bestimme den Punkt n, welchen die Berührungsebene E mit jenem Parallelkreise gemeinschaftlich hat, und construire durch den Punkt n eine gerade Linie nq, parallel mit der Linie ab. Die Linie nq ist eine Seite des verlangten Berührungscylinders C, ihr erster Durchgang n' ein Punkt seines ersten Schnittes. Und in derselben Weise lassen sich so viele Seiten des Berührungscylinders C erlangen, als zur Bestimmung eines Schnittes nothwendig sind.

§. 233. Beispiel.

Es ist eine Umdrehungsfläche durch ihre Umdrehungsachse a'a, Fig. 115, welche auf der ersten Projectionsebene normal steht, und durch ihre Meridianlinie dg gegeben, deren Meridianebene mit der zweiten Projectionsebene parallel, und die also ihrer zweiten Projection d''g'' congruent ist. Ferner ist eine gerade Linie bc durch ihre Projectionen b'c' und b''c'' gegeben. Man soll einen Berührungscylinder für die Umdrehungsfläche construiren, dessen Parallellinie die Linie bc ist.

Auflösung. Man nehme in der zweiten Projection d''g'' der Meridianlinie beliebig einen Punkt h'', und construire die Tangente h''s'' der Projection der Meridianlinie für den Punkt h''. Die Linie h''s'' betrachte man als die zweite Projection einer Tangente hs der Meridianlinie dg, welche dieselbe in dem Punkte h berührt. Bei einer Umdrehung der Meridianebene beschreibt der Punkt h einen Parallelkreis, die Tangente hs einen normalen Berührungskegel für die Umdrehungsfläche, welcher dieselbe in dem durch den Punkt h beschriebenen Parallelkreis berührt. Die zweite Projection des Parallelkreises liegt in einer durch h'' parallel mit der Achse gezogenen Linie h''x, die erste Projection des Parallelkreises wird erhalten, wenn man von a' aus mit xh'', der erste Schnitt des normalen Berührungskegels, wenn man von a' aus mit a''h'' einen Kreis beschreibt. An den normalen Berührungskegel ist eine Berührungsebene E zu legen, parallel mit der Linie bc. Zu dem Ende construire man durch die Spitze s des normalen Berührungskegels eine gerade Linie ks, welche parallel ist mit der Linie bc, bestimme den ersten Durchgang k' der Linie ks, und lege von k' aus eine Tangente k'r' an den ersten Schnitt des normalen Berührungskegels. Diese Tangente ist der erste Schnitt E' einer Berührungsebene E des normalen Berührungskegels, welche mit der Linie bs parallel ist. Die Linie r's' (oder r'a') ist die erste Projection der Seite r's, in welcher die Ebene E den Kegel berührt; der Punkt n', in welchem die erste Projection des Parallelkreises und die erste Projection der Seite rs sich schneiden, ist die erste Projection des Punktes n, welchen die Ebene E mit dem Parallelkreise gemeinschaftlich hat, die zweite Projection des Punktes n ergiebt sich durch die auf der Achse normal stehende Linie n'n''. Durch den Punkt n ist eine gerade Linie nq zu construiren, parallel mit der Linie bc. Die Linie nq ist eine Seite des verlangten Berührungscylinders, und ihr erster Durchgang n' ist ein Punkt seines ersten Schnittes. Von dem Punkte k' aus läßt sich eine zweite Tangente k'l' an den ersten Schnitt des normalen Berührungskegels legen, welche den ersten Schnitt F' einer zweiten Berührungsebene F des Kegels abgiebt, die parallel ist mit der Linie bc, und vermittelst der Berührungsebene F ergiebt sich eine zweite Seite mp des verlangten Berührungscylinders, deren erster Durchgang m' einen zweiten Punkt seines ersten Schnittes darbietet. In derselben Weise construirt man so viele Punkte des ersten Schnittes des verlangten Berührungscylinders, als zur Bestimmung desselben erfordert werden.

§. 234. Aufgabe.

Es ist eine Umdrehungsfläche durch ihre Umdrehungsachse und durch ihre Meridianlinie gegeben, ferner ein Punkt s, welcher außerhalb der Umdrehungsfläche liegt; man soll einen Berührungskegel für die Umdrehungsfläche construiren, dessen Spitze der Punkt s ist.

Auflösung. Für irgend einen Parallelkreis der Umdrehungsfläche construire man den normalen Berührungscylinder oder Berührungskegel, lege an diesen eine Berührungsebene E, welche durch den Punkt s geht, bestimme den Punkt n, welchen die Berührungsebene E mit jenem Parallelkreise gemeinschaftlich hat, und lege durch die Punkte s und n eine gerade Linie ns. Die gerade Linie ns ist eine Seite des verlangten Berührungskegels, ihr erster Durchgang n' ein Punkt seines ersten Schnittes. Und in derselben Weise lassen sich so viele Punkte des ersten Schnittes erlangen, als zur Bestimmung erforderlich sind.

§. 235. Beispiel.

Es ist eine Umdrehungsfläche durch ihre Umdrehungsachse a'a, Fig. 116, welche auf der ersten Projectionsebene normal steht, und durch ihre Meridianlinie bc gegeben, deren Meridianebene mit der zweiten Projectionsebene parallel, und die also ihrer zweiten Projection b''c'' congruent ist. Ferner ist ein Punkt s durch seine Projectionen s' und s'' gegeben. Man soll den ersten Schnitt des Berührungskegels für die Umdrehungsfläche construiren, dessen Spitze der Punkt s ist.

Auflösung. Man nehme in der zweiten Projection b''c'' der Meridianlinie beliebig einen Punkt t'' und construire die Tangente t''v'' der Projection der Meridianlinie für den Punkt t''. Die Linie t''v'' betrachte man als die zweite Projection einer Tangente tv der Meridianlinie bc, welche dieselbe in dem Punkte t berührt. Bei einer Umdrehung der Meridianebene beschreibt der Punkt t einen Parallelkreis, die Tangente tv einen normalen Berührungskegel für die Umdrehungsfläche, welcher dieselbe in dem Parallelkreise berührt, der von dem Punkte t beschrieben wird. Die zweite Projection des Parallelkreises liegt in der durch t'' mit der Achse parallel gezogenen Linie t''a'', die erste Projection des Parallelkreises wird in dem von a' aus mit a''t'' beschriebenen Kreise erhalten. Der erste Schnitt des normalen Berührungskegels ist der Kreis, welcher von a' aus mit a''t'' als Radius beschrieben ist. An den normalen Berührungskegel ist eine Berührungsebene E zu legen, welche durch den Punkt s geht. Diese zu erhalten, construire man durch den Punkt s und durch die Spitze v des normalen Berührungskegels eine gerade Linie sv, bestimme den ersten Durchgang s_1 derselben, und lege von ihm aus eine Tangente $s_1 d^1$ an den ersten Schnitt des normalen Berührungskegels. Die Tangente $s_1 d^1$ ist der erste Schnitt E′ einer Berührungsebene E des normalen Berührungskegels, welche den Punkt s enthält. Die Ebene E berührt den Kegel in einer Seite $d^1 v$, deren erste Projection die Linie $d^1 a^1$ ist. Der Punkt n′, in welchem die erste Projection des Parallelkreises und die erste Projection $d^1 a^1$ der Seite $d^1 v$ sich schneiden, ist die erste Projection des Punktes n, welchen die Ebene E mit dem Parallelkreise gemeinschaftlich hat; die zweite Projection des Punktes n ergiebt sich durch die auf der Achse normal stehende Linie n′n″. Eine gerade Linie, durch die Punkte n und s gelegt, ist eine Seite des verlangten Berührungskegels, und ihr erster Durchgang n^1 ein Punkt seines ersten Schnittes. Von dem Punkte s_1 läßt sich eine zweite Tangente $s_1 g^1$ an den ersten Schnitt des normalen Berührungskegels construiren, und sie giebt den ersten Schnitt F′ einer zweiten Berührungsebene F des normalen Berührungskegels, die durch den Punkt s geht. Vermittelst der Berührungsebene F wird eine zweite Seite ps des verlangten Berührungskegels erhalten, deren erster Durchgang p^1 einen zweiten Punkt seines ersten Schnittes darbietet. In ähnlicher Weise construirt man so viele Punkte desselben, als zu seiner Bestimmung nöthig erscheinen.

§. 236. Aufgabe.

Es ist eine Umdrehungsfläche durch ihre Umdrehungsachse und durch ihre Meridianlinie gegeben, in der Umdrehungsfläche ein Punkt n; man soll eine Berührungsebene E der Umdrehungsfläche für den Punkt n construiren.

Auflösung. Man construire den normalen Berührungskegel der Umdrehungsfläche, welcher sie in dem Parallelkreise berührt, der den Punkt n enthält, und lege an diesen normalen Berührungskegel eine Berührungsebene für den Punkt n. Diese ist die verlangte Berührungsebene.

§. 237. Aufgabe.

Es ist eine Umdrehungsfläche durch ihre Umdrehungsachse und durch ihre Meridianlinie gegeben, und eine gerade Linie ab durch ihre Projectionen; man soll eine Berührungsebene für die Umdrehungsfläche construiren, welche durch die gerade Linie ab geht.

Auflösung. Man construire einen Berührungscylinder für die Umdrehungsfläche, dessen Parallellinie die gerade Linie ab ist, und für den Berührungscylinder eine Berührungsebene, welche durch die Linie ab geht. Diese Berührungsebene ist zugleich die verlangte. Man wird im Allgemeinen zwei Ebenen construiren können, welche der Aufgabe entsprechen.

§. 238. Aufgabe.

Es ist eine Umdrehungsfläche gegeben durch ihre Umdrehungsachse und ihre Meridianlinie, und in der Umdrehungsfläche ein Punkt n; man soll in dem Punkte n eine Normale nq auf der Umdrehungsfläche errichten.

Auflösung. Man construire die Berührungsebene der Umdrehungsfläche für den Punkt n, und errichte auf der Berührungsebene in dem Punkt n eine Normale. Dies ist die verlangte Normale nq.

§. 239. Aufgabe.

Es ist eine Umdrehungsfläche durch ihre Umdrehungsachse und durch ihre Meridianlinie gegeben, und ein Punkt n, welcher außerhalb der Umdrehungsfläche sich befindet; man soll von dem Punkt n aus eine Normale nq auf die Umdrehungsfläche fällen.

Auflösung. Man construire eine Meridianebene E, welche durch den Punkt n geht, schlage mit ihr die Meridianlinie und den Punkt n herab, fälle von dem herabgeschlagenen Punkt (n) aus eine Normale (n)(q) auf die herabgeschlagene Meridianlinie, und schlage die Normale (n)(q) in die Meridianebene E zurück. Die zurückgeschlagene Linie nq ist die verlangte Normale. Es können mehrere Normalen bestehen, welche der Aufgabe entsprechen.

§. 240. Beispiel.

Es ist, Fig. 117, eine Umdrehungsfläche durch ihre Umdrehungsachse $a^I a$, welche auf der ersten Projectionsebene normal steht, und durch ihre Meridianlinie bc gegeben, deren Meridianebene mit der zweiten Projectionsebene parallel, und die also ihrer zweiten Projection $b''c''$ congruent ist. Ferner ist ein Punkt n, welcher außerhalb der Umdrehungsfläche liegt, durch seine Projectionen n' und n'' gegeben. Man soll von dem Punkte n aus eine Normale nq auf die Umdrehungsfläche fällen.

Auflösung. Durch den Punkt n hat man eine Meridianebene E zu construiren, und mit dieser ist darauf der Punkt n und die Meridianlinie herabzuschlagen. Es ist aber die zweite Projection $b''c''$ der Meridianlinie bc dieser Meridianlinie, also auch der in E befindlichen congruent, und die Projection $b''c''$ hat gegen die Projection $a^{II}a''$ der Umdrehungsachse dieselbe Lage, welche die in der Ebene E liegende Meridianlinie gegen die Umdrehungsachse $a^I a$ hat. Wenn man daher in der zweiten Projectionsebene den Punkt (n) so bestimmt, daß er gegen die Linie $a^{II}a''$ eben so liegt, wie der Punkt a in der Ebene E gegen die Umdrehungsachse $a^I a$, so werden auch der Punkt (n) und die Projection $b''c''$ eben so liegen, wie der Punkt n und die Meridianlinie in der Ebene E, und es werden der Punkt (n) und die Projection $b''c''$ der Meridianlinie, die mit der Ebene E herabgeschlagene Meridianlinie und den mit der Ebene E herabgeschlagenen Punkt n vertreten können. Den Punkt (n) in der zweiten Projectionsebene dergestalt zu erhalten, hat man nur nöthig, durch n'' die Linie xn'' parallel mit der Achse zu zeichnen, und $x(n)$ gleich $a^I n'$ zu nehmen. Auf die Projection $b''c''$ fälle man die Normale (n)(q). Diese ist in die Meridianebene E zurückzuschlagen. Man stelle sich die Normale nq in der Meridianebene E vor, und es bezeichne q den Punkt, in welchem die in der Ebene E befindliche Meridianlinie von der Normale getroffen wird. Die zweite Projection des Parallelkreises des Punktes q wird erhalten, wenn man $(q)a''$ parallel mit der Achse zeichnet. Die erste Projection q' des Punktes q liegt in der Linie $a^I n'$, und ergiebt sich, indem man $a^I q'$ gleich $a''(q)$ macht. Die zweite Projection des Punktes q geht vermittelst der auf der Achse normal stehenden Linie $q'q''$ hervor. In der Linie $n'q'$ hat man die erste Projection der in der Meridianebene E liegenden Normale nq, und in der Linie n″q″ bietet sich die zweite dar. Die Linien (n)(q) und n″q″ schneiden die Linie a^II a″ in demselben Punkt v″. Wenn man daher (n)(q) bis v″ verlängert und n″v″ zieht, so ergiebt sich auch hierdurch der Punkt q″, und vermittelst desselben leicht q, während sogleich n″ v″ die zweite, n′a^I die erste Projection der verlangten Normale ist.

§. 241. Aufgabe.

Es ist eine Umdrehungsfläche durch ihre Umdrehungsachse und durch ihre Meridianlinie gegeben, ferner eine gerade Linie dg vermittelst ihrer Projectionen; man soll eine Normale nq für die Umdrehungsfläche construiren, welche mit der Linie dg parallel ist.

Auflösung. Man construire durch irgend einen Punkt t der Umdrehungsachse eine gerade Linie tv, welche mit der Linie dg parallel ist, und die Meridianebene E, welche durch die Linie tv geht. Mit der Meridianebene E schlage man die in ihr befindliche Meridianlinie und die Linie tv herab, construire dann eine Linie (n)(q), welche auf der herabgeschlagenen Meridianlinie normal steht und mit der Linie (t)(v) parallel ist, und schlage die Linie (n)(q) in die Meridianebene E zurück. Die zurückgeschlagene Linie nq ist die verlangte Normale. Es können mehrere Normalen bestehen, der Aufgabe entsprechend.

§. 242. Beispiel.

Es ist, Fig. 118, eine Umdrehungsfläche durch ihre Umdrehungsachse a^I a, welche auf der ersten Projectionsebene normal steht, und durch ihre Meridianlinie bc gegeben, deren Meridianebene mit der zweiten Projectionsebene parallel, und die also ihrer zweiten Projection b″ c″ congruent ist. Ferner ist eine gerade Linie dg gegeben durch ihre Projectionen d′g′ und d″ g″. Man soll eine Normale nq für die Umdrehungsfläche construiren, welche parallel ist mit der Linie dg.

Auflösung. Man zeichne durch den Punkt a^I die Linie t^I v′ parallel mit d′g′, t^I t^II normal auf der Achse, und t^II v″ parallel mit d″g″. Die Linien t^I v′ und t^II v″ sind die Projectionen einer Linie tv, welche die Umdrehungsachse a^I a schneidet und mit der Linie dg parallel ist; t^I ist der erste Durchgang der

Linie tv. Durch die Linie tv hat man eine Meridianebene E zu construiren und mit derselben die in ihr befindliche Meridianlinie und die Linie tv herabzuschlagen. Die mit der Ebene E herabgeschlagene Meridianlinie kann durch die Projection b″c″ der Meridianlinie bc vertreten werden. Die Linie tv gegen die Projection b″c″ in derselben Lage zu erhalten, in welcher sie sich in der Ebene E gegen die Meridianlinie befindet, werde a^{II}(t) gleich a^{I}t^{I} genommen, und durch (t^{II}) und durch den Durchschnittspunkt der Linien t^{II}v″ und a^{II}a″ die Linie (t^{II})(v) gezogen. Die Linien b″c″ und (t^{II})(v) liegen eben so, wie in der Ebene E die Meridianlinie und die Linie tv. Man construire (n)(q) normal auf b″c″ und parallel mit (t^{II})(v), und schlage die Linie (n)(q) in die Ebene E zurück. Zu dem Ende verlängere man (n)(q) bis x″, und ziehe n″x″, so ist n″x″ die zweite, und n′a^{I} die erste Projection der verlangten Normale. Vermittelst n″x″ ergiebt sich q″, und durch q″ leicht q′.

§. 243. Aufgabe.

Es ist eine Umdrehungsfläche durch ihre Umdrehungsachse und durch ihre Meridianlinie gegeben, und eine Ebene E durch ihre Schnitte. Man soll eine Berührungsebene F für die Umdrehungsfläche construiren, welche mit der Ebene E parallel ist.

Auflösung. Man construire eine Linie dg, welche auf der Ebene E normal steht, dann eine Normale nq für die Umdrehungsfläche, welche mit der Linie dg parallel ist, endlich eine Berührungsebene F für den Punkt q der Umdrehungsfläche, in welchem sie von der Normale nq getroffen wird. Die Ebene F ist die verlangte.

§. 244. Aufgabe.

Es ist eine windschiefe Ebene durch ihre Richtungslinien und durch ihre Parallelebene gegeben. Eine Ebene E schneidet die windschiefe Ebene in einer von ihren Seiten ab und ist nicht parallel mit der Parallelebene. Man soll den Punkt n der windschiefen Ebene bestimmen, für welchen die Ebene E eine Berührungsebene der windschiefen Ebene ist.

Auflösung. Man construire nach §. 184 die Transversalseite pq der windschiefen Ebene, durch welche die Ebene E geht.

Der Punkt, in welchem die Seite ab und die Transversalseite pq sich schneiden, ist der verlangte Berührungspunkt n.

§. 245. Aufgabe.

Es ist eine windschiefe Ebene durch ihre Richtungslinien und durch ihre Parallellinie gegeben, und in einer Seite ab der windschiefen Ebene ein Punkt n. Man soll die Berührungsebene E der windschiefen Ebene für den Punkt n construiren.

Auflösung. Man construire 1) irgend eine zweite Seite cd der windschiefen Ebene, 2) eine Ebene F, welche durch den Punkt n geht und parallel mit den Richtungslinien ist, 3) den Punkt v, in welchem die Seite cd von der Ebene F geschnitten wird, und 4) eine Ebene E durch die Seite ab und den Punkt v. Die Ebene E ist die verlangte Berührungsebene. Die Linie nv ist nämlich Transversalseite der windschiefen Ebene, und die Ebene E geht durch die Seite ab und durch die Transversalseite des Punktes n.

§. 246. Aufgabe.

Es ist eine windschiefe Ebene durch ihre Richtungslinien und durch ihre Parallelebene gegeben, und eine gerade Linie ab, welche die Parallelebene schneidet. Man soll einen Berührungscylinder für die windschiefe Ebene construiren, dessen Parallellinie die Linie ab ist.

Auflösung. Man construire irgend eine Seite cd der windschiefen Ebene, durch die Seite cd eine Ebene E, welche mit der Linie ab parallel ist, bestimme den Berührungspunkt n der Ebene E, und lege durch den Punkt n eine gerade Linie nq parallel mit ab. Die Linie nq ist eine Seite des verlangten Berührungscylinders.

Die Aufgabe ist unauflöslich, wenn die Linie ab parallel mit der Parallelebene läuft.

§. 247. Aufgabe.

Es ist eine windschiefe Ebene durch ihre Richtungslinien und durch ihre Parallelebene gegeben, und ein Punkt s; man soll einen Berührungskegel für die windschiefe Ebene construiren, dessen Spitze der Punkt s ist.

Auflösung. Man construire irgend eine Seite ab der windschiefen Ebene, durch die Seite ab und den Punkt s eine Ebene E, bestimme den Punkt n, in welchem die Ebene E die windschiefe Ebene berührt, und construire die Linie ns; diese ist eine Seite des verlangten Berührungskegels.

§. 248. Aufgabe.

Es ist eine windschiefe Ebene durch ihre Richtungslinien und durch ihre Parallelebene gegeben, und eine gerade Linie ab, welche nicht parallel ist mit den Achsen; man soll die Ebenen construiren, welche durch die gerade Linie ab gehen, und welche die windschiefe Ebene berühren.

Auflösung. Man construire die Punkte n und q, in welchen die windschiefe Ebene von der geraden Linie ab geschnitten wird, die Seiten cd und gh, in welchen beziehlich die Punkte n und q sich befinden, und lege eine Ebene durch die Linien ab und cd und eine zweite durch die Linien ab und gh. Diese Ebenen sind die verlangten.

§. 249. Aufgabe.

Es ist eine windschiefe Ebene durch ihre Richtungslinien und durch ihre Parallelebene gegeben, in einer ihrer Seiten ein Punkt n; man soll eine Linie nq construiren, welche in dem Punkt n auf der windschiefen Ebene normal steht.

Auflösung. Man construire die Berührungsebene für den Punkt n, und errichte auf dieser in dem Punkt n eine Normale nq.

§. 250. Aufgabe.

Es ist eine windschiefe Ebene durch ihre Richtungslinien und durch ihre Parallelebene gegeben, außerhalb der windschiefen Ebene ein Punkt n: man soll von dem Punkt n eine Normale nq auf die windschiefe Ebene fällen.

Auflösung. Man construire irgend eine Seite ab der windschiefen Ebene, fälle auf diese Seite von dem Punkt n aus eine Normale nc, und bestimme den Durchschnittspunkt c der Linien ab und nc. Man construire ferner die Berührungsebene E der windschiefen Ebene für den Punkt c, fälle auf die Ebene E von n aus eine Normale nd und bestimme den Punkt d, in welchem die Ebene E von der Normale nd geschnitten wird. Liegen die Punkte c und d in einander, so ist nd die verlangte Normale, liegen sie nicht in einander, so wiederhole man dieselben Operationen mit einer zweiten, dritten u. s. w. Seite, bis man zu der Normale gelangt. Aus zweien dergestalt construirten Ebenen läßt sich eine dritte genauer beurtheilen.

Neuntes Kapitel.

Von der cylindrischen und der conischen Spirale und von der sphärischen Epicykloide.

---

§. 251.

Man stelle sich einen normalen Cylinder vor, und eine Ebene, welche ihn in einer Seite ab berührt. In der Ebene werde eine gerade Linie cd gedacht, welche die Linie ab schneidet und mit ihr einen Winkel α bildet. Die Ebene werde um den Cylinder gewälzt, so, daß sie ihn nach und nach in allen auf einander folgenden Seiten berührt. Die Linie cd schneidet bei dieser Wälzung nach und nach alle Seiten des Cylinders und bildet mit einer jeden den Winkel α. Die Durchschnittspunkte der Linie cd mit den Seiten des Cylinders liefern eine auf dem Cylindermantel liegende krumme Linie von doppelter Krümmung: diese Linie heißt eine cylindrische Spirale, oder eine Schraubenlinie. Die gerade Linie cd mag die Erzeugungslinie, der Winkel α der Winkel der Schraubenlinie genannt werden. Der Theil einer cylindrischen Spirale, welcher durch eine vollständige Umwälzung der Ebene hervorgeht, heißt ein Gang der cylindrischen Spirale, ein Gang der Schraubenlinie, ein Schraubengang. Der erste und der letzte Punkt eines Schraubenganges befinden sich auf derselben Seite des Cylinders; die Entfernung dieser Punkte ist die Höhe des Schraubenganges.

Die Erzeugungslinie ist während der Erzeugung fortdauernd Tangente der Schraubenlinie. Die Schraubenlinie schneidet daher die sämmtlichen Seiten des Cylinders unter ihrem Winkel α. Hierauf beruht die für die technischen Künste wichtige Eigenschaft der Schraubenlinie, daß sie, gedreht um den Cylinder, in sich selbst fortbewegt werden kann.

§. 252.

Man stelle sich einen normalen Cylinder vor, auf ihm eine Schraubenlinie. Man schneide den normalen Cylinder durch zwei Ebenen, welche mit seiner Grundebene parallel sind, und deren Entfernung von einander gleich der Höhe eines Schraubenganges ist. Zwischen den Ebenen befindet sich ein Gang der Schraubenlinie. Den zwischen den Ebenen befindlichen Cylindermantel denke man längs der Seite aufgeschnitten, welche den tiefsten und den höchsten Punkt des Ganges enthält, und abgewickelt. Der abgewickelte Mantel bildet ein Rechteck, dessen eine Seite gleich der Peripherie der Grundebene des Cylinders ist, und dessen andere Seite gleich ist der Höhe des Schraubenganges. Der abgewickelte Schraubengang ist, weil die Schraubenlinie mit allen Seiten des Cylinders denselben Winkel bildet, eine gerade Linie, und zwar Diagonale des Rechtecks.

Wird die Seite des Rechtecks, welche der Peripherie der Grundebene gleich ist, in n gleiche Theile getheilt, und in jedem Theilpunkt eine Normale errichtet, so theilen diese Normalen die Diagonale in n gleiche Theile, und wenn man ferner durch jeden Theilpunkt der Diagonale eine Parallele mit jener Seite des Rechtecks zieht, so theilen diese Linien die Seite des Rechtecks, welche der Höhe des Schraubenganges gleich ist, in n gleiche Theile.

§. 253.

Man denke zwei parallele Linien, betrachte die eine als Umdrehungsachse, die andere als die Erzeugungslinie, und nehme auf der Erzeugungslinie einen Punkt x an. Man denke die Erzeugungslinie um die Umdrehungsachse gedreht, und den Punkt x während der Umdrehung längs der Erzeugungslinie bewegt mit einer Geschwindigkeit, welche der Geschwindigkeit der Umdrehung proportional ist. Die Umdrehungsfläche ist ein normaler

Cylindermantel, und der Punkt x beschreibt eine cylindrische Spirale. Die Höhe eines Ganges ist gleich dem Wege, welchen der Punkt x während einer vollständigen Umdrehung der Erzeugungslinie auf derselben zurücklegt.

§. 254. Aufgabe.

Es ist ein normaler Cylinder gegeben, und der Winkel α einer cylindrischen Spirale auf ihm; man soll die Höhe eines Ganges der Spirale bestimmen.

Auflösung. Man construire ein rechtwinkliges Dreieck, welches die Peripherie der Grundebene des Cylinders zur einen Kathete und ihr gegenüber den Winkel α hat: Die andere Kathete ist die verlangte Höhe des Schraubenganges.

§. 255. Aufgabe.

Es ist ein normaler Cylinder gegeben, und die Höhe des Schraubenganges einer Schraubenlinie auf ihm; man soll den Winkel der Schraubenlinie bestimmen.

Auflösung. Man construire ein rechtwinkliges Dreieck, welches die Peripherie der Grundebene des Cylinders und die Höhe des Schraubenganges zu Katheten hat: der spitze Winkel, welcher an der Kathete liegt, die gleich ist der Höhe des Schraubenganges, ist der verlangte.

§. 256.

Eine Schraubenlinie ist bestimmt durch den normalen Cylinder, auf welchem sie liegen soll, und durch ihren Winkel, oder durch die Höhe eines Ganges.

§. 257.

Durch je zwei Punkte a und b auf einem Cylinder, welche nicht in einem und demselben Parallelkreise des Cylinders liegen, kann eine Schraubenlinie gedacht werden.

Liegen nämlich die Punkte in einer Seite des Cylinders, so denke man die Schraubenlinie, welche durch den einen der beiden Punkte geht, und von welcher ein Gang die Entfernung der beiden Punkte zur Höhe hat; diese geht auch durch den andern. Befinden sich die Punkte a und b nicht in einer Seite des Cylinders, so wickle man den Cylinder ab, verbinde die abgewickelten Punkte (a) und (b) durch eine gerade Linie (a)(b), und ziehe durch irgend einen Punkt der Linie (a)(b) eine Seite (c)(d) des abgewickelten Cylinders: der Winkel, welchen die Linien (a)(b) und (c)(d) bilden, ist der Winkel der Schraubenlinie, welche, wenn sie durch den einen der Punkte a und b gelegt wird, den anderen in sich aufnimmt.

In beiden Fällen lassen sich außer der angegebenen Spirale noch unendlich viele durch die Punkte a und b legen.

§. 258.

Liegen zwei Punkte a und b auf einem gewöhnlichen normalen Cylinder, und befinden sich nicht beide in der Peripherie eines Parallelkreises, noch beide in einer Seite des Cylinders, so ist der Theil ab der Schraubenlinie, welche durch beide Punkte geht, die kürzeste Linie, welche auf dem Cylinder zwischen ihnen gedacht werden kann. — Denn in dem abgewickelten Cylinder ist die Schraubenlinie gerade.

§. 259. Aufgabe.

Es ist, Fig. 119, der Kreis C' der erste Schnitt eines gewöhnlichen normalen Cylinders, die auf der Achse normal stehenden Linien a''b'' und c''d'' sind die zweiten Projectionen seiner äußersten Seiten. Man soll auf dem Cylinder die Schraubenlinie construiren, welche durch den Punkt a' des Kreises C' geht, und deren Gang die Höhe a''b'' hat.

Auflösung. Man theile die Peripherie des Kreises C' in eine Anzahl gleicher Theile, etwa in 16, und richte die Theilung dergestalt ein, daß der Punkt a' Theilpunkt werde. Die Höhe a''b'' des Schraubenganges theile man in eben so viele gleiche Theile. Von den Theilpunkten des Kreises fälle man Normalen auf die Achse, verlängere sie über die Achse hinaus, und schneide sie durch Linien, welche man aus den eben so vielten Theilpunkten der Höhe des Schraubenganges parallel mit der Achse zieht. Ist z. B. n' der fünfte Theilpunkt des Kreises, so schneide man die Normale n'n'' durch eine Linie qn'', welche aus dem fünften Theilpunkt q der Höhe des Schraubenganges parallel mit der Achse gezogen ist. Die Durchschnittspunkte (wie n'') sind Punkte der zweiten Projection der Schraubenlinie. Die erste Projection der Schraubenlinie befindet sich in dem Schnitt C' des Cylinders.

Die Theilpunkte des Kreises müssen von dem Punkte a' an

gezählt werden, in welchem die Schraubenlinie beginnen soll, die Theilpunkte auf der Höhe des Schraubenganges von unten nach oben. Sollte z. B. die Schraubenlinie in dem Punkte v beginnen, so würde die auf der Achse normal stehende Linie n'n" durch eine mit der Achse parallele Linie zu schneiden sein, welche von dem dritten Theilpunkt s der Höhe des Schraubenganges ausgeht.

§. 260. Aufgabe.

Es ist, Fig. 119, ein gewöhnlicher normaler Cylinder durch seinen ersten Schnitt C' gegeben, auf demselben ein Punkt g; man soll auf dem Cylinder eine Schraubenlinie construiren, deren Ganghöhe gegeben ist, und welche durch den Punkt g geht.

Auflösung. Man zeichne durch die zweite Projection g" eine Linie Q" parallel mit der Achse, betrachte diese Linie als Achse der Projectionsebenen und construire die Schraubenlinie wie im vorigen Paragraph.

§. 261. Aufgabe.

Es ist eine cylindrische Spirale gegeben, in ihr ein Punkt n; man soll die Tangente der Spirale für den Punkt n construiren.

Auflösung. Man construire die Seite ab des Cylinders, welche den Punkt n enthält, und eine Ebene E, welche den Cylinder in der Seite ab berührt. Mit der Ebene E schlage man die Seite ab und den Punkt n herab, construire in der herabgeschlagenen Ebene eine Linie (p)(q), welche durch den Punkt (n) geht, und mit der Linie (a)(b) den Winkel der cylindrischen Spirale bildet, und schlage die Linien (p)(q) in die Ebene E zurück. Die zurückgeschlagene Linie pq ist die verlangte Tangente.

§. 262. Aufgabe.

Es ist eine cylindrische Spirale gegeben, und eine Ebene E; man soll eine Tangente für die cylindrische Spirale construiren, welche mit der Ebene E parallel ist.

Auflösung. Durch irgend einen Punkt a der Achse des normalen Cylinders, auf welchem sich die Spirale befindet, construire man eine gerade Linie ab, welche mit dieser Achse den Winkel der cylindrischen Spirale bildet. Man denke den normalen Kegel, welcher entsteht, wenn die Linie ab um die Achse des Cylinders als Umdrehungsachse gedreht wird, construire den

Schnitt dieses Kegels, und eine Ebene F, welche durch die Spitze a des Kegels geht und mit der Ebene E parallel ist. Die Ebene F hat entweder nur den Punkt a mit dem Kegel gemeinschaftlich, und dann giebt es keine Tangente für die cylindrische Spirale, welche parallel ist mit der Ebene E, oder sie berührt den Kegel in einer Seite, oder sie schneidet ihn in zwei Seiten. Hat die Ebene F mit dem Kegel eine Seite oder zwei Seiten gemeinschaftlich, so construire man Berührungsebenen für den Cylinder, welche mit jener Seite, oder mit jenen Seiten des Kegels parallel sind, und für diejenigen Punkte, welche diese Berührungsebenen mit der Spirale gemeinschaftlich haben, Tangenten für die Spirale. Diese Tangenten sind mit der Ebene E parallel.

§. 263.

Der Kreis K', Fig. 120, sei der erste Schnitt eines gewöhnlichen normalen Kegels K. Die Punkte s' und s'' sind die Projectionen seiner Spitze s. s' ist also der Mittelpunkt des Kreises K'. In der Grundebene des Kegels ist eine archimedische Spirale gegeben, deren Pol der Mittelpunkt des Kreises ist. Man denke einen geraden Cylinder C, dessen Richtungslinie diese Spirale ist, und dessen Parallellinie normal auf der ersten Projectionsebene steht. Der Cylinder und der Mantel des Kegels schneiden sich: und die Durchschnittslinie ist eine c o n i s c h e S p i r a l e.

Die zweite Projection der conischen Spirale wird erhalten, indem man die zweite Projection der Linie construirt, in welcher sich der Kegelmantel und der gerade Cylinder schneiden. Man wird Ebenen construiren, welche durch die Spitze des Kegels gehen, und auf der ersten Projectionsebene normal stehen. Jede solche Ebene schneidet den Kegel in zwei Seiten, den geraden Cylinder ebenfalls in zwei Seiten, und die Punkte, in welchen die Seiten des Kegels die Seiten des geraden Cylinders schneiden, sind Punkte der conischen Spirale. — Da die erste Projection der conischen Spirale in der archimedischen Spirale gegeben ist, so können Punkte der zweiten Projection auch dadurch gefunden werden, daß man Seiten des Kegels construirt, und die zweiten Projectionen der Punkte der conischen Spirale bestimmt, deren erste Projectionen die Punkte sind, in welchen die archimedische Spirale und die ersten Projectionen der Seiten sich schneiden. — Endlich läßt sich aus der Natur der Spirale ein bequemes Verfahren für die Construction der zweiten Projection ableiten: Endigt sich in v die erste Windung der archimedischen Spirale, und ist q' irgend ein Punkt derselben, so verhält sich

$$vs^I : s^I q' = 2\pi : \text{Bogen } vs^I q'.$$

Man theile die Peripherie des Kreises K' in t gleiche Theile, und ziehe nach jedem Theilpunkt einen Radius. Die veränderlichen Radien der archimedischen Spirale, welche mit diesen Radien zusammenfallen, wachsen wie die auf einander folgenden ganzen Zahlen; und hat die archimedische Spirale n Windungen innerhalb des Kreises K', so ist die Differenz zweier auf einander folgenden von diesen Radien gleich $\frac{1}{nt}$ vom Radius des Kreises K'. Es erhellet ferner, daß sich verhält

$$s^I s : q'q = s^I r^I : q' r^I.$$

Um daher die zweite Projection des Punktes q zu erhalten, theile man die zweite Projection der Höhe des Kegels in nt gleiche Theile, ziehe q'q'' normal auf der Achse, und, wenn s^I q' gleich $\frac{m}{nt}$ vom Radius des Kreises K' ist, aus dem mten Theilpunkt z der Linie s''s^{II} eine Linie zq'' parallel mit der Achse, und q'' ist die zweite Projection des Punktes q der conischen Spirale.

Will man die conische Spirale mit dem Kegelmantel abwickeln, so zeichne man Fig. 121 den abgewickelten Kegelmantel und die abgewickelten Seiten, welche in den Theilpunkten des Kreises K' stehen. Man theile darauf die Seite (s)(b^I) in nt gleiche Theile, und trage auf die abgewickelten Seiten der Reihe nach 1, 2, 3, 4, u. s. f. von diesen Theilen. Dadurch ergeben sich Punkte der abgewickelten conischen Spirale. Die Richtigkeit des Verfahrens erhellet daraus, daß sich verhält:

$$r^I s : r^I q = r^I s^I : r^I q'.$$

Die conische Spirale kommt bei der Spiralpumpe zur Anwendung.

§. 264.

Soll man für einen Punkt n der conischen Spirale eine Tangente construiren, so construire man eine Berührungsebene für die Seite des Cylinders C, in welcher der Punkt n sich befindet, und eine Berührungsebene für die Seite des Kegels K, in welcher der Punkt n liegt, und die Linie, in welcher beide Ebenen sich schneiden, ist die verlangte Tangente.

§. 265.

Man stelle sich einen gewöhnlichen normalen Kegel C vor. Die Spitze desselben sei s. Man denke einen zweiten gewöhnlichen normalen Kegel K, dessen Seite gleich der Seite des ersten Kegels ist. Der zweite Kegel ruhe auf dem ersten so, daß die Spitzen in einander liegen und sich die Kegel in einer Seite sa berühren. Die Peripherien der Grundebenen haben den Punkt a gemeinschaftlich. Der zweite Kegel K werde auf dem ersten Kegel C gerollt, während die Spitzen beider Kegel in einander bleiben. Der Punkt a in der Peripherie der Grundebene des zweiten Kegels beschreibt während dieser Bewegung eine krumme Linie: diese ist eine sphärische Epicykloide. Die Grundebene des ersten Kegels C heißt der Grundkreis, die Grundebene des zweiten Kegels der Erzeugungskreis, der Punkt a in der Peripherie des Erzeugungskreises der Erzeugungspunkt der sphärischen Epicykloide. Der erste Kegel C mag noch der Grundkegel, der zweite K der Erzeugungskegel genannt werden.

Der Erzeugungskegel darf sowohl innerhalb des Grundkegels angenommen werden, als außerhalb desselben.

Die sphärische Epicykloide ist eine krumme Linie von doppelter Krümmung. Sie liegt auf der Oberfläche einer Kugel, deren Mittelpunkt die gemeinschaftliche Spitze s der Kegel, und deren Radius die gemeinschaftliche Seite ist.

Während der Erzeugung der sphärischen Epicykloide, berühren sich der Erzeugungskreis und der Grundkreis fortdauernd, und ihre Ebenen bilden beständig denselben Winkel mit einander. Die sphärische Epicykloide geht daher auch hervor, wenn man sich bloß den Erzeugungskreis und den Grundkreis vorstellt, und den Erzeugungskreis längs der Peripherie des Grundkreises rollt, dergestalt, daß die Ebenen beider Kreise beständig denselben Winkel bilden, und beide Kreise in jeder Stellung für den Punkt, welchen sie gemeinschaftlich haben, eine gemeinschaftliche Tangente besitzen.

§. 266. Aufgabe.

Der Kreis C', Fig. 122, sei der Grundkreis und erste Schnitt des Grundkegels C; die Punkte s' und s'' seien die Projectionen der Spitze s. Der Punkt s' bildet also den Mittelpunkt des Kreises C'. Die Linie s'b' sei parallel mit der Achse, b'b'' normal auf der Achse: Die Linie b''s'' ist alsdann die zweite Projection der Seite b's des Grundkegels, welche mit der zweiten Projectionsebene parallel und ihrer zweiten Projection gleich ist. Man stelle sich vor, der Erzeugungskegel ruhe in der Seite b's auf dem Grundkegel. Der Erzeugungskreis hat den Punkt b' mit der ersten Projectionsebene gemeinschaftlich, und die Ebene E des Erzeugungskreises schneidet die erste Projectionsebene in der Linie E', welche den Kreis C' in b' berührt, also mit b'b'' zusammenfällt. Die Linie E'' sei der zweite Schnitt der Ebene E, b''c'' sei die zweite Projection des Erzeugungskreises. Die Linie s''c'' ist alsdann gleich der Linie s''b'' und die zweite Projection der obersten Seite des Erzeugungskegels, dessen unterste Seite b's ist. Der Grundkegel und der Erzeugungskegel sind hierdurch bestimmt. — Man lege den Erzeugungskegel in die Seite a's des Grundkegels. Der Punkt des Erzeugungskegels, welcher dabei in den Punkt a' des Grundkegels kommt, sei a. Der Erzeugungskegel werde auf dem Grundkegel in der Richtung a'g' gerollt, und man soll die Projectionen der sphärischen Epicykloide construiren, welche von dem Punkt a beschrieben wird.

Auflösung. Man bestimme zuerst auf der Peripherie des Grundkreises einen Bogen a'd so, daß dieser Bogen a'd gleich der Peripherie des Erzeugungskreises ist. Alsdann ist d der Punkt, zu welchem der Erzeugungspunkt nach einer vollständigen Umdrehung gelangt. Es bezeichne r den Radius des Grundkreises, φ den Mittelpunktswinkel zum Bogen a'd, v den Radius des Erzeugungskreises. Es verhält sich

$$a'd : 2\pi r = \varphi : 360^\circ$$

und da a'd gleich $2\pi v$ sein soll, so folgt

$$\varphi = \frac{v}{r} 360^\circ.$$

Hierdurch ist der Mittelpunktswinkel φ bestimmt, und vermittelst desselben der Bogen a'd.

Man theile den Bogen a'd in eine Anzahl gleicher Theile, und es sei g' einer von den sich ergebenden Theilpunkten. Man stelle sich vor, der Erzeugungskegel sei von a' bis g' gerollt worden. Es sei gs die Seite des Erzeugungskegels, welche in der Seite g's des Grundkegels sich befindet. Man denke den Erzeugungskegel, der in g's liegt, von dem Grundkegel abgehoben, und mit der Seite gs, die in g's gelegen hat, in die Seite b's gelegt. Der Erzeugungskreis kommt dabei wieder in die Ebene E. Man schlage den Erzeugungskreis mit der Ebene E herab. Dies geschieht, indem man s'b' verlängert, die Verlängerung b'(q) gleich b''c'' macht, und über b'(q) als Durchmesser einen Kreis beschreibt. Den herabgeschlagenen Erzeugungskreis theile man von b' aus in eine eben so große Anzahl gleicher Theile, als man den Bogen a'd getheilt hat. Ist g' von a' aus auf dem Bogen a'd der vierte Theilpunkt, so nehme man von b' aus auf der Peripherie des herabgeschlagenen Erzeugungskreises in entgegengesetzter Richtung den eben so vielten Theilpunkt, und man hat in ihm den herabgeschlagenen Erzeugungspunkt (a). Man schlage den Punkt (a) in die Ebene E zurück. Dies geschieht, indem man (a)h normal auf E' construirt, b''m gleich (a)h macht, und mp normal auf der Achse zeichnet. Der Punkt p ist die erste, der Punkt m die zweite Projection des in E zurückgeschlagenen Punktes a. Man denke jetzt den Erzeugungskegel wieder mit der Seite gs in die Seite g's des Grundkegels gelegt. In dieser Stellung des Erzeugungskegels muß die erste Projection a' des Punktes a zu den Punkten s' und g' eben so liegen, wie der Punkt p zu den Punkten s' und b' liegt. Man beschreibe daher mit s'p als Radius von s' aus einen Bogen pa', schneide ihn von g' aus mit b'p als Radius in a', und es ist a' die erste Projection des Punktes a. Die zweite wird erhalten, wenn man ma'' parallel mit der Achse zeichnet, und a'a'' normal auf der Achse. Auf sehr einfachem

Wege lassen sich jetzt so viele Punkte der Projectionen der sphärischen Epicykloide construiren, als man Theilpunkte hat.

§. 267. Aufgabe.

Es ist, Fig. 122, die sphärische Epicykloide gegeben, und man soll für den Punkt a derselben die Tangente xy construiren.

Auflösung. Man stelle sich den Erzeugungskegel vor, während er auf dem Grundkegel in der Seite g's ruht, und nehme an, er sei von a' aus bis g' gerollt worden, um zunächst das Stück a'a der sphärischen Epicykloide zu erzeugen. Die sphärische Epicykloide befindet sich auf der Oberfläche einer Kugel K, deren Mittelpunkt s und deren Radius sa ist. Man denke eine Ebene H, welche die Kugel K in dem Punkt a berührt. In der Ebene H befindet sich die verlangte Tangente xy. — Die Ebene H werde zunächst construirt. Man stelle sich die Ebene F des Erzeugungskreises (in dieser Lage des Erzeugungskegels) vor. Die Ebenen H und F schneiden sich in einer geraden Linie kl, und diese berührt den Erzeugungskreis in dem Punkt a. Der erste Schnitt der Ebene F ist die den Grundkreis in g' berührende Linie F'. Man schlage den Erzeugungskreis mit der Ebene F herab. Dies geschieht, indem man s'g' zieht, s'g' über g' hinaus verlängert, die Verlängerung g'[q] gleich b''c'' macht, und über g'[q] als Durchmesser einen Kreis beschreibt. Man schlage ferner mit der Ebene F den Erzeugungspunkt a und die Linie kl herab. Der Punkt [a] wird erhalten, indem man den Bogen g'[a] gleich dem Bogen g'a' nimmt, die herabgeschlagene Linie (k)(l), indem man in [a] eine Tangente für den herabgeschlagenen Erzeugungskreis construirt. Der Punkt k', in welchem die herabgeschlagene Linie (k)(l) und der Schnitt F' der Ebene F sich schneiden, ist der erste Durchgang der Linie kl. Durch k' geht der erste Schnitt H' der Ebene H; und weil die Ebene H normal auf dem Radius sa der Kugel K steht, so erhält man den Schnitt H', wenn man von k' aus eine Normale auf s'a' fällt. Der zweite Schnitt der Ebene H ist nicht erforderlich. — Man stelle sich die Linie g'a vor. Wenn man den Erzeugungskegel weiter rollte, so würde in dem ersten Moment angenommen werden können, daß die Linie g'a unverändert bliebe, und um den Punkt g' gedreht würde; in dem nächsten Moment würde man aber schon die Linie

$g'a$ verlieren und dafür eine andere erhalten, weil man den Berührungspunkt g' verläßt. Bei der unendlich kleinen Bewegung der Linie $g'a$ würde der Punkt a einen unendlich kleinen Weg auf der Oberfläche einer Kugel durchlaufen, deren Mittelpunkt g' und deren Radius $g'a$ ist. Hieraus erhellet, daß die verlangte Tangente xy auch in einer Ebene V sich befindet, welche auf der Linie $g'a$ in dem Punkt a normal steht. Die Ebene V werde construirt. Die Ebenen F und V schneiden sich in einer geraden Linie, welche durch den Punkt a geht, und auf welcher die Linie $g'a$ normal steht (denn $g'a$ steht auf V normal und die Linie liegt in V). Diese Durchschnittslinie der Ebenen F und V schlage man mit der Ebene F herab. Die herabgeschlagene Linie zu erhalten, darf man nur durch die Punkte [a] und [q] eine gerade Linie zeichnen. Der Punkt p', in welchem [a][q] und F' sich schneiden, ist der erste Durchgang der Linie pq, in welchem die Ebenen F und V sich schneiden. Durch den Punkt p' geht der Schnitt V', und er steht normal auf $g'a'$. — Die verlangte Tangente xy, welche sich sowohl in der Ebene H als in der Ebene V befindet, ist nothwendig die Durchschnittslinie der Ebenen H und V. Daher ist der Punkt x', in welchem die Schnitte H' und V' sich schneiden, der erste Durchgang der Tangente xy, und vermittelst desselben können leicht die Projectionen $x'y'$ und $x''y''$ construirt werden.

§. 268.

Wir haben sowohl im vorigen Paragraphen als in Paragraph 264 die Tangente für eine krumme Linie von doppelter Krümmung nach einem Prinzip construirt, welches, wegen seiner allgemeineren Anwendbarkeit hervorgehoben zu werden verdient. Soll man nämlich die Tangente für einen Punkt a einer krummen Linie von doppelter Krümmung construiren, und befindet sich die krumme Linie, oder das Element des Punktes a, gleichzeitig auf zweien Flächen B und C, so construire man eine Berührungsebene E für den Punkt a der Fläche B, und eine Berührungsebene F für den Punkt a der Fläche C, und die Durchschnittslinie beider Berührungsebenen ist die verlangte Berührungslinie der Curve für den Punkt a.

Zehntes Kapitel.

Von den Spiralflächen.

§. 269.

Es sei, Fig. 123, der Kreis K' der erste Schnitt eines gewöhnlichen normalen Cylinders, aa^1 seine Achse. Auf dem Cylinder befinde sich eine Spirale, deren Anfangspunkt (Durchschnittspunkt mit der ersten Projectionsebene) q^1 und deren Winkel α sein mag. Man denke eine Ebene E, welche den Cylinder in der Seite qq^1 berührt, in der Ebene E eine gerade Linie bc, welche die Seite $q'q^1$ des Cylinders in dem Punkte q^1 und unter dem Winkel α der Spirale schneidet. Die Ebene E denke man um den Cylinder gewälzt, so wird die Linie bc stets Tangente der Spirale sein, und der erste Durchgang der Linie bc wird die Kreisevolvente zu K' beschreiben, deren Anfangspunkt q^1 ist. Die ersten Durchgänge aller Tangenten der Spirale bilden also die Evolvente des Kreises K', und der Anfangspunkt der Evolvente fällt mit dem Anfangspunkt der Spirale zusammen.

I. Von der normalen Spiralfläche.

§. 270.

Man denke eine cylindrische Spirale und ihre Achse. Man denke eine unendliche gerade Linie, welche mit der Spirale einen Punkt gemein hat und auf deren Achse normal steht. Die unendliche gerade Linie führe man längs der Spirale, während sie beständig deren Achse normal schneidet. Dabei beschreibt die gerade Linie eine krumme Fläche, und diese wollen wir **normale Spiralfläche** nennen. Die cylindrische Spirale heißt die **Richtungslinie**, die gerade Linie die **Erzeugungslinie** der Spiralfläche.

Der Theil der Spiralfläche, welcher entsteht, während die Erzeugungslinie einen Gang der Richtungslinie durchläuft, mag ein **Gang** der Spiralfläche heißen.

Jede gerade Linie, welche so liegt, daß die Erzeugungslinie während ihrer Bewegung einmal mit ihr zusammenfällt, befindet sich in der Spiralfläche. In der Spiralfläche können daher unendlich viele gerade Linien gedacht werden. Jede solche gerade Linie heißt eine **Seite** der Spiralfläche.

Die Seiten sind im Allgemeinen windschiefe Linien. Jede Seite läßt sich als Erzeugungslinie betrachten.

Wenn während der Bewegung stets derselbe Punkt der Erzeugungslinie in der Achse bleibt, oder, was dasselbe leistet, stets derselbe Punkt der Erzeugungslinie auf der Richtungslinie, so beschreibt jeder Punkt der Erzeugungslinie eine cylindrische Spirale, und alle die Spiralen haben einerlei Ganghöhe mit der Richtungslinie. Oder, wenn man sich beliebig viele normale Cylinder vorstellt, welche sämmtlich die Achse mit dem Cylinder gemeinschaftlich haben, auf welchem die Richtungslinie sich befindet, so werden alle diese Cylinder von der Erzeugungslinie während der Bewegung in cylindrischen Spiralen geschnitten von gleicher Höhe mit der Richtungslinie.

Es sei, Fig. 123, K der normale Cylinder, auf welchem die Richtungslinie sich befindet, die in q' beginnt. Ein zweiter normaler Cylinder habe die Achse mit jenem gemein, und a'v' zum Radius. Die Erzeugungslinie habe sich zuerst in der Lage a'q' befunden, und sei bewegt, bis sie in die gegenwärtige Lage ac gelangt ist. Sie hat dann den zweiten Cylinder in einer cylindrischen Spirale geschnitten von gleicher Ganghöhe mit der Richtungslinie. Denn, bezeichnen wir mit h diese Ganghöhe, welche in q''q'' vorliegt, so verhält sich

$$\text{Bogen } q'c' : 2\pi \cdot a'c' = cc' : h$$

und da Bog. $q'c' : 2\pi \cdot a'c' =$ Bog. $v's' : 2\pi a's'$,
so folgt Bog. $v's' : 2\pi \cdot a's' = cc' : h = ss' : h$,
und diese Proportion beweist die Behauptung.

Wenn man statt der gegebenen Richtungslinie eine von den Spiralen als Richtungslinie wählt, welche durch die Punkte der Erzeugungslinie beschrieben werden, so erhält man dieselbe normale Spiralfläche, welche durch die ursprüngliche Richtungslinie hervorgeht.

§. 271.

Der Erleichterung wegen werden wir bei der gegenwärtigen und den folgenden Spiralflächen die Achse der Richtungslinie stets normal auf der ersten Projectionsebene annehmen. Die Resultate unserer Untersuchungen sind deshalb nicht weniger allgemein; denn, wenn es sich in einzelnen praktischen Fällen auch ereignet, daß die Achse der Richtungslinie nicht normal auf der ersten Projectionsebene steht, so darf man nur eine auf dieser Achse normale, und nöthigenfalls noch eine mit ihr parallele Ebene zu Hilfe nehmen, und wird dann eben so verfahren können wie unter unserer Voraussetzung, nur daß das Herabschlagen und Zurückschlagen einige Arbeit herbeiführt.

§. 272. Aufgabe.

Es ist, Fig. 123, eine normale Spiralfläche durch ihre Richtungslinie gegeben, auch deren Achse aa', und in der Richtungslinie ein Punkt c; man soll die Seite der Spiralfläche construiren, welche durch diesen Punkt geht.

Auflösung. Man zeichne durch c' und a' eine gerade Linie, und durch c'' eine zweite, parallel zur Achse P, und jene Linie $a'c'$ ist die erste, diese $a''c''$ die zweite Projection der verlangten Seite ac.

§. 273. Aufgaben.

1) Es ist, Fig. 123, eine normale Spiralfläche gegeben wie zuvor, und der Punkt s' als erste Projection eines Punktes s der Spiralfläche, man soll die zweite Projection s'' construiren.

Auflösung. Man zeichne durch a' und s' die Linie $a'c'$, $c'c''$ normal zur Achse P, $c''a''$ parallel zur Achse, $s's''$ normal zur Achse, und s'' ist die verlangte Projection.

Die Aufgabe ist unbestimmt, weil sich in jedem Gange der Spiralfläche eine Seite findet, welche den Punkt enthalten kann.

2) Es ist die zweite Projection s″ eines Punktes s der Spiralfläche gegeben, man soll die erste s′ bestimmen.

Auflösung. Man ziehe s″c″ parallel der Achse P, c″c′ normal zur Achse, c′a^I, endlich s″s′ normal zur Achse. Dann ist s′ die verlangte erste Projection.

§. 274.

Ist, Fig. 123, q^I der Anfangspunkt der Richtungslinie, so macht die gerade Linie a^Iq^I den ersten Schnitt der normalen Spiralfläche aus.

§. 275. Aufgabe.

Es ist, Fig. 124, eine normale Spiralfläche gegeben und eine Ebene E, welche sie schneidet; man soll die Durchschnittslinie construiren.

Auflösung. Man construire Seiten der Spiralfläche und die Punkte, in welchen sie die Ebene schneiden; diese gehören der Durchschnittslinie an.

Ausführung der Construction. Durch irgend einen Punkt b der Richtungslinie lege man die Seite bg. Durch die Seite bg denke man eine Ebene F normal zur zweiten Projectionsebene. Die Ebenen F und E schneiden sich in einer geraden Linie gx, die parallel mit E′ ist, und deren erste Projection g′x^I erhalten wird, wenn man x^{II}x^I normal zur Achse und x^Ig′ parallel E′ zeichnet. Der Durchschnittspunkt g der Linien bg und gx ist der Punkt, in welchem die Ebene E von der Seite bg geschnitten wird, d. h. ein Punkt der verlangten Durchschnittslinie.

Wird die Spiralfläche durch eine Ebene F geschnitten, welche normal steht auf der Achse der Richtungslinie, so ist die Durchschnittslinie gerade, und besteht in der Seite, welche durch den Punkt a jener Achse geht, den sie mit der Ebene F gemein hat.

§. 276. Aufgabe.

Es ist eine normale Spiralfläche gegeben und eine gerade Linie, welche sie schneidet; man soll den Durchschnittspunkt, oder die Durchschnittspunkte construiren.

Auflösung. Man lege durch die Linie irgend eine Ebene, construire die Durchschnittslinie zwischen der Spiralfläche und der Ebene, und der Punkt, in welchem die gegebene gerade Linie und diese Durchschnittslinie sich schneiden, ist der verlangte Durchschnittspunkt; und finden zwischen der geraden Linie und jener Durchschnittslinie mehrere Durchschnittspunkte Statt, so schneidet die gerade Linie in allen diesen Punkten die Spiralfläche.

§. 277.

Wenn man eine Seite einer normalen Spiralfläche denkt, und in jedem Punkt derselben eine Tangente für die cylindrische Spirale, welche der Punkt beschreibt, so liegen diese sämmtlichen Tangenten in einer windschiefen Ebene, welche also die Spiralfläche in jener Seite berührt.

Die Fig. 123 gegebene in q' beginnende cylindrische Spirale sei die Richtungslinie der Spiralfläche, ac die gedachte Seite. Für den Punkt c, welchen die Seite ac mit der Richtungslinie gemein hat, denke man die Tangente bc der Richtungslinie. Die erste Projection $c'b'$ dieser Tangente wird erhalten, wenn man $c'b'$ normal auf dem Radius $a'c'$ zeichnet, der erste Durchgang b' der Tangente bc, indem man $c'b'$ gleich dem Bogen $c'q'$ nimmt (§. 269). s sei ein anderer Punkt der Seite ac. Man denke die cylindrische Spirale, welche der Punkt s beschreibt (und deren erste Projection in dem Kreise zum Radius $a's'$ vorliegt) und die Tangente ds dieser Spirale. Die erste Projection $s'd'$ steht in s' normal auf dem Radius $a's'$, und wenn man $s'd'$ gleich dem Bogen $s'v'$ denkt, so ist d' der erste Durchgang der Tangente ds. — Die ersten projicirenden Ebenen der Tangenten bc und ds sind parallel; daher befinden sich die Tangenten zunächst in parallelen Ebenen. Weiter verhält sich

$$\text{Bogen } q'c' : \text{Bogen } v's' = a'c' : a's',$$

$$\text{also auch} \quad b'c' : d's' = a'c' : a's'$$

und wegen dieser Proportion liegen die Punkte b', d', a' in gerader Linie. Die Tangente ds repräsentirt jede ähnliche Tangente. Sonach erhellet, daß die Tangenten in allen Punkten der Seite ac für die Spiralen, welche die Punkte beschreiben, sich in parallelen Ebenen befinden, während noch alle Tangenten die Seite ac und zugleich die gerade Linie $a'b'$ schneiden. Dann bilden aber diese Tangenten eine windschiefe Ebene, und das ist die Behauptung.

§. 278. Aufgabe.

Es ist, Fig. 123, eine normale Spiralfläche gegeben und eine Seite ac derselben; man soll die berührende windschiefe Ebene für diese Seite construiren.

Auflösung. In irgend einem Punkte c der Seite ac denke man die Tangente bc für die durch den Punkt c beschriebene Spirale, construire den ersten Durchgang b' der Tangente, ziehe a'b', nehme die Seite ac und die Linie a'b' als Richtungslinien, und eine auf der Seite ac normale Ebene, etwa bcP', als Parallelebene einer windschiefen Ebene, und diese ist die verlangte. Oder man construire irgend zwei solcher Tangenten, etwa bc und ds, nehme diese als Richtungslinien, und die erste Projectionsebene als Parallelebene einer windschiefen Ebene, und diese ist ebenfalls diejenige, welche die Spiralfläche in der Seite ac berührt.

Beides erhellet aus dem vorigen Paragraph.

§. 279.

Wenn man durch eine Seite einer normalen Spiralfläche eine Ebene legt, welche nicht normal steht auf der Achse der Richtungslinie, oder, was dasselbe sagt, welche die erste Projectionsebene schneidet, so berührt jene Ebene die Spiralfläche in einem Punkte der Seite, durch die sie gelegt ist.

Man denke die windschiefe Ebene, welche die Spiralfläche in jener Seite berührt. Die erste Projectionsebene kann als Parallelebene der windschiefen Ebene dienen (vor. §.). Die durch die Seite gelegte Ebene schneidet die erste Projectionsebene, ist daher Berührungsebene der windschiefen Ebene für einen Punkt der gedachten Seite, daher auch Berührungsebene der Spiralfläche für denselben Punkt.

§. 280. Aufgabe.

Es ist, Fig. 123, eine normale Spiralfläche gegeben und eine Seite ac derselben. Durch die Seite ac geht eine Ebene G, welche die erste Projectionsebene schneidet; man soll den Punkt n bestimmen, in welchem die Ebene G die Spiralfläche berührt.

Auflösung. Man construire

1) die berührende windschiefe Ebene für die Seite ac, indem man zwei Tangenten als Richtungslinien, die erste Projectionsebene als Parallelebene wählt, wobei also die Seite ac der Spiralfläche zugleich als Seite der windschiefen Ebene erscheint;

2) die Transversalseite der windschiefen Ebene, welche die Ebene G außer der Seite ac mit der windschiefen Ebene gemein hat. Der Durchschnittspunkt dieser Transversalseite mit der Seite ac ist der verlangte Berührungspunkt n.

Ausführung. Der Schnitt G' ist parallel mit a'c', weil ac parallel mit P' ist. — Für irgend einen Punkt c der Seite ac denke man die Tangente bc der durch ihn beschriebenen Spirale, construire den ersten Durchgang b' der Tangente, ziehe a'b', betrachte bc und irgend eine zweite, ähnliche, bloß zu denkende Tangente als Richtungslinien, und die erste Projectionsebene als Parallelebene einer windschiefen Ebene, und man hat die windschiefe Ebene, welche die Spiralfläche in der Seite ac berührt. — Die Linie a'b' ist Seite der windschiefen Ebene. Der Durchschnittspunkt k' zwischen den Linien a'b' und G' ist der Punkt, in welchem die Ebene G von der Seite a'b' geschnitten wird. Durch k' geht also die Transversalseite k'n, welche die Ebene G mit der windschiefen Ebene, außer der Seite ac, gemein hat. Wenn man daher durch k' eine Ebene V legt parallel mit der Parallelebene der Transversalseiten, d. h. normal auf ac, so trifft sie die Seite ac in dem verlangten Berührungspunkt n, dessen Projectionen sich sehr einfach ergeben, wenn man k'n' normal zu a'c' und n'n'' normal zur Achse zeichnet.

§. 281. Aufgabe.

Es ist eine normale Spiralfläche gegeben, und in einer Seite ac derselben ein Punkt n; man soll die Berührungsebene der Spiralfläche für den Punkt n construiren.

Auflösung. Man denke die Spirale, welche durch den Punkt n der Seite ac beschrieben wird, construire die Tangente kn der Spirale für den Punkt n, und lege eine Ebene durch die Seite ac und die Tangente kn. Diese Ebene ist die verlangte.

§. 282. Aufgabe.

Es ist eine normale Spiralfläche gegeben und eine gerade Linie lt; man soll den Berührungscylinder der Spiralfläche construiren, dessen Parallellinie die gegebene gerade Linie ist.

Auflösung. Durch irgend eine Seite der Spiralfläche lege man eine Ebene G parallel mit der Linie lt, bestimme den Berührungspunkt n der Ebene G, und construire durch diesen Punkt n eine Linie nq parallel mit lt. Die Linie nq ist eine Seite des verlangten Berührungscylinders, und in derselben Weise ergeben sich der Seiten so viele, als man bedarf.

Ausführung. Die Spiralfläche sei Fig. 125 durch ihre in z beginnende Richtungslinie zd gegeben. Man construire die in z beginnende Evolvente des Kreises K', welcher die erste Projection der Richtungslinie ausmacht. Irgend eine Seite der Spiralfläche sei ad. Man zeichne d'b' normal auf dem Radius a'd' und bis zum Durchschnitt b' mit der Evolvente; dann ist b'd' erste Projection, b' erster Durchgang der Tangente bd für den Punkt d der Spirale, welche d beschreibt. Durch irgend einen Punkt, etwa d, der Seite ad construire man eine Linie cd parallel mit der Parallellinie lt des verlangten Berührungscylinders, bestimme den ersten Durchgang c', lege durch c' die Linie G' parallel mit a'd', und betrachte diese als den ersten Schnitt einer durch ad gehenden, mit lt parallelen Ebene G. Der Berührungspunkt dieser Ebene mit der Spiralfläche wird nach §. 280 erhalten, indem man a'b' zeichnet, k'n' normal auf a'd', und n'n'' normal zur Achse. Und wenn man noch durch n' und n'' die Linien n'q' und n''q'' beziehlich parallel mit l't' und l''t'' zeichnet, so hat man die Projectionen einer Seite des Berührungscylinders.

Statt der Spirale zd kann man sich irgend einer anderen bedienen, deren erste Projection ein kleinerer Kreis als der Kreis K' ist, dabei dehnt sich die Evolvente, von welcher man eines Umganges bedarf, weniger aus.

§. 283. Aufgabe.

Es ist eine normale Spiralfläche gegeben und ein Punkt s, man soll den Berührungskegel der Spiralfläche construiren, dessen Spitze der Punkt s ist.

Auflösung. Durch irgend eine Seite der Spiralfläche und durch den Punkt s lege man eine Ebene E, construire den Berührungspunkt n dieser Ebene, und durch s und n eine gerade Linie; diese ist eine Seite des verlangten Berührungskegels, und in derselben Weise erlangt man der Seiten beliebig viele.

§. 284. Aufgabe.

Es ist eine normale Spiralfläche gegeben und eine Ebene E; man soll eine Berührungsebene für die Spiralfläche construiren, welche mit der Ebene E parallel ist.

Auflösung. Man construire die Seiten der Spiralfläche, deren ersten Projectionen parallel mit dem ersten Schnitt E' der Ebene E sind. Jede solche Seite ist parallel mit der Ebene E, durch jede solche Seite kann also auch eine Ebene gelegt werden, die parallel mit der Ebene E, und immer für einen Punkt der Seite Berührungsebene der Spiralfläche ist.

Steht die Ebene E normal auf der Achse der Richtungslinie, so giebt es keine mit ihr parallele Berührungsebene für die normale Spiralfläche.

§. 285. Aufgabe.

Es ist eine normale Spiralfläche gegeben und eine gerade Linie ab; man soll eine Normale für die Spiralfläche construiren, welche parallel ist mit der Linie ab.

Auflösung. Man construire eine Ebene E, welche normal auf der Linie ab steht, dann eine Berührungsebene H für die Spiralfläche, die parallel ist mit der Ebene E, bestimme den Berührungspunkt n der Ebene H, und errichte in diesem eine Normale auf der Ebene H. Damit ist die Aufgabe gelöst.

§. 286. Aufgabe.

Es ist eine normale Spiralfläche gegeben und außerhalb derselben ein Punkt a. Man soll von dem Punkt a aus eine Normale auf die Spiralfläche fällen.

Auflösung. Man fälle von dem Punkt a auf irgend eine Seite bc der Spiralfläche eine Normale an. Für den Punkt n der Seite bc, in welchem sie von der Normale getroffen wird, construire man die Berührungsebene H der Spiralfläche. Auf die Ebene H fälle man gleichfalls von a aus eine Normale und construire den Durchschnittspunkt q derselben mit der Ebene H,

Liegen die Punkte n und q in einander, so ist an die verlangte Normale, fallen die Punkte n und q nicht zusammen, so wiederhole man das Verfahren an einer zweiten Seite, u. s. f. bis man die Normale in solcher Art versuchsweise erlangt.

Auch kann man auf viele Seiten Normalen fällen und die Curve der Punkte n construiren, ferner die Curve der Punkte q. Dann ist der Punkt, in welchem beide Curven sich schneiden, derjenige Punkt der Spiralfläche, den die verlangte Normale trifft.

II. Von der schiefen Spiralfläche.

§. 287.

Man denke eine cylindrische Spirale und ihre Achse. Man denke eine unendliche gerade Linie, welche mit der Spirale einen Punkt gemein hat und mit deren Achse einen spitzen Winkel α bildet. Die unendliche gerade Linie führe man längs der Spirale, während sie beständig deren Achse unter dem Winkel α schneidet. Dabei beschreibt die gerade Linie eine krumme Fläche, und diese wollen wir schiefe Spiralfläche nennen. Die cylindrische Spirale heißt die Richtungslinie, die gerade Linie die Erzeugungslinie, der Winkel α der Winkel der Spiralfläche.

Der Theil der Spiralfläche, welcher entsteht, während die Erzeugungslinie einen Gang der Richtungslinie durchläuft, mag ein Gang der Spiralfläche heißen.

Jede gerade Linie, welche so liegt, daß die Erzeugungslinie während der Bewegung einmal mit ihr zusammenfällt, befindet sich in der Spiralfläche, und heißt eine Seite derselben. Durch jeden Punkt der Spiralfläche kann eine Seite gedacht werden. Jede Seite läßt sich als Erzeugungslinie betrachten, und die Seiten sind im Allgemeinen windschiefe Linien.

Die Erzeugungslinie bildet mit der ersten Projectionsebene stets den Complementswinkel β zu dem Winkel α, unter welchem sie die Achse der Richtungslinie schneidet. Es ist daher gleichgiltig, ob jener Winkel β oder dieser α gegeben wird.

Wenn während der Bewegung stets derselbe Punkt der Erzeugungslinie auf der Richtungslinie bleibt, so beschreibt jeder

Punkt der Erzeugungslinie eine cylindrische Spirale, und alle diese Spiralen haben gleiche Ganghöhe mit der Richtungslinie. Oder, wenn man sich beliebig viele normale Cylinder vorstellt, welche sämmtlich die Achse mit dem Cylinder gemeinschaftlich haben, auf welchem sich die Richtungslinie befindet, so werden alle diese Cylinder von der Erzeugungslinie während ihrer Bewegung in cylindrischen Spiralen geschnitten von einerlei Höhe mit der Richtungslinie.

Es sei, Fig. 126, K der normale Cylinder, auf welchem die Richtungslinie sich befindet, und sie beginne in q^I. Ein zweiter Cylinder habe die Achse mit jenem gemein und $a^I v'$ zum Radius. Die Erzeugungslinie habe sich zuerst in der Lage $q^I v$ befunden, und sei bewegt, bis sie in die Lage $c^I d$ gelangt ist. Sie hat dann den zweiten Cylinder in einer cylindrischen Spirale geschnitten von gleicher Ganghöhe mit der Richtungslinie. Die Erzeugungslinie ist sowohl in ihrer ersten als in der anderen Lage mit ihrer ersten projicirenden Ebene auf die erste Projectionsebene herabgeschlagen. Der Cylinder K wird von der Erzeugungslinie zuerst in q^I geschnitten, in ihrer anderen Lage in d. Der zweite Cylinder wird von der Erzeugungslinie zuerst in v geschnitten, in ihrer anderen Lage in s. Man ziehe $d'(x)$ parallel $c^I(d)$, so sind die Dreiecke $d's'(x)$ und $q^I v'(v)$ congruent, deshalb $s'(x)$ gleich $v'(v)$; und weiter ist $(x)(s)$ gleich $d'(d)$. Der Durchschnittspunkt der Erzeugungslinie mit dem Cylinder K ist um $d'(d)$ gestiegen, der mit dem zweiten Cylinder um $(x)(s)$. Es sei h die Ganghöhe der Richtungslinie, dann verhält sich

$$\text{Bogen } q^I d' : 2\pi a^I d' = d'(d) : h$$
$$\text{und da Bog. } q^I d' : 2\pi a^I d' = \text{Bog. } v's' : 2\pi a^I s'$$
$$\text{und } d'(d) = (x)(s),$$
$$\text{so folgt Bog. } v's' : \pi a^I s' = (x)(s) : h$$

und aus dieser Proportion erhellet die Behauptung.

Statt der gegebenen Richtungslinie kann jede von den cylindrischen Spiralen, welche die Punkte der Erzeugungslinie beschreiben, als Richtungslinie für dieselbe Spiralfläche dienen, wenn nur der Winkel α nicht geändert wird, den die Erzeugungslinie mit der Achse der Richtungslinie bildet.

§. 288. Aufgabe.

Es ist, Fig. 126, eine schiefe Spiralfläche gegeben durch ihre Richtungslinie, und durch den Winkel β, welchen die Erzeugungslinie mit der ersten Projectionsebene bildet. In der Richtungslinie ist ein Punkt d gegeben. Man soll die Seite der Spiralfläche construiren, welche durch den Punkt d geht.

Auflösung. Man ziehe $a^I d'$, $d'(d)$ normal auf $a^I d'$ und gleich $d^0 d''$, durch (d) die Linie $(d)c^I$ unter dem Winkel β gegen $c^I d'$ geneigt, $c^I c^{II}$ normal zur Achse, endlich $c^{II} d''$, und man hat in $c^I d'$ und $c^{II} d''$ die Projectionen der durch d gehenden verlangten Seite $c^I d$.

§. 289.

Es sei, Fig. 126, eine schiefe Spiralfläche gegeben wie zuvor. Außer der Seite $c^I d$, deren erster Durchgang c^I ist, werde eine zweite Seite $g^I k$ gedacht und g^I sei deren erster Durchgang. Die Dreiecke $c^I dd'$ und $g^I kk'$ sind ähnlich, denn beide sind rechtwinklig und enthalten den Winkel β. Deshalb verhält sich

$$c^I d' : g^I k' = dd' : kk'$$

und da $$dd' : kk' = \text{Bog. } q^I d' : \text{Bog. } q^I k',$$

so folgt $$c^I d' : g^I k' = \text{Bog. } q^I d' : \text{Bog. } q^I k'.$$

Der geometrische Ort der ersten Durchgänge c^I, g^I, u. s. w. aller Seiten der schiefen Spiralfläche ist wegen der letzten Proportion eine archimedische Spirale, deren Pol a^I ist, und die sich weiter bestimmt durch die Durchgänge c^I, g^I irgend zweier Seiten, oder, was dasselbe ist, durch den Anfangspunkt q^I der Richtungslinie und den Durchgang c^I einer Seite. Die archimedische Spirale zu zeichnen, kann man die Peripherie K' von dem Anfangspunkt q^I der Richtungslinie aus in n gleiche Theile theilen, durch die Theilpunkte z. B. d', k' u. s. f., von a^I aus Linien ziehen, einen ersten Durchgang etwa c^I bestimmen, $c^I d'$ in so viele Theile theilen als sich auf dem Bogen $q^I d'$ finden, und von den Theilen des Stückes $c^I d'$ auf jede der übrigen Linien $k' g^I$ u. s. f. so viele auftragen als der dazu gehörige Bogen $q^I k'$ enthält.

Die archimedische Spirale bildet den ersten Schnitt der schiefen Spiralfläche.

§. 290.

Jede Ebene F, welche auf der Achse der Richtungslinie

normal steht, also mit der ersten Projectionsebene parallel ist, schneidet die schiefe Spiralfläche in einer ihrem ersten Schnitt congruenten Linie. Die erste Projection dieser Durchschnittslinie ist ihr selbst congruent, und schneidet den Kreis K' in der Projection t' des Punktes t der Richtungslinie, in dem diese und die Ebene F sich schneiden. Die erste Projection der Durchschnittslinie ist also nach dem vorigen Paragraphen zu construiren, wobei indeß nicht zu übersehen ist, daß hier der Punkt t' den dortigen q' vertritt.

§. 291. Aufgaben.

1) Es ist Fig. 126 eine schiefe Spiralfläche gegeben durch ihre Richtungslinie und ihren Complementswinkel β; es ist ferner der Punkt s' als erste Projection eines Punktes s der Spiralfläche gegeben; man soll die zweite Projection s'' construiren.

Auflösung. Man ziehe a's', d'd'' normal zur Achse, und construire die Seite c'd, welche durch den Punkt d der Richtungslinie geht. Diese Seite kann den Punkt s enthalten, dessen zweite Projection sich leicht findet.

Die Aufgabe ist unbestimmt.

2) Es ist eine schiefe Spiralfläche gegeben und in der zweiten Projectionsebene ein Punkt t'' als zweite Projection eines Punktes t der Spiralfläche, man soll die erste Projection t' des Punktes t bestimmen.

Auflösung. Man lege durch t'' eine gerade Linie F'' parallel der Achse, betrachte sie als zweiten Schnitt einer mit der ersten Projectionsebene parallelen Ebene F und construire nach § 290 die Linie, in welcher die Ebene F und die Spiralfläche sich schneiden. Der Punkt t ist ein Punkt dieser Durchschnittslinie. Seine erste Projection wird daher erhalten, wenn man von t'' aus die Normale t''t' auf die Achse fällt und die Normale verlängert bis zum Durchschnitt t' mit der ersten Projection der gedachten Durchschnittslinie.

Auch diese Aufgabe ist unbestimmt.

§. 292. Aufgabe.

Es ist eine schiefe Spiralfläche gegeben und eine Ebene, welche sie schneidet, man soll die Durchschnittslinie construiren.

Auflösung. Man construire Seiten der Spiralfläche und

die Punkte, in welchen sie die Ebene schneiden; diese gehören der verlangten Durchschnittslinie an.

§. 293. Aufgabe.

Es ist eine schiefe Spiralfläche gegeben und eine gerade Linie, welche sie schneidet, man soll den Durchschnittspunkt oder die Durchschnittspunkte construiren.

Auflösung. Man lege durch die Linie irgend eine Ebene, construire die Durchschnittslinie zwischen der Spiralfläche und der Ebene, und der Punkt, in welchem die gegebene gerade Linie und diese Durchschnittslinie sich schneiden, ist der verlangte Durchschnittspunkt; und finden zwischen der geraden Linie und jener Durchschnittslinie mehrere Durchschnittspunkte Statt, so schneidet die gerade Linie die Spiralfläche in jedem von diesen Punkten.

§. 294.

Wenn man eine beliebige Seite einer schiefen Spiralfläche denkt, und in jedem Punkt derselben eine Tangente für die cylindrische Spirale, welche der Punkt beschreibt, so liegen diese sämmtlichen Tangenten in einer windschiefen Ebene, und diese berührt also die Spiralfläche in jener Seite.

Die Fig. 126 gegebene in q' beginnende cylindrische Spirale sei die Richtungslinie der Spiralfläche, c'd die gedachte Seite. Für den Punkt d, welchen die Seite c'd mit der Richtungslinie gemein hat, denke man die Tangente b'd der Richtungslinie. Die erste Projection b'd' und den ersten Durchgang b' der Tangente b'd zu erhalten, zeichne man d'b' normal auf a'd' und mache d'b' gleich dem Bogen d'q'. Ein anderer Punkt der Seite c'd sei s. Man denke die cylindrische Spirale, welche der Punkt s beschreibt, und die Tangente hs für den Punkt s dieser Spirale. Die erste Projection der Spirale ist der Kreis zum Radius a's', die erste Projection h's' der Tangente steht in s' normal auf dem Radius a's'. Man denke die Erzeugungslinie in ihrer ersten Lage q'v; v sei der Punkt, welcher später in die Lage s gelangt, und durch v denke man die Ebene F parallel mit der ersten Projectionsebene. Die Projection der Spirale vs auf der Ebene F ist ein dem Kreise zum Halbmesser a's' congruenter Kreis. Wenn man daher in der Ebene F für den Punkt x, welcher die Projection von s auf F bildet, eine Tangente xh des Kreises denkt und diese gleich dem Bogen vx nimmt, so wird in h der Durchschnittspunkt der Tangente hs mit der Ebene F dargeboten; und wenn man in der ersten Projectionsebene s'h' normal auf a's' und gleich dem Bogen v's' construirt, so ist h' die erste Projection des Durchschnittspunktes h der Tangente hs und der Ebene F. — Der Punkt, in welchem die Erzeugungslinie in ihrer ersten Lage q'v und die Achse der Richtungslinie sich schneiden, sei z. Durch den Durchgang b' der Tangente b'd und den Punkt z werde eine gerade Linie gedacht: in dieser geraden Linie befindet sich der Punkt h, in welchem die Tangente hs und die Ebene F sich schneiden. Dies zu erweisen, werde die Erzeugungslinie q'v und die Seite c'd jede mit ihrer ersten projicirenden Ebene auf die erste Projectionsebene herabgeschlagen, wie es in der Figur geschehen ist, und d'[z] parallel c'(s) gezogen. Die Dreiecke d's'(x) und q'v'(v) sind dann congruent, eben so die Dreiecke d'a'[z] und q'a'(z), und deshalb sind (x) und [z] die mit c'dP' herabgeschlagenen Punkte x und z. Nun verhält sich

$$
\begin{aligned}
b'd' : h's' &= \text{Bogen } q'd' : \text{Bogen } v's' \\
&= a'd' : a's' \\
&= [z]d' : [z](x)
\end{aligned}
$$

und da h's' = hx (in der Ebene F) ist, so folgt leicht

$$b'd' : hx = zd' : zx.$$

Die Linien hx und b'd' sind parallel, denn beide sind es mit h's'. Dieser Umstand und die eben erwiesene Proportion bedingen, daß die Punkte b', h und z sich in gerader Linie befinden. — Was für die Tangente hs sich erweisen läßt, gilt für jede ähnliche Tangente. Daher erhellet, daß die Tangenten aller Punkte der Seite c'd für die Spiralen, welche die Punkte beschreiben, die gerade Linie b'z schneiden. — Die ersten projicirenden Ebenen der Tangenten sind parallel. Ueberhaupt also befinden sich die Tangenten in parallelen Ebenen, und sie durchschneiden dabei zwei gerade Linien, nämlich die Seite c'd und die Linie b'z, welche windschief sind; und dann bilden die Tangenten eine windschiefe Ebene, wie es behauptet worden.

Die Ebene b'd'z ist parallel mit der Seite c'd und steht

normal auf der ersten projicirenden Ebene c'dP' der Seite c'd. Jede Ebene, welche mit der Seite c'd parallel ist, und dabei normal steht auf der ersten projicirenden Ebene c'dP' der Seite c'd, schneidet daher die windschiefe Ebene in einer Transversalseite. Die Linie d'z ist die Projection der Linie b'z auf der projicirenden Ebene c'dP'.

§. 295. Aufgabe.

Es ist, Fig. 126, eine schiefe Spiralfläche gegeben und eine Seite c'd derselben; man soll die berührende windschiefe Ebene für diese Seite construiren.

Auflösung. Für den Punkt d, welchen die Seite c'd mit der Richtungslinie gemein hat, denke man die Tangente b'd der Richtungslinie, und construire den ersten Durchgang b' der Tangente. Durch den Durchgang b' und durch den Punkt z, in welchem die Erzeugungslinie in ihrer ersten Lage q'v die Achse der Richtungslinie schneidet, construire man die gerade Linie b'z. Die Linien c'd und b'z nehme man als Richtungslinien und eine auf der ersten Projection c'd' der Seite c'd normal stehende Ebene als Parallelebene einer windschiefen Ebene, und diese ist die verlangte. — Oder man nehme irgend zwei Punkte d und s der Seite c'd, construire in diesen Punkten die Tangenten b'd und hs für die cylindrischen Spiralen, welche die Punkte beschreiben, betrachte diese Tangenten als Richtungslinien, und eine auf der ersten projicirenden Ebene c'dP' der Seite c'd normal stehende mit der Seite c'd parallele Ebene als Parallelebene einer windschiefen Ebene, und diese ist gleichfalls diejenige, welche die Spiralfläche in der Seite c'd berührt.

Beides erhellet aus dem vorigen Paragraph.

§. 296.

1) Wenn man durch eine Seite einer schiefen Spiralfläche eine Ebene E legt, welche normal steht auf der ersten projicirenden Ebene dieser Seite, so schneidet die Ebene E die Spiralfläche in jener Seite.

Man denke die windschiefe Ebene, welche die Spiralfläche in der Seite berührt, und nehme als Richtungslinie zwei Tangenten. Die Ebene E ist alsdann parallel mit der Parallelebene, schneidet demnach die windschiefe Ebene und die Spiralfläche.

2) Wenn man durch eine Seite einer schiefen Spiralfläche eine Ebene E legt, welche schief steht auf der ersten projicirenden Ebene der Seite, so berührt die Ebene E die Spiralfläche in einem Punkt jener Seite.

Man denke die berührende windschiefe Ebene, wie vorher. Die Ebene E schneidet die Parallelebene der windschiefen Ebene, berührt also die windschiefe Ebene in einem Punkt jener Seite, und dann auch die Spiralfläche.

§. 297. Aufgabe.

Es ist, Fig. 127, eine schiefe Spiralfläche gegeben und eine Seite c'd derselben. Durch die Seite c'd geht eine Ebene E, welche schief steht auf der ersten projicirenden Ebene der Seite c'd. Man soll den Punkt n bestimmen, in welchem die Ebene E die Spiralfläche berührt.

Auflösung. Man construire

1) die berührende windschiefe Ebene für die Seite c'd, indem man zwei Tangenten als Richtungslinien, also eine auf der ersten projicirenden Ebene der Seite c'd normale mit der Seite c'd parallele Ebene als Parallelebene benutzt. Die Seite c'd der Spiralfläche erscheint dann als Seite der windschiefen Ebene.

2) Die Transversalseite der windschiefen Ebene, welche die Ebene E außer der Seite cd mit der windschiefen Ebene gemein hat. Der Durchschnittspunkt dieser Transversalseite mit der Seite cd ist der verlangte Berührungspunkt.

Ausführung. Da die Ebene E durch die Seite cd geht und schief steht auf der ersten projicirenden Ebene cdP', so geht der erste Schnitt E' durch den ersten Durchgang c' und steht schief auf der Projection c'd'. — Man denke die Tangente b'd für den Punkt d der Richtungslinie, und construire ihre erste Projection und ihren ersten Durchgang, indem man d'b' normal auf a'd' und gleich dem Bogen q'd' zeichnet. Ferner denke man den Punkt z, in welchem die Erzeugungslinie in ihrer ersten Lage q'z die Achse der Richtungslinie schneidet, und die Linie b'z. Die Tangente b'd und eine zweite bloß zu denkende Tangente betrachte man als Richtungslinien einer windschiefen Ebene, deren Parallelebene normal auf cdP' und parallel mit cd zu denken ist. Diese windschiefe Ebene berührt die Spiralfläche in der Seite cd; und es ist cd zugleich Seite der windschiefen Ebene, während b'z eine zweite abgiebt. — Es kommt nun darauf an, den Durchschnittspunkt t der Ebene E mit der Seite b'z zu construiren, durch t eine Transversalseite tn zu legen, und den Durchschnittspunkt n der Transversalseite tn und der Seite cd zu bestimmen. — Man betrachte die erste Projectionsebene als die eine, die projicirende Ebene cdP' aber als die andere Projectionsebene. Dann ist E' der eine, die Linie c'd der andere Schnitt der Ebene E (E geht durch cd), a'b' die eine, d'z die andere Projection der Linie b'z. Den Punkt t zu finden, werde die Ebene b'd'z zu Hilfe genommen, die als projicirende Ebene der Linie b'z zur Projectionsebene cdP' erscheint. Die einen Schnitte c'd und d'z der Ebenen E und b'd'z sind parallel (§. 294), die anderen E' und b'd' schneiden sich in r'. Die Durchschnittslinie r't der Ebenen E und b'd'z hat daher r' als ersten Durchgang und ist parallel mit cdP'. Die erste Projection r't' der Linie rt ist deshalb parallel mit c'd', welches Achse ist der Projectionsebenen P' und cdP'. Man zeichne also r't' parallel mit c'd', so ist der Durchschnittspunkt t' der Projectionen r't' und b'a' die erste Projection des Punktes t, in welchem die Ebene E und die Linie b'z sich schneiden. — Die erste projicirende Ebene der Transversalseite tn steht normal auf a'c'. Deshalb werde t'n' normal zu a'c' gezogen und n'n'' normal zu Achse, und es sind n' und n'' die Projectionen des Punktes n, in welchem die Ebene E die Spiralfläche berührt.

§. 298. Aufgabe.

Es ist eine schiefe Spiralfläche gegeben und in einer Seite cd derselben ein Punkt n, man soll die Berührungsebene der Spiralfläche für den Punkt n construiren.

Auflösung. Man denke die Spirale, welche der Punkt n der Seite cd beschreibt, construire die Tangente tn der Spirale für den Punkt n, und lege eine Ebene durch die Seite cd und die Tangente tn; diese Ebene ist die verlangte Berührungsebene.

§. 299. Aufgabe.

Es ist eine schiefe Spiralfläche gegeben und eine gerade Linie lt; man soll den Berührungscylinder für die Spiralfläche construiren, dessen Parallellinie die gegebene gerade Linie ist.

Auflösung. Durch irgend eine Seite der Spiralfläche lege man eine Ebene E parallel mit der Linie lt, bestimme den Berührungspunkt n der Ebene E, und construire durch diesen Punkt n eine Linie hn parallel mit der Linie lt. Die Linie hn ist eine von den Seiten des verlangten Berührungscylinders, deren sich in derselben Weise beliebig viele erzielen lassen.

Ausführung. Wir legen Fig. 127 zu Grunde. Es sei cd die gewählte Seite, c^I ihr erster Durchgang. Durch irgend einen Punkt k einer Seite cd lege man eine Linie gk parallel mit der gegebenen Linie lt, und construire den ersten Durchgang g^I der Linie gk. Durch die Durchgänge c^I und g^I geht der erste Schnitt E′ der Ebene E, welche durch die Seite cd gehend parallel mit der Linie lt ist. Die Construction des Berührungspunktes n der Ebene E erfolgt nach §. 297. Durch n ist dann eine Linie hn zu construiren parallel mit lt, und man hat in hn eine Seite des Berührungscylinders. — Bei der Wiederholung dieses Verfahrens ist jedesmal eine Tangente zu construiren wie b^Id. Die Construction dieser Tangenten wird erleichtert, wenn man die im Anfangspunkt q^I der Richtungslinie beginnende Kreisevolvente zeichnet; in derselben befinden sich nämlich die ersten Durchgänge b^I der Tangenten.

§. 300. Aufgabe.

Es ist eine schiefe Spiralfläche gegeben und ein Punkt s, man soll den Berührungskegel der Spiralfläche construiren, dessen Spitze der Punkt s ist.

Auflösung. Durch irgend eine Seite der Spiralfläche und durch den Punkt s lege man eine Ebene E, construire den Berührungspunkt n dieser Ebene, und durch s und n eine gerade Linie; diese ist Seite des verlangten Berührungskegels, und in derselben Weise erlangt man beliebig viele Seiten desselben.

§. 301. Aufgabe.

Es ist eine schiefe Spiralfläche gegeben und eine Ebene E;

man soll eine Berührungsebene für die Spiralfläche construiren, welche mit der Ebene E parallel ist.

Auflösung. Man betrachte den Punkt z, in welchem die Erzeugungslinie in ihrer ersten Lage die Achse der Richtungslinie schneidet, als die Spitze, den Kreis, welcher die erste Projection der Richtungslinie ausmacht, als den ersten Schnitt eines normalen Kegels. Durch die Spitze z dieses Kegels denke man eine Ebene F parallel mit der Ebene E, und construire deren ersten Schnitt F'. Je nachdem die Ebene F den Kegel in zwei Seiten schneidet, oder in einer Seite berührt, oder keine Seite mit dem Kegel gemein hat, wird der Schnitt F' den gedachten Kreis in zwei Punkten d' und g' schneiden, oder in einem Punkt berühren, oder mit ihm keinen Punkt gemein haben. — Schneidet der Schnitt F' den Kreis in zwei Punkten d' und g', so zeichne man durch den Mittelpunkt a' des Kreises die Linien a'd' und a'g', und bestimme die Seiten der Spiralfläche, welchen diese Linien als erste Projectionen dienen. Diese Seiten der Spiralfläche sind parallel mit der Seite zd' oder zg' des Kegels, also parallel mit F, also weiter parallel mit der Ebene E, und deshalb kann durch jede von jenen Seiten der Spiralfläche eine Ebene V gedacht werden parallel mit E. Jede solche Ebene V ist Berührungsebene der Spiralfläche. Sie steht nämlich schief auf der ersten projicirenden Ebene der Seite der Spiralfläche, durch welche sie geht; denn diese projicirende Ebene ist zugleich projicirende Ebene einer von jenen Kegelseiten, F steht schief auf der projicirenden Ebene (weil sonst F Berührungsebene des Kegels sein würde) und V ist parallel mit F. — Hat der Schnitt F' nur einen Punkt mit der Peripherie des Kreises gemein, oder keinen, so besteht keine Berührungsebene für die Spiralfläche, welche parallel ist mit der Ebene E. Im ersten Fall giebt es zwar Seiten der Spiralfläche, welche parallel sind mit der Ebene E, und durch welche sich Ebenen denken lassen parallel mit E, aber diese Ebenen stehen normal auf den ersten projicirenden Ebenen der Seiten, durch welche sie gehen, und schneiden deshalb die Spiralfläche; im anderen Fall giebt es keine Seite der Spiralfläche, welche mit E parallel ist, also läßt sich auch durch keine eine Ebene denken parallel mit E.

§. 302. Aufgabe.

Es ist eine schiefe Spiralfläche gegeben und eine gerade Linie ab; man soll eine Normale für die Spiralfläche construiren, welche parallel ist mit der Linie ab.

Auflösung. Man construire eine Ebene E, welche normal auf der Linie ab steht, dann eine Berührungsebene V für die Spiralfläche, welche parallel ist mit der Ebene E, bestimme den Berührungspunkt n der Ebene V und errichte in diesem eine Normale auf der Ebene V. Das ist die verlangte Normale.

§. 303. Aufgabe.

Es ist eine schiefe Spiralfläche gegeben und außerhalb derselben ein Punkt a. Man soll von dem Punkt a aus eine Normale auf die Spiralfläche fällen.

Auflösung. Man fälle von dem Punkt a auf irgend eine Seite bc der Spiralfläche eine Normale an. Für den Punkt n der Seite bc, in welchem sie von der Normale getroffen wird, construire man die Berührungsebene V der Spiralfläche, fälle auf diese Ebene V ebenfalls von a aus eine Normale und construire den Durchschnittspunkt q derselben mit der Ebene V. Liegen die Punkte n und q in einander, so ist an die verlangte Normale, fallen die Punkte n und q nicht zusammen, so wiederhole man das Verfahren an einer zweiten Seite u. s. f. bis man die Normale erlangt.

Auch kann man die Curve der Punkte n construiren und die Curve der Punkte q. Der Durchschnittspunkt beider ist alsdann der Punkt der Spiralfläche, in welchem sie von der verlangten Normale getroffen wird.

III. Allgemeine Spiralfläche.

§. 304.

Man stelle sich eine cylindrische Spirale vor und eine unendliche gerade Linie, welche einen Punkt a mit der cylindrischen Spirale gemein hat. Die gerade Linie darf in beliebiger Lage angenommen werden, nur nicht parallel mit der Achse der cylindrischen Spirale. Man führe die gerade Linie längs der cylindrischen Spirale dergestalt, daß der Punkt a der geraden

Linie beständig in der Spirale bleibt, und sie ihre Lage gegen die (unendlich gedachte) Achse der cylindrischen Spirale nicht verändert. Die gerade Linie beschreibt während ihrer Bewegung eine krumme Fläche. Diese heißt eine Spiralfläche. Die cylindrische Spirale werde die Richtungslinie, die gerade Linie die Erzeugungslinie genannt.

Der Theil der Spiralfläche, welcher entsteht, während die Erzeugungslinie einen Gang der Richtungslinie durchläuft, mag ein Gang der Spiralfläche heißen.

Jede gerade Linie, welche so liegt, daß die Erzeugungslinie während ihrer Bewegung einmal mit ihr zusammenfällt, befindet sich in der Spiralfläche. In der Spiralfläche können daher unendlich viele gerade Linien gedacht werden. Jede solche gerade Linie heißt eine Seite der Spiralfläche.

Die Seiten sind im Allgemeinen windschiefe Linien. Jede Seite kann, da sie mit der Erzeugungslinie einerlei Lage gegen die Achse der Spiralfläche hat, als Erzeugungslinie betrachtet werden.

§. 305.

Die Lage der Erzeugungslinie gegen die Achse der Richtungslinie bestimmen wir durch den normalen Abstand der Erzeugungslinie von der Achse der Richtungslinie und durch den Winkel, welchen sie fortdauernd mit der ersten Projectionsebene bildet.

Die sämmtlichen Seiten des Cylindermantels, auf welchem die Richtungslinie liegt, werden von der Erzeugungslinie während ihrer Bewegung unter einerlei Winkel geschnitten. Dieser Winkel ist derselbe, welchen die Erzeugungslinie im allgemeineren Sinne bildet mit der Achse der Richtungslinie (Geom. II. §. 27, 3); er ist der Complementswinkel zu dem, welchen die Erzeugungslinie beständig mit der ersten Projectionsebene macht, und er kann eben so zur Bestimmung der Lage der Erzeugungslinie gebraucht werden, wie dieser.

§. 306.

Jeder Punkt der Erzeugungslinie beschreibt während ihrer Bewegung eine cylindrische Spirale von gleicher Höhe und einerlei Achse mit der cylindrischen Spirale, welche als Richtungslinie dient.

Der Punkt a der Erzeugungslinie, welcher während der Bewegung auf der Richtungslinie bleibt, beschreibt die Richtungslinie selbst. Irgend ein anderer Punkt der Erzeugungslinie sei c. Von a und c aus denke man die Normalen ab und cd auf die Achse der Richtungslinie gefällt. Während der Bewegung der Erzeugungslinie behalten diese Normalen einerlei Lage zu einander und jede bleibt von derselben Länge. Man denke die unendlichen projicirenden Linien aa′ und cc′; die erste beschreibt während der Bewegung der Erzeugungslinie den normalen Cylindermantel, auf welchem die Richtungslinie sich befindet, die andere einen normalen Cylindermantel, und auf diesem liegt die Linie, welche der Punkt c beschreibt. — Der Anfangspunkt der Richtungslinie sei z. Man denke die Erzeugungslinie in ihrer ersten Lage und in einer anderen Lage, innerhalb des ersten Ganges der Richtungslinie. In der ersten Lage findet sich a in z, und v sei der Punkt, in welchen c fällt. Die durch z gehende erste Projectionsebene schneidet den durch aa′ erzeugten Cylindermantel in einem Kreise zum Radius ab; eine durch v zu denkende, auf der Achse der Richtungslinie normale Ebene schneidet den durch cc′ erzeugten Cylindermantel in einem Kreise zum Radius cd. Der Punkt, in welchem dieser Kreis von der Linie cc′ in der zweiten Lage der Erzeugungslinie geschnitten wird, sei x. Die Bogen za′ und vx haben gleiche Mittelpunktswinkel, welches leicht erhellet, wenn man die ersten Projectionen der Linien ab und cd in beiden Lagen betrachtet. Die Ganghöhe der Richtungslinie sei h. Nun verhält sich

$$\text{Bog. } za' : 2\pi ab = aa' : h$$

oder

$$\text{Bog. } vx : 2\pi cd = aa' : h$$

Es ist aber aa′ = cx, denn da die Normalen ab und cd ihre Lage zu einander nicht ändern, sind die Punkte a und c um gleich viel auf ihren projicirenden Linien fortgerückt. Daher verhält sich auch

$$\text{Bog. } vx : 2\pi cd = xc : h$$

Diese Proportion bedingt, daß der Punkt c eine cylindrische Spirale beschreibt von gleicher Ganghöhe mit der Richtungslinie;

die Spirale hat einerlei Achse mit der Richtungslinie; und der Punkt c repräsentirt jeden Punkt der Erzeugungslinie.

§. 307.

Die Linie, welche normal steht auf der Erzeugungslinie und zugleich auf der Achse der Richtungslinie, läuft, da diese Achse auf der ersten Projectionsebene normal steht, mit der ersten Projectionsebene parallel und steht normal auf der ersten projicirenden Ebene der Erzeugungslinie. Die erste Projection jener Linie ist deshalb ihr selbst gleich und steht normal auf der ersten Projection der Erzeugungslinie. Ist daher a' der erste Durchgang der Achse der Richtungslinie, und beschreibt man einen Kreis, der die Entfernung der Erzeugungslinie von der Achse der Richtungslinie zum Radius und den Punkt a' zum Mittelpunkt hat, so sind die ersten Projectionen aller Seiten der Spiralfläche Tangenten dieses Kreises.

§. 308. Aufgabe.

Es ist, Fig. 128, eine cylindrische Spirale durch ihre Projectionen gegeben. Die Spirale soll als Richtungslinie einer Spiralfläche dienen. Die Erzeugungslinie ist gegeben durch ihren normalen Abstand von der Achse der Richtungslinie, und durch den Winkel α, welchen sie beständig mit der ersten Projectionsebene bildet. In der Richtungslinie ist ferner ein Punkt b durch seine Projectionen gegeben. Man soll die Seite bc der Spiralfläche construiren, welche durch den Punkt b geht.

Auflösung. Mit dem gegebenen normalen Abstande der Erzeugungslinie von der Achse der Richtungslinie als Radius beschreibe man von a' aus einen Kreis, und lege von b' aus die Tangente b'c' an diesen Kreis. Die Tangente b'c' ist die erste Projection der verlangten Seite bc. Es bleibt noch die Bestimmung der zweiten Projection übrig. Man denke die erste projicirende Ebene der Seite bc und schlage mit derselben den Punkt b auf die erste Projectionsebene herab. Dies geschieht, indem man b'(b) normal auf b'c' und gleich b^0b'' construirt. Durch den herabgeschlagenen Punkt (b) ziehe man die Linie (b)(c) unter dem Winkel α gegen die Linie b'c' geneigt, oder, was dasselbe leistet, unter dem Winkel $90 - \alpha$ gegen die Linie b'(b). Die Linie (b)(c) ist die mit ihrer ersten projicirenden Ebene auf die erste Projectionsebene herabgeschlagene Seite bc. Das Zurückschlagen derselben liefert die zweite Projection. Es kann ausgeführt werden, indem man vom ersten Durchgang b^{I} eine Normale $b^{\text{I}}b^{\text{II}}$ auf die Achse fällt, und $b^{\text{II}}b''$ zieht, welches die zweite Projection der Seite bc ist.

§. 309. Zusatz.

Man denke, Fig. 128, außer der Seite bc noch die Seite dg der Spiralfläche für den Endpunkt d des ersten Ganges der Richtungslinie, und es sei d^{I} der erste Durchgang der Seite dg. Die Linie dd′ ist gleich der Ganghöhe der Richtungslinie. Es verhält sich, wenn r den Radius des Kreises K′ bezeichnet,

$$bb' : dd' = \text{Bogen } d'l'b' : 2\pi r$$

Die Dreiecke $bb'b^{\text{I}}$ und $dd'd^{\text{I}}$ sind ähnlich, denn jedes ist rechtwinklig und enthält den Winkel α. Daher verhält sich

$$bb' : dd' = b'b^{\text{I}} : d'd^{\text{I}}$$

Aus beiden Proportionen folgt

$$b'b^{\text{I}} : d'd^{\text{I}} = \text{Bogen } d'l'b' : 2\pi r.$$

Die letzte Proportion liefert ein einfaches Verfahren den ersten Schnitt der Spiralfläche zu construiren. Man theile nämlich die Peripherie des Kreises K′ in n gleiche Theile, so daß der Durchgang d^{I} der Richtungslinie Theilpunkt werde, und in eben so viele gleiche Theile die Linie $d'd^{\text{I}}$. Aus den Theilpunkten der Kreislinie K′ lege man Tangenten an den inneren mit $a^{\text{I}}c'$ beschriebenen Kreis. Und ist t′ von d′ aus der qte Theilpunkt der Kreislinie K′, so mache man $t't^{\text{I}}$ gleich q Theilen der Linie $d'd^{\text{I}}$, und t^{I} ist ein Punkt des ersten Schnittes der Spiralfläche, nämlich der erste Durchgang der Seite, welche durch den Punkt t der Richtungslinie geht.

Ist der erste Schnitt der Spiralfläche gegeben, so lassen sich leicht Seiten construiren, welche durch gegebene Punkte der Richtungslinie gehen. Soll z. B. die Seite für den Punkt b construirt werden, so lege man von b′ aus die Tangente b′c′ an den inneren Kreis, verlängere diese bis zum Durchschnitt b^{I} mit dem Schnitt der Spiralfläche, und man hat in b^{I} den ersten Durchgang der verlangten Seite, vermittelst dessen sich einfach die zweite Projection der Seite ergiebt, während die erste in b′c′ vorliegt.

§. 310.

Jede Ebene F, welche auf der Achse der Richtungslinie normal steht, also mit der ersten Projectionsebene parallel ist, schneidet die Spiralfläche in einer ihrem ersten Schnitt congruenten Linie. Die erste Projection dieser Durchschnittslinie ist ihr selbst congruent und schneidet den Kreis K' in der Projection v' des Punktes v der Richtungslinie, in dem diese und die Ebene F sich schneiden. Die erste Projection dieser Durchschnittslinie ist also eben so einfach zu erlangen, wie der erste Schnitt der Spiralfläche; die zweite Projection liegt in dem Schnitt F''.

§. 311. Aufgabe.

Es ist eine Spiralfläche gegeben durch ihre Richtungslinie, die Fig. 128 in ihren Projectionen gegeben ist, und durch ihre Erzeugungslinie, deren Lage bestimmt ist durch ihre Entfernung von der Achse der Spirale und durch den Winkel, welchen sie beständig mit der ersten Projectionsebene bildet. Es ist ferner der Punkt s' als erste Projection eines Punktes gegeben, der der Spiralfläche angehört, man soll die zweite Projection des Punktes s construiren.

Auflösung. Man beschreibe von a' aus mit der gegebenen Entfernung a'c' der Erzeugungslinie von der Achse der Spirale einen Kreis, und lege an diesen durch den Punkt s' die Tangente b'c'. Die Tangente ist die erste Projection der Seite, in welcher der Punkt s sich befindet. Der Durchschnittspunkt b' der Tangente b'c' und der Peripherie des Kreises K' ist die erste Projection des Punktes b der Richtungslinie, durch welchen diese Seite geht. Die Normale b'b'' bestimmt die zweite Projection des Punktes b. Die zweite Projection der durch den Punkt b gehenden Seite wird wie in §. 308 erlangt. Und die zweite Projection des Punktes s ergiebt sich dann vermittelst der auf der Achse normal stehenden Linie s's''.

Die Aufgabe ist unbestimmt, denn der Punkt s, dessen erste Projection s' ist, kann in verschiedenen Seiten sich befinden.

§. 312. Aufgabe.

Es ist wie im vorigen Paragraph eine Spiralfläche gegeben und in der zweiten Projectionsebene ein Punkt v'' als zweite

Projection eines Punktes v, der der Spiralfläche angehört. Man soll die erste Projection des Punktes v construiren.

Auflösung. Man lege durch v'' eine gerade Linie F'' parallel mit der Achse, betrachte sie als zweiten Schnitt einer mit der ersten Projectionsebene parallelen Ebene F, und construire nach §. 310 die Linie, in welcher die Ebene F und die Spiralfläche sich schneiden. Der Punkt v ist ein Punkt dieser Durchschnittslinie. Seine erste Projection wird daher erhalten, wenn man von v'' aus die Normale v''v° auf die Achse fällt und die Normale verlängert bis zum Durchschnitt v' mit der ersten Projection der Durchschnittslinie der Ebene F und der Spiralfläche.

Die Aufgabe ist unbestimmt.

§. 313. Aufgabe.

Eine Spiralfläche und eine Ebene schneiden sich, man soll die Durchschnittslinie construiren.

Auflösung. Man construire Seiten der Spiralfläche und die Punkte, in welchen sie die Ebene schneiden. Diese Punkte gehören der verlangten Durchschnittslinie an, und durch eine gehörige Anzahl derselben bestimmt sich die Durchschnittslinie.

§. 314. Aufgabe.

Eine Spiralfläche wird von einer geraden Linie geschnitten. Man soll den Durchschnittspunkt construiren.

Auflösung. Man lege durch die Linie eine Ebene, construire die Linie, in welcher die Spiralfläche von der Ebene geschnitten wird, und bestimme den Punkt, in welchem diese Durchschnittslinie und die gegebene gerade Linie sich schneiden. Dieser Punkt ist der verlangte Durchschnittspunkt der geraden Linie und der Spiralfläche.

Eine gerade Linie kann eine Spiralfläche in mehreren Punkten schneiden. Sie finden sich in derselben Weise.

§. 315.

Wenn man eine Seite einer Spiralfläche denkt, und in jedem Punkt derselben eine Tangente für die Spirale, welche der Punkt beschreibt, so liegen diese sämmtlichen Tangenten in einer windschiefen Ebene, die also die Spiralfläche in der Seite berührt.

Es sei, Fig. 129, der Kreis K′ die erste Projection der Richtungslinie der Spiralfläche, a' die erste Projection der Achse der Spirale, a'c′ gleich der Entfernung der Erzeugungslinie von der Achse. Der Kreis C′ wird dann von den ersten Projectionen aller Seiten der Spiralfläche berührt, und er ist die Projection der Spirale, welche der am nächsten an der Achse der Richtungslinie liegende Punkt c der Erzeugungslinie beschreibt. Die durch ihre Projectionen gegebene Linie bc sei eine Seite der Spiralfläche, b' ihr erster Durchgang. Für den Punkt n der Seite bc sei die Tangente dn der Richtungslinie construirt. d' sei der erste Durchgang der Tangente. Der Durchschnittspunkt der Richtungslinie und der ersten Projectionsebene sei z. Dann ist n′d' gleich dem Bogen n′z; und bezeichnet r den Radius des Kreises K′, so ist der Bogen n′z gleich $\alpha \cdot r$ (α in Bogenmaaß gedacht), daher auch n′d' gleich $\alpha \cdot r$.

Es sei q ein zweiter Punkt der Seite bc. Aus jedem der Punkte n und q denke man eine Normale auf die Achse der Richtungslinie gefällt. Die ersten Projectionen dieser Normalen sind die Linien n′a' und q′a'. Man denke die Erzeugungslinie in ihrer ersten Lage, d. h. während n noch in z und die von n aus auf die Achse der Richtungslinie gefällte Normale in za' liegt, und dann die Erzeugungslinie geführt, bis sie die in der Figur angegebene Lage erreicht, welche wir die zweite Lage nennen wollen. Die Projection n′a' ist während dieser Bewegung den Winkel α durchlaufen; und derselbe Winkel ist von der Projection q′a' durchlaufen worden, weil das Dreieck n′a'q′ während der Bewegung ungeändert bleibt. — Man stelle sich eine Ebene F vor, welche mit der ersten Projectionsebene parallel ist, und welche durch den Punkt q geht, während die Erzeugungslinie sich in ihrer ersten Lage befindet. Der zweite Schnitt F″ dieser Ebene wird erhalten, indem man q″w″ gleich n″n⁰ nimmt, und durch w″ die Linie F″ parallel der Achse zeichnet; die Punkte n und q legen nämlich während der Bewegung der Erzeugungslinie gleiche Strecken auf ihren ersten projicirenden Linien zurück, und der Weg, welchen der Punkt n zurückgelegt hat, während die Erzeugungslinie von ihrer ersten Lage bis zur zweiten fortgeschritten ist, ist gleich n″n⁰. — Auf die Ebene F denke man die Spirale projicirt, welche der Punkt q beschreibt. Die Projection ist eine Kreislinie zum Halbmesser a'q'. — Für den Punkt q, in der zweiten Lage der Erzeugungslinie, werde eine Tangente hq der cylindrischen Spirale construirt, welche q beschreibt. Die Projection des Punktes q auf der Ebene F sei w. An den in F befindlichen Kreis denke man für den Punkt w die Tangente wh gelegt, und wh gleich $\alpha \cdot a'q'$ (α in Bogenmaaß verstanden) genommen, so ist wh die Projection der Tangente hq auf der Ebene F und h der Durchschnittspunkt dieser Tangente mit der Ebene F. Die erste Projection h'q' der Linie hw wird erhalten, wenn man q'h' normal auf a'q' und gleich $\alpha \cdot a'q'$ construirt; die Projection h'' findet sich ohne Erörterung. Durch die Punkte h und q ist die Tangente hq bestimmt.

Wir projiciren jetzt die Tangenten nd' und qh auf die erste projicirende Ebene der Seite bc. Zu dem Ende fällen wir von d' die Normale d'g auf die Linie b'c', die den ersten Schnitt der projicirenden Ebene bcP' ausmacht, und denken die Linie ng gezogen. ng ist die Projection der Tangente nd' auf der ersten projicirenden Ebene der Seite bc. Wir fällen ferner von h (in der Ebene F) eine Normale hv auf die Ebene bcP'. Die erste Projection der Normale hv wird erhalten, wenn wir in der Projectionsebene P' die Linie hv' normal auf b'c' ziehen, die zweite liegt in F''. Die Linie qv ist dann die Projection der Tangente qh auf der ersten projicirenden Ebene der Linie bc. Zu größerer Deutlichkeit ist die projicirende Ebene bcP' mit den in ihr befindlichen Linien bc, ng, qv herabgeschlagen.

Die Projectionen (n)g und (q)(v) der Tangenten nd' und qh auf der Ebene bcP' sind parallel. — Die Dreiecke a'c'n' und d'n'g sind ähnlich; denn beide sind rechtwinklig, und die Winkel n'a'c' und d'n'g sind gleich, weil jeder von ihnen den Winkel a'n'c' zu einem rechten ergänzt. Es ist $d'n' = \alpha \cdot a'n'$ folglich

$$1)\quad n'g = \alpha \cdot a'c'$$
$$2)\quad d'g = \alpha \cdot n'c'$$

Die Dreiecke a'c'q' und q'v'h' sind gleichfalls ähnlich; denn beide sind rechtwinklig, und jeder der Winkel h'q'v' und q'a'c' ergänzt den Winkel a'q'c' zu einem rechten. Es ist $h'q' = \alpha \cdot a'q'$ folglich

$$3)\quad q'v' = \alpha \cdot a^{I}c'$$
$$4)\quad h'v' = \alpha \cdot q'c'$$

Nach 1) und 3) ist $n'g = q'v'$

also auch $(v)(w) = n'g$

und da $n'(n)$ gleich $(w)(q)$ ist, weil nämlich $q''w''$ gleich $n''n^{0}$ gemacht worden, so sind die rechtwinkligen Dreiecke $gn'(n)$ und $(v)(w)(q)$ congruent, und deshalb, wie leicht weiter erkannt wird, die Projectionen $g(n)$ und $(v)(q)$ parallel.

Der Punkt q repräsentirt jeden Punkt der Seite bc. Die Projectionen der Tangenten aller Punkte der Seite bc für die Spiralen, welche diese Punkte beschreiben, auf die Ebene bcP' projicirt, fallen daher parallel aus. Daraus erhellet, daß die projicirenden Ebenen dieser Tangenten für die Ebene bcP' parallel sind, und daraus ferner, daß sämmtliche Tangenten parallel laufen mit einer Ebene, die durch irgend eine von ihnen gedacht wird normal stehend auf der ersten projicirenden Ebene der Seite bc.

Die Fläche, welcher die sämmtlichen Tangenten angehören, kann nach dem Bisherigen eine windschiefe Ebene sein; und sie ist es, wenn sich gerade Richtungslinien für sie nachweisen lassen. Eine solche ist die Seite bc.

Wenn man bei der Construction einer jeden Tangente verfahren denkt wie bei der für den Punkt q, so läßt sich zeigen, daß die Durchschnittspunkte d^{I}, h (in F), u. s. w. in einer geraden Linie sich befinden. — Man betrachte zuvörderst die Projectionen dieser Punkte auf der Ebene bcP'. Da $(n)g$ gleich $(q)(v)$ und zugleich $(n)g$ parallel $(q)(v)$ ist, so ersieht man, daß die Projectionen g, v, u. s. w. der Punkte d^{I}, h, u. s. w. auf der Ebene bcP' in einer geraden Linie liegen, welche durch g geht und parallel ist mit bc. — Die Projectionen derselben Punkte in der Ebene P' liegen aber gleichfalls in einer geraden Linie. Dies zu zeigen, denke man für den Punkt c eine Tangente cx für die Spirale, welche der Punkt c beschreibt, und bestimme diese Tangente durch die Punkte c und x, welche den Punkten q und h der Tangente qh entsprechen. Die Linie tx entspreche der Tangente wh. Die erste Projection der Linie tx wird erhalten, wenn man $c'x'$ normal auf $a^{I}c'$ (also in $b^{I}c'$) und gleich $\alpha \cdot a^{I}c'$

nimmt. Die Tangente **cx** befindet sich in der Ebene **bcP'** und ist parallel und gleich (q)(v), welches leicht sich nachweisen läßt. — Die Punkte d^I, h' und x' liegen in gerader Linie. Es verhält sich nämlich

$$x'g : x'v' = (x)g : (x)(v)$$
$$= (c)(n) : (c)(q)$$
$$= c'n' : c'q'$$

Oben nach 2) und 4) verhält sich auch

$$d^I g : h'v' = c'n' : c'q'$$

folglich verhält sich

$$x'g : x'v' = d^I g : h'v'$$

und findet diese Proportion Statt, so liegen die Punkte d^I, h', x' in einer geraden Linie. Was für den Punkt **h** gilt, muß auch gelten für jeden anderen entsprechenden Punkt. Nun befinden sich die Projectionen der Punkte d^I, h, u. s. w. auf der Ebene **bcP'** in gerader Linie, und zugleich die Projectionen derselben Punkte auf der Ebene P', und da die Projectionen nicht auf der Durchschnittslinie beider Ebenen normal stehen, so ist die Linie $d^I h$ u. s. w. eine gerade Linie.

Man hat also in $d^I h$ eine zweite Richtungslinie, und die Fläche, von welcher die sämmtlichen Tangenten als Seiten zu betrachten sind, ist eine windschiefe Ebene.

Die windschiefe Ebene, welche die Spiralfläche in der Seite $b^I c$ berührt, wird erhalten, entweder indem man die Linien $b^I c$ und $d^I h$ als Richtungslinien benutzt und als Parallelebene eine Ebene, welche durch irgend eine der Tangenten etwa $d^I n$ geht, und dabei normal steht auf der ersten projicirenden Ebene **bcP'** der Seite $b^I c$; oder, indem man zwei Tangenten als Richtungslinien benutzt, und als Parallelebene eine auf der projicirenden Ebene bcP' normal stehende mit der Seite $b^I c$ parallele Ebene. Im letzten Fall kann nämlich als Parallelebene jede Ebene dienen, welche parallel ist mit den Linien $d^I h$ und $b^I c$, oder welche durch die eine dieser Linien geht und parallel ist mit der anderen. Eine solche Ebene ist die projicirende Ebene der Linie $d^I h$ zu der Ebene abP'. Sie geht nämlich durch $d^I h$ und ist parallel mit bc, weil sie die Linie **gv** enthält, welche mit **bc** parallel ist. Und es fällt in die Augen, daß jede Ebene, welche parallel mit **bc** ist und dabei normal steht auf der ersten projicirenden Ebene der Seite b'c, als Parallelebene sich gebrauchen läßt.

§. 316. Aufgabe.

Es ist eine Spiralfläche gegeben und in derselben eine Seite, man soll eine berührende windschiefe Ebene für diese Seite construiren.

Auflösung. Für zwei Punkte der Seite construire man Tangenten für die Spiralen, welche die Punkte beschreiben. Die Tangenten nehme man als Richtungslinien und eine auf der ersten projicirenden Ebene der Seite normal stehende mit der Seite parallele Ebene als Parallelebene einer windschiefen Ebene, so ist diese die verlangte. Oder man construire zwei Tangenten und nach dem vorigen Paragraph die Linie d'h, (h in F gedacht), lege durch die eine der Tangenten eine Ebene E normal auf der ersten projicirenden Ebene der Seite, und nehme die Seite und die Linie d'h als Richtungslinien, die Ebene E als Parallelebene der windschiefen Ebene, und sie ist ebenfalls die verlangte.

§. 317.

Man stelle sich, Fig. 129, eine Spiralfläche vor. Eine Seite derselben sei bc. Für die Seite bc werde die berührende windschiefe Ebene, und durch die Seite bc eine Ebene E gedacht. Steht die Ebene E nicht normal auf der ersten projicirenden Ebene der Seite bc, d. h. ist sie nicht parallel mit der Parallelebene der Transversalseiten der windschiefen Ebene, so hat sie mit der windschiefen Ebene noch eine der Seiten, etwa hq gemeinschaftlich, und berührt die windschiefe Ebene in dem Punkt q, in welchem die Seite hq und die Linie bc sich schneiden. Und dann ist die Ebene E zugleich Berührungsebene für den Punkt q der Spiralfläche. Steht dagegen die Ebene E normal auf der ersten projicirenden Ebene der Seite bc, so ist sie parallel mit der Parallelebene der Transversalseiten der windschiefen Ebene, und dann schneidet sie die windschiefe Ebene in der Transversalseite bc, und zugleich schneidet sie die Spiralfläche in ihrer Seite bc.

Eine Ebene E, welche durch eine Seite bc einer Spiralfläche gelegt ist, schneidet die Spiralfläche in einer krummen Linie, die erhalten wird, wenn man die Durchschnittspunkte der übrigen Seiten mit der Ebene construirt. Geht die Ebene E zugleich durch eine Tangente hq, so schneiden sich die krumme Durchschnittslinie und die Seite bc in dem Punkte q, welcher der Berührungspunkt der Ebene und der Spiralfläche ist. — Man nehme die Spirale, welche der Punkt q der Seite bc beschreibt, als Richtungslinie der Spiralfläche an. Die beiden Punkte der Richtungslinie, welche dem Punkte q zunächst liegen, fallen unendlich nahe mit den beiden Punkten zusammen, welche dem Punkte q ihrer Tangente hq zunächst liegen. Die beiden der Seite bc zunächst liegenden Seiten müssen daher die Ebene E in Punkten schneiden, die von dem Punkte q in der Ebene E unendlich wenig entfernt sind. Daraus erhellet die Behauptung. — Steht die Ebene E normal auf der ersten projicirenden Ebene der Seite bc, so rückt der Durchschnittspunkt unendlich weit hinaus.

Jede Ebene E also, welche durch eine Seite einer Spiralfläche gelegt wird und die nicht normal steht auf der ersten projicirenden Ebene der Seite, ist eine berührendschneidende Ebene für die Spiralfläche. Sie schneidet die Spiralfläche in der Seite und in einer krummen Linie, und der Durchschnittspunkt beider ist der Berührungspunkt.

§. 318. Aufgabe.

Eine Ebene E geht durch eine Seite bc einer gegebenen Spiralfläche, und steht nicht normal auf der ersten projicirenden Ebene der Seite bc. Man soll den Punkt bestimmen, in welchem die Ebene E die Spiralfläche berührt.

Auflösung. Man construire

1) die berührende windschiefe Ebene für die Seite bc, indem man zwei Tangenten als Richtungslinien, also eine auf der ersten projicirenden Ebene bcP′ der Seite bc normal stehende, mit der Seite bc parallele Ebene als Parallelebene benutzt. Die Seite bc der Spiralfläche erscheint dann als Seite der windschiefen Ebene.

2) Die Transversalseite der windschiefen Ebene, welche die Ebene E außer der Seite bc mit der windschiefen Ebene gemein hat. Der Durchschnittspunkt dieser Transversalseite mit der Seite bc ist der verlangte Berührungspunkt.

Ausführung. Es sei, Fig. 130, bc die gegebene Seite, b' ihr erster Durchgang, E′ der erste Schnitt der Ebene E. Die Ebene E geht durch die Seite bc, also E′ durch b'. Man nehme c'x' gleich $\alpha \cdot$ a'c', n'g gleich $\alpha \cdot$ a'c', ziehe a'n', normal darauf n'd', gd' normal auf b'c', ferner zeichne man d'x', yh' parallel b'c', h'v' normal auf b'c', und nehme v'q' gleich $\alpha \cdot$ a'c', so ist q' die erste Projection des Berührungspunktes, dessen zweite q'' sich durch die auf der Achse normal gezogene Linie q'q'' ergiebt.

Diese Ausführung erklärt sich hauptsächlich aus §. 315 und Fig. 129, mit welcher die gegenwärtige Figur in der Bezeichnung übereinstimmt. Als Richtungslinien der windschiefen Ebene dienen die Tangenten d'n und cx. b'c ist Seite der windschiefen Ebene, d'x eine zweite Seite. Es kommt darauf an, den Durchschnittspunkt h der Seite d'x und der Ebene E zu bestimmen. Zu dem Ende wird die Ebene bcP' als eine Projectionsebene benutzt, P' als andere. Die Linie b'c ist der Schnitt der Ebene E in bcP'. Die Projection vom d'x auf bcP' ist parallel mit b'c und wird in gx dargeboten. Wenn man daher den Punkt h bestimmen will, indem man die projicirende Ebene d'gx zu Hilfe nimmt, so ist yh parallel zur Achse b'c' zu zeichnen, und es ist h' die erste Projection des Punktes h. Das Weitere erklärt sich aus §. 315.

Andere Auflösung. Man construire nach §. 317 die krumme Linie, in welcher die Spiralfläche und die Ebene E sich schneiden, und bestimme den Durchschnittspunkt dieser krummen Linie und der Seite bc. Er ist der verlangte Berührungspunkt.

§. 319. Aufgabe.

Es ist eine Spiralfläche gegeben, in einer Seite bc derselben ein Punkt q, man soll die Berührungsebene der Spiralfläche für den Punkt q construiren.

Auflösung. Man denke die Spirale, welche durch den Punkt q der Seite bc beschrieben wird, construire die Tangente hq der Spirale für den Punkt q und lege eine Ebene durch die Seite bc und die Tangente hq. Diese Ebene ist die verlangte.

§. 320. Aufgabe.

Es ist eine Spiralfläche gegeben und eine gerade Linie ab. Man soll den Berührungscylinder für die Spiralfläche construiren, dessen Parallellinie die Linie ab ist.

Auflösung. Durch irgend eine Seite der Spiralfläche lege man eine Ebene E parallel mit der Linie ab, bestimme nach §. 318

den Berührungspunkt v der Ebene E und construire durch diesen Punkt v eine Linie vs parallel mit ab. Die Linie vs ist eine Seite des verlangten Berührungscylinders, und in derselben Weise construire man der Seiten so viele, als man nöthig erachtet.

§. 321. Aufgabe.

Es ist eine Spiralfläche gegeben und ein Punkt s. Man soll einen Berührungskegel für die Spiralfläche construiren, dessen Spitze der Punkt s ist.

Auflösung. Man lege durch den Punkt s und durch irgend eine Seite der Spiralfläche eine Ebene E, bestimme den Berührungspunkt n der Ebene E und construire die Linie sn. Sie ist eine Seite des Berührungskegels, deren man in derselben Weise beliebig viele erlangen kann.

§. 322. Aufgabe.

Es ist eine Spiralfläche gegeben, in ihr ein Punkt n. Man soll in dem Punkt n eine Normale auf der Spiralfläche errichten.

Auflösung. Man construire nach §. 319 die Berührungsebene E der Spiralfläche für den Punkt n und errichte auf der Berührungsebene E in dem Punkt n eine Normale. Sie ist die verlangte.

§. 323. Aufgabe.

Es ist eine Spiralfläche gegeben und eine Ebene E. Man soll eine Berührungsebene für die Spiralfläche construiren, welche mit der Ebene E parallel ist.

Auflösung. In der Achse aa' der Richtungslinie nehme man einen Punkt g beliebig an, und denke durch ihn eine Linie $d'g$ parallel mit einer beliebigen Seite der Spiralfläche. Durch den Punkt g können Linien gedacht werden parallel mit jeder Seite der Spiralfläche. Alle diese Linien bilden denselben Winkel mit der ersten Projectionsebene. Sie befinden sich daher auf dem Mantel eines normalen Kegels, dessen Spitze g ist, und dessen erster Schnitt erhalten wird, wenn man von a' aus mit $a'd'$ als Radius einen Kreis beschreibt. — Durch die Spitze g des Kegels lege man eine Ebene F parallel mit der Ebene E. Es können drei Fälle eintreten: entweder schneidet die Ebene F den Kegel in zwei Seiten, oder die Ebene F berührt den Kegel in einer Seite, oder die Ebene F hat mit dem Kegel nur die Spitze gemeinschaftlich. — Schneidet die Ebene F den Kegel in zwei Seiten, so construire man die Seiten der Spiralfläche, welche diesen Seiten des Kegels parallel sind. Sie werden erhalten, indem man ihre ersten Projectionen parallel den ersten Projectionen der Seiten des Kegels zeichnet und dann die zweiten bestimmt. Die Seiten der Spiralfläche, welche jenen Seiten des Kegels parallel laufen, sind parallel mit der Ebene F und deshalb auch mit der Ebene E. Durch jede dieser Seiten der Spiralfläche kann also eine Ebene G construirt werden, die mit der Ebene E parallel und dann eine Berührungsebene ist, wie sie verlangt wurde. Eine solche Ebene G ist aber eine Berührungsebene, weil sie nicht normal steht auf der ersten projicirenden Ebene der Seite der Spiralfläche; denn stände sie auf dieser projicirenden Ebene normal, so würde sie zugleich auf der mit jener parallelen ersten projicirenden Ebene der Kegelseite normal stehen, und da die Ebene F mit der Ebene G parallel ist, so müßte auch die Ebene F normal stehen auf der ersten projicirenden Ebene der Kegelseite, müßte also Berührungsebene des Kegels sein, welches gegen die Voraussetzung streitet, daß die Ebene F den Kegel in zwei Seiten schneidet. — Berührt die Ebene F den Kegel in einer Seite, so giebt es keine mit der Ebene E parallele Berührungsebene der Spiralfläche; denn wenn man durch die Seite derselben, welche jener Seite des Kegels parallel ist, eine mit der Ebene E parallele Ebene construirt, so fällt sie normal auf der ersten projicirenden Ebene der Seite der Spiralfläche aus. — Hat endlich die Ebene F keine Seite mit dem Kegelmantel gemein, so giebt es eben so wenig eine Berührungsebene für die Spiralfläche, welche mit der Ebene E parallel ist.

§. 324. Aufgabe.

Es ist eine Spiralfläche gegeben und eine gerade Linie ab. Man soll eine Normale für die Spiralfläche construiren, welche der Linie ab parallel ist.

Auflösung. Man construire eine Ebene H, welche normal auf der Linie ab steht, dann eine Berührungsebene E für die

Spiralfläche, welche der Ebene H parallel ist, und errichte in dem Berührungspunkt der Ebene E eine Normale auf dieser Ebene. Damit ist die Aufgabe gelöst.

§. 325. Aufgabe.

Es ist eine Spiralfläche gegeben und außerhalb derselben ein Punkt a. Man soll von dem Punkt a aus eine Normale auf die Spiralfläche fällen.

Auflösung. Man fälle von dem Punkt a auf irgend eine Seite bc der Spiralfläche eine Normale an. Für den Punkt n der Seite bc, in welchem sie von der Normale getroffen wird, construire man die Berührungsebene E der Spiralfläche. Auf die Ebene E fälle man ebenfalls von a aus eine Normale und construire den Durchschnittspunkt q derselben und der Ebene E. Liegen die Punkte q und n in einander, so ist an die verlangte Normale, fallen die Punkte q und n nicht in einander, so wiederhole man das Verfahren an einer zweiten Seite, u. s. f., bis man in solcher Art versuchsweise die Normale erlangt hat.

Auch kann man auf viele Seiten Normalen fällen und die Curve der Punkte n construiren, ferner die Curve der Punkte q. Dann ist der Punkt, in welchem beide Curven sich schneiden, derjenige Punkt der Spiralfläche, den die verlangte Normale trifft.

IV. Gerade Spiralfläche.

§. 326.

Man denke einen gewöhnlichen normalen Cylinder C und eine Ebene E, welche ihn in einer Seite qq′ berührt. In der Ebene befinde sich eine gerade Linie bc, welche die Seite qq′ unter einem spitzen Winkel α schneidet. Die Ebene werde um den Cylinder gewälzt. Die Linie bc schneidet während der Wälzung nach und nach alle Seiten des Cylinders unter dem Winkel α; und die Durchschnittspunkte der Linie bc mit den Seiten des Cylinders bilden eine auf dem Cylindermantel liegende cylindrische Spirale, deren Winkel α, und für welche die Linie bc stets

Tangente ist. Die Linie bc beschreibt während der Wälzung eine krumme Fläche: diese nennen wir gerade Spiralfläche.

Wird ein normaler Cylindermantel K gedacht, welcher mit dem Cylinder C die Achse gemeinschaftlich, aber einen größeren Radius hat, so schneidet die Linie bc den Cylindermantel K in einer cylindrischen Spirale von gleicher Höhe mit der Spirale, welche sie auf dem Cylinder C beschreibt. — Während die Ebene E den Cylinder C in der Seite qq' berührt, sei z der Punkt, in welchem der Cylindermantel K von der Linie bc geschnitten wird. Durch z denke man Fig. 131 die erste Projectionsebene gelegt und normal auf der Achse von C. Die Ebene E sei gewälzt bis sie in ihre gegenwärtige Lage gelangt ist. Man nehme c'x' gleich dem Bogen c'q', so ist x' der Punkt des Schnittes E', welcher sich in der ersten Lage der Ebene E in q' befand; man nehme n'b' gleich c'x', und es ist b' der Punkt des Schnittes E', welcher zuerst in z lag, also zugleich erster Durchgang der Linie bc in ihrer gegenwärtigen Lage. Mit der Ebene E ist die Linie b'c herabgeschlagen und die Punkte n und c, welche bc gegenwärtig mit K und C gemein hat. Die in x' auf E errichtete Normale x'(x) liefert den Punkt (x), welchen die Linie bc in ihrer ersten Lage mit C gemein hatte, und b' ist, wie schon bemerkt, der Punkt, welcher sich zuerst in K' befand. Es sei (x)v parallel E'. Die Dreiecke b'n'(n) und (x)v(c) sind congruent, weil sie die Seiten b'n' und (x)v, die Winkel bei (n) und (c) und die bei n' und v gleich haben. Daher ist n'(n) gleich v(c). Nun sei h die Höhe der Spirale auf dem Cylinder C, so verhält sich

$$\text{Bog. } q'c' : 2\pi a'c' = v(c) : h$$

und es ist $\text{Bog. } q'c' : 2\pi a'c' = \text{Bog. } zn' : 2\pi a'n'$,

daher auch $\text{Bog. } zn' : 2\pi a'n = n'(n) : h$,

und diese Proportion beweist, daß K von bc in einer cylindrischen Spirale geschnitten wird von gleicher Ganghöhe mit der auf C. — Hieraus erhellet, daß die von bc beschriebene Fläche in der That eine Spiralfläche ist.

Die wichtigste Abweichung der geraden Spiralfläche von der allgemeinen und der Grund sie als eine besondere Fläche zu unterscheiden liegt in dem Umstande, daß für jede Seite der geraden Spiralfläche nicht eine berührende windschiefe Ebene sondern eine Berührungsebene besteht. — Man denke die Tangente d'n für den Punkt n der Spirale zn, in welcher der Cylindermantel K von der Linie bc geschnitten wird. Es sei d' erster Durchgang dieser Tangente. Man fälle von d' eine Normale d'g auf die erste Projection b'c' der Seite bc, so wird, wie in §. 315, wenn wir den Winkel za'n' in Bogenmaaß gleich γ setzen, $n'g = a'c' \cdot \gamma$. Eben so groß ist aber n'b', weil nach dem Obigen n'b' gleich c'x' gleich Bogen q'c' ist und dieser dem Mittelpunktswinkel $q'a'c' = za'n' = \gamma$ entspricht. Der Punkt g fällt also in b'. Die Projection der Tangente d'n auf der ersten projicirenden Ebene der Seite b'c fällt hiernach in die Seite b'c selbst. Dies gilt für alle ähnlichen Tangenten; diese befinden sich also in einer Ebene, welche durch die Seite bc geht und auf deren ersten projicirenden Ebene normal steht. Wenn man hiernach durch eine Seite einer geraden Spiralfläche eine Ebene legt, welche normal steht auf der ersten projicirenden Ebene der Seite, so ist die Ebene Berührungsebene der Spiralfläche für diese Seite.

Der erste Schnitt G' der Ebene G, welche die gerade Spiralfläche in der Seite b'c berührt, geht durch den Punkt b' und steht normal auf der ersten Projection b'c' der Seite b'c, fällt also mit der Linie d'b' zusammen. Und wird der erste Schnitt der geraden Spiralfläche gedacht, so ist die Linie G' Tangente desselben für den Punkt b'. Denn da die Ebene G und die gerade Spiralfläche sich berühren, so werden beide von der ersten Projectionsebene in sich berührenden Linien geschnitten.

§. 327. Aufgabe.

Es ist eine gerade Spiralfläche gegeben und ein Punkt y; man soll eine Berührungsebene für die Spiralfläche construiren, welche durch den Punkt y geht.

Auflösung. Der Punkt y werde Fig. 131 zunächst in der ersten Projectionsebene gedacht. Man construire den ersten Schnitt zb' der geraden Spiralfläche, lege an diesen von y aus die Tangente G', construire die Seite, deren erster Durchgang der Berührungspunkt b' ist, und durch G' und diese Seite b'c eine Ebene G, und man hat die verlangte Berührungsebene. Der erste Schnitt der Spiralfläche ist eine Spirale, daher lassen sich durch y mehrere Tangenten G' und eben so viele Berührungsebenen G construiren. — Befindet sich der Punkt y nicht in der ersten Projectionsebene, so lege man durch ihn eine Ebene normal auf der Achse aa^{I} des Cylinders C, projicire auf diese Ebene und verfahre dann wie vorher.

§. 328. Aufgabe.

Es ist eine gerade Spiralfläche gegeben und eine gerade Linie l, man soll eine Berührungsebene für die Spiralfläche construiren, welche parallel mit der geraden Linie ist.

Auflösung. In der Achse aa^{I} des Cylinders C nehme man einen Punkt s beliebig, lege durch ihn eine gerade Linie ps, unter dem Winkel α gegen die Achse aa^{I} geneigt, welchen die Erzeugungslinie stets mit den Seiten des Cylinders C bildet, construire den ersten Durchgang p^{I} der Linie ps, beschreibe mit $a^{I}p^{I}$ als Radius einen Kreis, der a^{I} zum Mittelpunkt hat, und betrachte diesen Kreis als ersten Schnitt und s als Spitze eines normalen Kegels. An den Kegel lege man Berührungsebenen parallel mit der Linie l; construire die Seiten der Spiralfläche, welche parallel sind mit den Seiten des Kegels, in denen er von jenen Ebenen berührt wird, und endlich die Berührungsebenen der Spiralfläche für jene Seiten. Jede dieser Berührungsebenen ist parallel mit der Linie l.

§. 329. Aufgabe.

Es ist eine gerade Spiralfläche gegeben und eine Ebene E, man soll eine Normale für die Spiralfläche construiren, welche parallel mit der Ebene E ist.

Auflösung. Man construire eine gerade Linie l, welche normal auf der Ebene E steht, eine Berührungsebene G für die Spiralfläche, welche parallel ist mit der Linie l, und errichte in irgend einem Punkt der Seite, in welcher die Spiralfläche von der Ebene G berührt wird, eine Normale auf der Ebene G. Diese Normale ist die verlangte.

§. 330.

Hiermit sind die wichtigeren Gegenstände erledigt, in welchen die gerade Spiralfläche von der allgemeinen Spiralfläche sich unterscheidet. Das Uebrige bedarf der Erörterung nicht.

Dritter Abschnitt.

Die geometrische Zeichenkunst.

Erstes Kapitel.

Einleitendes und allgemeine Gesetze für die Beleuchtung und die Construction der Schatten.

§. 331.

Das Zeichnen der Projectionen von Gegenständen wird geometrisches Zeichnen genannt. Das geometrische Zeichnen führt verschiedene Benennungen nach den Gegenständen, welche dargestellt werden, als Maschinenzeichnen, architektonisches Zeichnen, Artilleriezeichnen u. s. w.

Für das geometrische Zeichnen ist es am vortheilhaftesten, die eine der Projectionsebenen in horizontaler, also die andere in verticaler Lage anzunehmen. Dies hat seinen Grund einestheils darin, daß dabei die projicirenden Linien vertical gerichtet sind oder horizontal, anderentheils darin, daß bei Gebäuden u. s. w. die einzelnen Theile vorherrschend horizontal oder vertical liegen.

Die Projection eines Gegenstandes auf der horizontalen Projectionsebene wird sein Grundriß, die auf der verticalen sein Aufriß genannt, wie bereits früher erwähnt worden. Von zusammengesetzten Gegenständen zeichnet man zu mehrerer Deutlichkeit noch Durchschnitte mit horizontalen oder verticalen Ebenen. Diese Zeichnungen heißen schlechthin Durchschnitte. Die Lage der Durchschnitte muß durch ihre Schnitte im Grundriß oder im Aufriß angegeben sein. Und ist der Schnitt einer Durchschnittsebene eine Linie AB, so nennt man den Durchschnitt dieser Ebene mit dem Object den Durchschnitt desselben nach der Linie AB. Ein Durchschnitt, dessen Ebene vertical steht, und der das Object in seiner größeren Ausdehnung schneidet, heißt ein Längendurchschnitt; ein Durchschnitt, dessen Ebene vertical steht, und der das Object nach seiner geringeren Ausdehnung schneidet, ein Querdurchschnitt; ein Durchschnitt endlich, dessen Ebene horizontal läuft, wird ein Horizontaldurchschnitt genannt.

Unter einer vorderen Ansicht versteht man den Aufriß der dem Beschauer zugewendeten Flächen, unter der Voraussetzung, daß sich das Object zwischen dem Beschauer und der verticalen Projectionsebene befinde. Die hintere Ansicht eines Objects ist der Aufriß seiner der verticalen Projectionsebene zugewendeten Flächen. Die dritten Projectionen der, einer dritten Projectionsebene zugewendeten Flächen eines Objectes heißen Seitenansichten desselben. Aehnlich obere Ansicht u. s. w.

Profile sind die Projectionen der äußeren Umrisse. Man unterscheidet Längenprofile, Querprofile u. s. w.

Nur in seltenen Fällen werden geometrische Zeichnungen in der natürlichen Größe ihrer Gegenstände, in den meisten werden sie in einem verjüngten Maaßstabe ausgeführt. Der Maaßstab muß beigefügt werden, wenn die natürliche Größe der Objecte sich aus der Zeichnung soll entnehmen lassen.

§. 332.

Die geometrische Zeichnung eines Gegenstandes stellt ihn nicht so dar, wie er erscheint, wenn er aus irgend einem Standpunkt betrachtet wird. Aus seinen Projectionen wird daher ein Object nicht durch den bloßen Anblick erkannt, sondern durch Schlüsse. Um geometrische Zeichnungen einigermaßen in bildliche zu verwandeln, wendet man bei ihnen häufig Beleuchtung und Schatten an. Beleuchtung und Schatten bewirken, daß in jeder Projection die einzelnen Flächen mehr in ihrer natürlichen Lage hervortreten; dadurch wird jede einzelne Projection in gewissem Grade zu einem Bilde des Objects, und das Verstehen der geometrischen Zeichnungen erleichtert. Zu dem geometrischen Zeichnen mit Beleuchtung und Schatten bedarf es einer Lehre von der Beleuchtung und von den Schatten. Diese Lehre umfaßt der gegenwärtige Abschnitt.

§. 333.

Die Beleuchtung, welche wir in der Natur wahrnehmen, ist das Ergebniß der physikalischen Eigenschaften des Lichtes, der Gestalt und Beschaffenheit der leuchtenden und der beleuchteten Körper, ihrer Lage zu einander und unseres Gesichtsorgans.

Eine naturgetreue Beleuchtung kann in der Zeichenkunst durch Nachahmung der Natur erlangt werden. Man kann aber auch in vielen Fällen die Beleuchtung im Wege der Construction finden.

Die Nachahmung der Natur allein reicht für die Zeichenkunst nicht aus. Sie kann nicht eintreten, wenn Gegenstände gezeichnet werden müssen, die in der Wirklichkeit noch nicht vorhanden sind, wie z. B. wenn man ein Gebäude, eine Maschine projectirt. Die Construction allein ist gleichfalls unzulänglich, weil man nicht alle Umstände kennt, welche auf die Beleuchtung Einfluß üben, und weil sich oft allzu große Schwierigkeiten entgegenstellen.

Zu einer Beleuchtung, welche der Natur gemäß ist, und welche den praktischen Bedürfnissen entspricht, gelangt man durch die Verbindung beider Wege. Man studirt nämlich diejenigen Eigenschaften des Lichtes und die Umstände, von welchen vornehmlich die Beleuchtung abhängt, und beobachtet andrerseits die Erscheinungen in der Natur. Man construirt dann beim Zeichnen, wo die Construction nothwendig oder ersprießlich ist, und ergänzt und verbessert, wo die Construction nicht ausreicht, nach dem durch Beobachtung der Natur erworbenen Urtheil; man verfährt lediglich nach diesem Urtheil, oder copirt die Natur, je nachdem die vorliegenden Fälle es mit sich bringen.

§. 334.

Das Licht verbreitet sich von den leuchtenden Körpern geradlinigt und divergirend.

Dies ist für die Beleuchtung und für die Construction der Schatten das Grundgesetz.

Je größer indeß die Entfernung eines beleuchteten Körpers von dem ihn beleuchtenden ist, desto weniger divergirend sind die Lichtstrahlen, welche den beleuchteten Körper treffen; und diese

Entfernung kann so groß werden, daß man die den beleuchteten Körper treffenden Lichtstrahlen als parallel annehmen darf, ohne einen bemerkbaren Fehler zu begehen. Die Lichtstrahlen der Himmelskörper, durch welche die Erde getroffen wird, kommen aus so großen Entfernungen, daß sie als parallel gelten.

Bei der Beleuchtung durch Kerzenlicht sind die Entfernungen, in welchen sie Wirksamkeit äußert, nur gering. Die Lichtstrahlen, welche die beleuchteten Körper treffen, divergiren daher lebhaft. Im Allgemeinen ist die Flamme der Kerze von sehr geringem Umfang im Vergleich zu den beleuchteten Gegenständen. Ohne einen wesentlichen Fehler zu begehen nimmt man deshalb an, die Lichtstrahlen gehen von einem Punkt aus. Die Untersuchungen werden dadurch erleichtert.

Die Beleuchtung lassen wir in die durch parallele Lichtstrahlen und in die Beleuchtung durch divergirende Lichtstrahlen, welche von einem Punkt ausgehen, zerfallen. Die erstere umfaßt die Tagesbeleuchtung, Mondscheinbeleuchtung, die andere die Beleuchtung durch Kerzenlicht.

Es kommen Fälle vor, in welchen eine Beleuchtung durch divergirende Lichtstrahlen Statt findet, die von einer Fläche ausgehen, deren Umfang im Vergleich zu den beleuchteten Gegenständen bedeutend ist. Diese Fälle sind unter den eben angeführten beiden Beleuchtungen nicht begriffen und bilden eine besondere Abtheilung, von welcher wir das Wesentlichste mittheilen werden.

§. 335.

Man stelle sich parallele Lichtstrahlen vor und eine unendliche Ebene E, auf welcher die Lichtstrahlen normal stehen. Man stelle sich ferner eine begränzte Ebene F vor, welche von den parallelen Lichtstrahlen beleuchtet wird. Die Ebene F denke man nach und nach in verschiedenen Lagen gegen die Ebene E. Es fällt in die Augen, daß die Ebene F in jeder ihrer verschiedenen Lagen eben so viel Licht auffängt, als ihre Projection auf der Ebene E erhalten würde, wenn die Ebene F nicht zugegen wäre. Je nachdem also die Projection der Ebene F auf der Ebene E größer oder kleiner ist, je nachdem fällt die Beleuchtung der Ebene F stärker oder schwächer aus.

Ist die Ebene F mit der Ebene E parallel, so ist sie ihrer

Projection auf der Ebene E gleich; und bildet die Ebene F mit der Ebene E den Winkel α, so ist nach §. 37 ihre Projection auf der Ebene E gleich F Cos α. Die Projection der Ebene F auf der Ebene E ist also am größten, wenn die Ebenen parallel sind, sie ist um so kleiner, je größer der Neigungswinkel α der Ebenen F und E ist, bis sie endlich zu einer geraden Linie schwindet, wenn F normal steht auf E. Die Ebene F empfängt demnach das meiste Licht, wenn sie parallel ist mit der Ebene E, sie empfängt weniger und weniger Licht, je größer der spitze Winkel ist, welchen sie mit der Ebene E bildet, bis sie zuletzt gar kein Licht erhält, wenn sie auf der Ebene E normal steht oder, was dasselbe ist, parallel mit den Lichtstrahlen läuft.

§. 336.

Der Winkel β, welchen die parallelen Lichtstrahlen mit der Ebene F bilden, ist der Complementswinkel zu dem Winkel α, der von den Ebenen F und E gebildet wird. — Um dies zu zeigen, denke man irgend einen Lichtstrahl, welcher die Ebene F in dem Punkte A trifft, verlängert bis zu seinem Durchschnitt B mit der Ebene E; die Ebene F werde nöthigenfalls verbreitet bis die Durchschnittslinie der beiden Ebenen F und E sich ergiebt; auf die Durchschnittslinie fälle man von A und B aus Normalen; sie treffen dieselbe in einem Punkt C. Das Dreieck ABC ist bei B rechtwinklig, enthält bei C den Winkel α, und der Winkel bei A ist dem Winkel β gleich. Deshalb sind α und β Complementswinkel.

Je größer α ist, desto kleiner ist β; und das Gesetz im vorigen Paragraph kann jetzt folgendermaßen ausgesprochen werden: Eine Ebene, welche durch parallele Lichtstrahlen beleuchtet wird, hat die stärkste Beleuchtung, wenn dieselben auf ihr normal stehen; sie empfängt eine verminderte Beleuchtung, wenn die Lichtstrahlen nicht auf ihr normal stehen, und die Beleuchtung ist um so schwächer, je spitzer der Winkel ist, den die Lichtstrahlen mit der Ebene bilden; die Ebene erhält endlich gar keine Beleuchtung, wenn sie mit den Lichtstrahlen parallel ist.

§. 337.

Die Beleuchtung, welche eine Ebene durch parallele Lichtstrahlen erhält, die auf ihr normal stehen, mag die volle Beleuchtung der Ebene durch diese Lichtstrahlen heißen.

§. 338.

Die volle Beleuchtung einer Ebene F verhält sich zu der verminderten Beleuchtung, welche sie erhält, wenn sie von den parallelen Lichtstrahlen unter dem spitzen Winkel β getroffen wird, wie $1 : \mathrm{Sin}\, \beta$.

Denkt man die Ebene E, und ist α der Complementswinkel zu β, so ist α zugleich der Neigungswinkel der Ebenen E und F, und es verhält sich die volle Beleuchtung der Ebene F zu der verminderten wie $F : F\, \mathrm{Cos}\, \alpha$, d. i. wie $1 : \mathrm{Cos}\, \alpha$ oder $1 : \mathrm{Sin}\, \beta$.

Treffen parallele Lichtstrahlen eine Ebene unter dem Winkel γ, eine andere unter dem Winkel δ, so verhalten sich die Beleuchtungen der Ebenen wie $\mathrm{Sin}\, \gamma : \mathrm{Sin}\, \delta$. Und wenn überhaupt parallele Lichtstrahlen beliebig viele Ebenen erhellen, so verhalten sich die Beleuchtungen derselben wie die Sinusse der Winkel, unter denen sie von den Lichtstrahlen getroffen werden.

Die Beleuchtung, welche eine Ebene durch parallele Lichtstrahlen empfängt, ist gleichmäßig.

§. 339.

Jeder Punkt einer krummen Fläche, welche von parallelen Lichtstrahlen beleuchtet wird, hat einerlei Beleuchtung mit seiner Berührungsebene.

Alle Punkte einer krummen Fläche, welche eine Berührungsebene gemeinschaftlich haben, oder deren Berührungsebenen von den parallelen Lichtstrahlen unter gleichen Winkeln getroffen werden, haben daher gleiche Beleuchtung.

§. 340.

Es werde eine undurchsichtige Kugel gedacht, beleuchtet durch parallele Lichtstrahlen, die von einem leuchtenden Körper S ausgehen. Man denke den Berührungscylinder der Kugel, dessen Seiten parallel mit den Lichtstrahlen sind. Die Linie, in welcher der Cylinder die Kugel berührt, theilt die Oberfläche derselben in zwei Theile, und der Theil, welcher dem leuchtenden Körper zugewendet ist, hat Beleuchtung, liegt im Licht, der andere Theil dagegen wird von keinem der parallelen Lichtstrahlen unmittelbar getroffen, liegt im Schatten. Die Berührungslinie des Cylinders ist also die Gränze zwischen Schatten und Licht auf der Oberfläche der Kugel.

Man betrachte ferner den unendlichen cylindrischen Raum, welcher von dem Berührungscylinder umschlossen, und die beiden Theile desselben, in welche er durch den beleuchteten Theil der Kugelfläche getheilt ist. Das Licht durchstreicht nur den einen, dem leuchtenden Körper S zunächst liegenden Theil des cylindrischen Raumes, und wird dann von dem beleuchteten Theil der Kugelfläche aufgefangen; den anderen Theil des cylindrischen Raumes erreichen also die parallelen Lichtstrahlen nicht. Dieser andere Theil des cylindrischen Raumes heißt der Schatten, bestimmter der Schatten-Cylinder der Kugel, der erste Theil mag ihr Lichtcylinder genannt werden. Eine Fläche F, welche ganz oder zum Theil innerhalb des Schattencylinders der Kugel liegt, empfängt, so weit sie sich innerhalb des Schattencylinders befindet, kein Licht von dem leuchtenden Körper S. Liegt die Fläche F ganz in dem Schattencylinder, so sagt man, die Fläche F, oder der von ihr etwa begränzte Körper, befinde sich im Schatten der Kugel; liegt nur ein Theil der Fläche F innerhalb des Schattencylinders, so heißt dieser Theil der Schlagschatten der Kugel auf der Fläche F, oder auf dem Körper, den die Fläche F begränzt.

§. 341.

So wie die Oberfläche der Kugel, ist im Allgemeinen die Oberfläche jedes anderen Körpers, den parallele Lichtstrahlen beleuchten, in zwei Theile getheilt, von welchen der eine Beleuchtung empfängt, der andere im Schatten liegt. Die beiden Theile werden immer vermittelst des Berührungscylinders des Körpers erhalten, dessen Seiten parallel sind mit den Lichtstrahlen; denn die Berührungslinie liefert die Gränze zwischen Schatten und Licht. Der Berührungscylinder ist hier aber in seiner weitesten Bedeutung zu nehmen und wird in vielen Fällen zu einem Prisma. Der Berührungscylinder theilt sich in den Schattencylinder und in den Lichtcylinder, und der erstere erzeugt, wie bei der Kugel, die Schlagschatten des Körpers.

§. 342.

1) Werden zwei Körper A und B durch parallele Lichtstrah-

len beleuchtet, und befindet sich jeder ganz außerhalb des Schattencylinders des anderen, so wirft keiner Schlagschatten auf den anderen, und umgekehrt.

2) Liegt der Körper B ganz in dem Schattencylinder des Körpers A, so empfängt B keine Beleuchtung, und umgekehrt.

3) Befindet sich der Körper A ganz in dem Lichtcylinder des Körpers B, so fällt auf B der vollständige Schlagschatten von A, und umgekehrt.

4) Liegt ein Theil des Körpers A in dem Lichtcylinder von B, so wirft dieser Theil von A Schlagschatten auf B, und umgekehrt.

§. 343.

Eine Kugelfläche, deren Mittelpunkt ein leuchtender Punkt A ist, empfängt eine gleichmäßige Beleuchtung durch die von A ausgehenden divergirenden Lichtstrahlen. Alle Kugelflächen, welche mit jener concentrisch sind, erhalten, einzeln angenommen, gleich viel Licht. Die Kugelflächen verhalten sich wie die Quadrate ihrer Radien, ihre Beleuchtungen daher umgekehrt wie diese Quadrate.

§. 344.

Es werde ein leuchtender Punkt A gedacht, eine Kugelfläche, deren Mittelpunkt A ist, eine begränzte Ebene E und der Kegel, dessen Spitze A und dessen Richtungslinie der Umfang der Ebene E ist. Die Ebene E empfängt eben so viel Licht, als die Durchschnittsfigur des Kegels mit der Kugelfläche. Wenn man die Ebene in verschiedenen Lagen denkt, und jedesmal die Durchschnittsfigur beachtet, erhellet, daß die Beleuchtung der Ebene sich vermindert, je spitzer die Winkel werden, unter denen sie von den divergirenden Lichtstrahlen getroffen wird, bis sie endlich gar kein Licht erhält, wenn sie, unendlich gedacht, durch den Punkt A geht.

Man denke ferner den Kegel geschnitten durch Ebenen, welche parallel sind mit der Ebene E. Die entstehenden Durchschnittsfiguren sind kleiner oder größer als die Ebene E, je nachdem ihre Entfernung von dem Punkt A kleiner oder größer ist, als die der Ebene E. Jede der Durchschnittsfiguren empfängt, wenn sie allein gedacht wird, eben so viel Licht von dem Punkt A, als die Ebene E; sie werden daher stärker oder schwächer beleuchtet sein als diese Ebene, je nachdem sie dem Punkt A näher liegen als dieselbe, oder von ihm weiter entfernt stehen. Die Durchschnittsfiguren verhalten sich wie die Quadrate ihrer Entfernungen von dem Punkt A; also müssen sich ihre Beleuchtungen, der Stärke nach, verhalten umgekehrt wie diese Quadrate.

Die Beleuchtung, welche divergirende Lichtstrahlen gewähren, vermindert sich also, wenn die Entfernung des beleuchteten Gegenstandes von dem leuchtenden Punkt wächst; und bei sonst gleicher Lage des Gegenstandes gegen den leuchtenden Punkt nimmt die Stärke der Beleuchtungen in demselben Verhältniß ab, in welchem die Quadrate der Entfernungen wachsen.

§. 345.

Man stelle sich eine unendliche Ebene vor, welche durch divergirende Lichtstrahlen beleuchtet wird, die von einem leuchtenden Punkt ausgehen. Nur einer von den Lichtstrahlen steht auf der Ebene normal; der Punkt, in welchem er die Ebene trifft, sei N; alle übrigen Lichtstrahlen bilden mit der Ebene spitze Winkel, die um so kleiner ausfallen, je weiter ihre Durchschnittspunkte mit der Ebene von dem Punkt N entfernt liegen. Die Lichtstrahlen selbst sind, so weit sie zwischen dem leuchtenden Punkt und der Ebene sich befinden, von ungleicher Länge: Der Lichtstrahl, welcher auf der Ebene normal steht, ist der kürzeste, die übrigen werden um so länger, je weiter ihre Durchschnittspunkte mit der Ebene von dem Punkt N sich entfernen. Mit der Länge der Lichtstrahlen nimmt ihre Divergenz zu, die Stärke der Beleuchtung ab. — Die Ebene erhält hiernach eine ungleichförmige Beleuchtung, und zwar aus doppelten Gründen, nämlich erstens wegen der ungleichen Winkel, unter denen sie von den Lichtstrahlen getroffen wird, und zweitens wegen der ungleichen Länge und der damit verbundenen ungleichen Divergenz der Lichtstrahlen. Das Abnehmen der Winkel und das Zunehmen der Lichtstrahlen finden gleichzeitig Statt. Die Ebene hat daher in dem Punkt N die stärkste Beleuchtung, und die Beleuchtung der übrigen Punkte ist um so schwächer, je beträchtlicher ihre Entfernung von dem Punkt N ist. — Man denke in der Ebene mit einem beliebigen Halbmesser einen Kreis beschrieben, der den Punkt N zum Mittelpunkt hat. Alle Punkte der Peripherie dieses Kreises erhalten gleiche

Beleuchtung. Daraus erhellet, daß die Verminderung der Beleuchtung der Ebene nach allen Richtungen von dem Punkt N aus in gleichem Maaße erfolgt.

§. 346.

Zwei begränzte Ebenen F und F′ mögen durch divergirendes Licht beleuchtet werden, welches sie von einem leuchtenden Punkt A empfangen. Die unendlichen Ebenen, als deren Theile F und F′ sich betrachten lassen, seien beziehlich E und E′. Die normalen Abstände der Ebenen E und E′ von dem Punkt A seien AN und AN′. Das Verhältniß der Beleuchtungen der begränzten Ebenen F und F′ hängt nun ab von dem Verhältniß der Beleuchtungen der Ebenen E und E′, welches sich nach §. 344 feststellt, und von der Lage der Figuren F und F′ gegen die Punkte N und N′.

§. 347.

Jeder Punkt einer krummen Fläche erhält bei einer Beleuchtung durch divergirende Lichtstrahlen gleiche Beleuchtung mit dem Punkt seiner Berührungsebene, der mit ihm zusammenfällt.

Durch divergirende Lichtstrahlen empfangen alle Flächen eine ungleichmäßige Beleuchtung; nur die Beleuchtung einer Kugelfläche in deren Mittelpunkt der leuchtende Punkt sich befindet, ist gleichmäßig.

§. 348.

Es werde eine undurchsichtige Kugel gedacht, beleuchtet durch divergirende Lichtstrahlen, welche von einem leuchtenden Punkt A ausgehen, und der Berührungskegel der Kugel, dessen Spitze der Punkt A ist. Die Linie, in welcher der Kegel die Kugel berührt, theilt die Oberfläche derselben in zwei Theile, und der Theil, welcher dem leuchtenden Punkt zugewendet ist, hat Beleuchtung, der andere liegt im Schatten. Die Berührungslinie des Kegels ist also die Gränze zwischen Schatten und Licht auf der Oberfläche der Kugel.

Der unendliche von dem Berührungskegel umschlossene Raum wird durch den beleuchteten Theil der Kugelfläche in zwei Theile getheilt. Das Licht durchstreicht nur den an dem leuchtenden Punkt liegenden Theil, wird dann von dem beleuchteten Theil der Kugelfläche aufgefangen und so verhindert den anderen Theil zu erreichen. Dieser andere Theil heißt der Schatten, bestimmter der Schattenkegel der Kugel, der erste mag ihr Lichtkegel heißen. Eine Fläche F, welche ganz oder zum Theil innerhalb des Schattenkegels sich befindet, empfängt, so weit sie in dem Schattenkegel liegt, kein Licht von dem leuchtenden Punkt A. Befindet sich die Fläche F ganz in dem Schattenkegel, so sagt man, sie, oder der von ihr etwa begränzte Körper, liege im Schatten der Kugel; befindet sich nur ein Theil der Fläche innerhalb des Schattenkegels, so heißt dieser Theil der Schlagschatten der Kugel auf der Fläche F, oder auf dem Körper, den sie begränzt.

Was wir hier in Bezug auf eine Kugel gesagt haben, dehne man auf beliebige Körper aus.

§. 349.

Wir haben noch die Beleuchtung durch divergirende Lichtstrahlen in Betrachtung zu ziehen, welche von leuchtenden Körpern ausgehen, während die beleuchteten Gegenstände nicht in solcher Ferne von den leuchtenden Körpern liegen, daß die sie treffenden Lichtstrahlen als parallel, und die leuchtenden Körper nicht im Vergleich zu den beleuchteten so klein sind, daß sie als Punkte gelten können.

§. 350.

Man stelle sich zwei Kugeln A und B vor, die eine, A, leuchtend, die andere, B, von jener beleuchtet. Man denke den gemeinschaftlichen Berührungskegel beider Kugeln, dessen Spitze ihr äußerer Aehnlichkeitspunkt ist. Die Oberfläche der Kugel B wird durch die auf ihr befindliche Berührungslinie in zwei Theile getheilt, deren einer Beleuchtung hat, während der andere im Schatten liegt. Den durch die Berührungsfläche umschlossenen Raum theilt der beleuchtete Theil der Fläche der Kugel B in zwei Theile, von welchen der eine der Schattenkörper der Kugel B ist, und der in seinen Durchschnitten mit beliebigen Flächen die Schlagschatten der Kugel B auf diesen Flächen liefert.

Für irgend einen Punkt N des beleuchteten Theils der Oberfläche der Kugel B werde eine Berührungsebene E angenommen. Diese schneidet entweder die Kugel A oder nicht. Wir setzen zunächst den Fall, die Ebene E schneide nicht die Kugel A. Man denke für die Kugel A den Berührungskegel, dessen Spitze der

Punkt N ist. Durch die Berührungslinie desselben wird die Oberfläche der Kugel A in zwei Calotten getheilt, und der Punkt N empfängt in diesem Fall von der ganzen ihm zugewendeten Calotte Licht. Setzen wir dagegen den Fall, daß die Ebene E die Kugel A schneidet, und denkt man wieder einen Berührungskegel der Kugel A, dessen Spitze der Punkt N ist, so wird die dem Punkt N zugewendete Calotte durch die Ebene E in zwei Theile getheilt, und der Punkt N empfängt nur Licht von dem Theil der Calotte, welcher nicht mit der Kugel B auf einer Seite der Ebene E liegt. Im ersteren Fall sagt man, der Punkt N habe volle Beleuchtung, im anderen, er befinde sich im Halbschatten. — Man denke ferner den gemeinschaftlichen Berührungskegel beider Kugeln, dessen Spitze ihr innerer Aehnlichkeitspunkt ist. Er berührt die Kugel B in einem Kreise, und dieser theilt den beleuchteten Theil der Oberfläche von B in zwei Theile, eine Zone und eine Calotte, und jeder Punkt der Zone liegt im Halbschatten, jeder der Calotte hat volle Beleuchtung. Die Zone wird der Halbschatten auf der Kugel B, die Calotte die volle Beleuchtung auf ihr genannt. Nicht alle im Halbschatten liegenden Punkte haben gleiche Beleuchtung, sondern ihre Beleuchtung ist desto schwächer, je näher sie am Schatten liegen.

Der Raum, welcher von dem Schattenkegel der Kugel B, von dem Halbschatten auf derselben und von dem zuletzt gedachten Berührungskegel begränzt wird, heißt der Halbschatten der Kugel B. Jeder Punkt in diesem Halbschatten empfängt eine unvollständige Beleuchtung von der Kugel A. Der Schattenkörper der Kugel B wird im Gegensatz zu dem Halbschatten auch der Kernschatten genannt.

Eine unendliche Ebene, welche die Schattenkörper der Kugel B schneidet, empfängt, so weit sie innerhalb des Kernschattens liegt, gar keine Beleuchtung von der Kugel A, so weit sie sich innerhalb des Halbschattens befindet, eine unvollkommene. Der Durchschnitt der Ebene mit dem Kernschatten heißt selbst Kernschatten, bestimmter Kernschatten des Schlagschattens der Kugel B auf der Ebene, der Durchschnitt der Ebene mit dem Halbschatten heißt Halbschatten, oder bestimmter der Halbschatten des Schlagschatten. Der Halbschatten auf der Ebene ist nicht gleichförmig; er ist intensiver am Kernschatten, schwächer am beleuchteten Theil der Ebene, und verläuft sich in jenen und in diesen. Aehnliches gilt von beliebigen Flächen und Körpern, auf welche Schatten geworfen wird.

Was hier in Bezug auf zwei Kugeln gesagt worden ist, erweitere man auf beliebige andere Körper, und man hat das Wesentlichste über die Beleuchtung dieser Art.

§. 351.

Unter der Beleuchtung eines Körpers wollen wir im Allgemeinen alles verstehen, was an Schatten, Halbschatten, Erleuchtung auf seiner Oberfläche vorkommt. Die Fälle, in welchen das Wort Beleuchtung im engeren Sinn genommen ist, werden sich von selbst zu erkennen geben.

§. 352.

Unter der absoluten oder geometrischen Beleuchtung eines Körpers verstehen wir die Beleuchtung (im weiteren Sinn), welche seiner Oberfläche zu Theil wird, während er von einem oder von verschiedenen anderen Körpern unter gegebenen Bedingungen (in Bezug auf Lage, Größe, Gestalt; Stärke des Lichts u. s. w.) Beleuchtung empfängt.

§. 353.

Jeder Körper, welcher Licht empfängt, wird selbst in einem gewissen Grade leuchtend, indem er von dem empfangenen Licht mehr oder weniger zurückstrahlt. Diese Zurückstrahlung heißt Reflexion, das zurückgestrahlte Licht reflectirtes Licht. Körper von heller Farbe oder glatter Oberfläche reflectiren stärker als Körper von dunkler Farbe oder rauher Oberfläche.

Das Hauptgesetz der Reflexion ist folgendes: Trifft ein Lichtstrahl eine Ebene E in einem Punkt N, und wird er zurückgeworfen, so bildet der zurückgeworfene Lichtstrahl mit der Ebene denselben Winkel, welchen der einfallende Lichtstrahl mit ihr bildet; und der zurückgeworfene Lichtstrahl liegt in der Ebene, die durch den einfallenden Lichtstrahl und durch die Linie gedacht werden kann, die in dem Punkt N auf der Ebene E normal steht. Die in dem Punkt N auf der Ebene E normal stehende Linie heißt das Einfallsloth. Die Ebene, in welcher der zurückgeworfene und der einfallende Lichtstrahl sich befinden, wird auch in der

Ebene erhalten, die durch den einfallenden Lichtstrahl normal auf der Ebene E sich denken läßt.

Trifft ein Lichtstrahl eine krumme Fläche in einem Punkt N, und wird er zurückgeworfen, so findet die Zurückwerfung eben so Statt, als wenn er die Berührungsebene der krummen Fläche für den Punkt N in diesem Punkt getroffen hätte.

§. 354.

Das reflectirte Licht kommt in doppelter Hinsicht in Betracht: erstens, weil durch dasselbe die Flächen, welche es trifft beleuchtet werden, und zweitens, weil wir vermittelst desselben die beleuchteten Gegenstände sehen.

Die Beleuchtung durch reflectirtes Licht ist von sehr großer Ausdehnung, denn alle Beleuchtung zeigende Flächen, die nicht unmittelbar von den leuchtenden Körpern Licht empfangen, verdanken ihre Beleuchtung dem reflectirten Licht. Nach Norden liegende Flächen z. B. erhalten kein unmittelbares Sonnenlicht; ihre Beleuchtung wird durch Licht, das nach Süden u. s. w. liegende Flächen auf sie zurückstrahlen, verursacht.

§. 355.

Die durch reflectirtes Licht hervorgebrachten Beleuchtungen nennt man, besonders, wenn sie stärker hervortreten, Reflexe.

§. 356.

Die Beleuchtung, welche ein Körper, der von einem oder von beliebig vielen anderen Körpern beleuchtet wird, zeigt, oder zu haben scheint, während er von irgend einem Standpunkt aus betrachtet wird, mag seine relative oder perspectivische Beleuchtung für diesen Standpunkt heißen.

Die perspectivische Beleuchtung eines Gegenstandes stimmt mit seiner geometrischen Beleuchtung nicht überein.

§. 357.

Man stelle sich eine unendliche Ebene E vor, welche durch parallele Lichtstrahlen beleuchtet wird, die mit ihr einen spitzen Winkel α bilden, und die Ebene mag das Licht reflectiren. Ist die Ebene eine vollkommene, mathematische, so sind die reflectirten Lichtstrahlen sämmtlich parallel und bilden mit der Ebene E den Winkel α, während sie zugleich in Ebenen liegen, die, durch die einfallenden Lichtstrahlen gehend, normal auf der Ebene E stehen. Wird dagegen die Ebene E als eine physische angenommen, so finden sich in ihr überall unendlich viele Abweichungen von der mathematischen Ebene, und es wird nur der Theil der Lichtstrahlen, welcher die regelmäßig liegenden Theile der Ebene trifft, wie bei der mathematischen Ebene zurückgeworfen, der andere Theil aber, welcher die Abweichungen trifft, nach allen anderen möglichen Richtungen reflectirt. Die durch die regelmäßig liegenden Theile der physischen Ebene bewirkte Zurückstrahlung mag die regelmäßige Reflexion der physischen Ebene heißen, die durch die Abweichungen hervorgebrachte Reflexion ihre unregelmäßige.

Die Ebene E sei zunächst eine mathematische, und sie werde von einem außerhalb ihrer befindlichen Standpunkt A aus betrachtet. Man fälle von A eine Normale AQ auf die Ebene E, verlängere die Normale über die Ebene hinaus, mache die Verlängerung QV gleich der Normale AQ, und ziehe VN parallel den einfallenden Lichtstrahlen. Die Linie VN schneidet die Ebene E, und N sei der Durchschnittspunkt. Der einfallende Lichtstrahl, welcher die Ebene in dem Punkt N trifft, nimmt, zurückgeworfen, den Weg NA. Dies läßt sich aus der Construction leicht erweisen. — Nur die aus dem N und seiner nächsten Umgebung kommenden reflectirten Lichtstrahlen gelangen in das die Ebene betrachtende Auge A; aus irgend einem anderen Punkt der Ebene gelangt nach dem Auge kein reflectirtes Licht. Die mathematische Ebene E wird daher nur in der Gegend des Punktes N beleuchtet, außerdem aber ohne alle Beleuchtung erscheinen.

Es werde ferner die Ebene E als eine physische angenommen. Dann findet eine regelmäßige und eine unregelmäßige Reflexion Statt. Die physische Ebene E wird, von A aus betrachtet, überall beleuchtet erscheinen, weil aus allen Gegenden derselben Lichtstrahlen nach dem Standpunkt A gelangen, die wegen der unendlich vielen sich überall vorfindenden Abweichungen unregelmäßig zurückgeworfen werden; die Gegend des Punktes N aber wird eine hellere Beleuchtung zeigen, denn von ihr gelangen erstens, wie aus allen übrigen Gegenden der Ebene, unregelmäßig reflectirte Lichtstrahlen nach A, und außerdem noch die regelmäßig reflectirten.

Aendert man den Standort A, während man in der Richtung AN bleibt, so verrückt sich die Stelle N nicht; ändert man den Standort A, während man aus der Richtung AN tritt, so gewinnt eine andere Gegend N' der Ebene E die hellere Beleuchtung.

Die stärker beleuchtet erscheinende Stelle N und ihre Beleuchtung wird das Glanzlicht der Ebene E für den Standort A genannt.

Je mehr sich die physische Ebene der Vollkommenheit der mathematischen nähert, desto geringer ist ihre unregelmäßige und desto stärker ihre regelmäßige Reflexion, desto schwächer also auch ihre allgemeine Beleuchtung und desto stärker ihr Glanzlicht (Flächen werden dunkler und gewinnen mehr Glanzlicht, wenn man sie polirt). Je mehr sich die physische Ebene von der Regelmäßigkeit der mathematischen entfernt, desto stärker ist ihre unregelmäßige Reflexion und desto geringer ihre regelmäßige, womit wieder eine stärkere allgemeine Beleuchtung und ein schwächeres Glanzlicht sich verbinden. Das Glanzlicht kann so unbedeutend werden, daß es fast verschwindet, und geht bei seiner größten Stärke in Spiegelung über. Die allgemeine Beleuchtung hängt nicht bloß von der unregelmäßigen Reflexion, sondern auch wesentlich von der Farbe ab, die wir zuvörderst nicht in Betrachtung ziehen; dunkle Farbe bewirkt z. B., daß Flächen von sehr starker unregelmäßiger Reflexion eine schwache Beleuchtung zeigen.

Im Allgemeinen divergiren die unregelmäßig reflectirten Lichtstrahlen. Die Gegenden einer physischen Ebene, welche von dem Standpunkt, aus dem man sie betrachtet, entfernter liegen, zeigen daher eine schwächere Beleuchtung, als die dem Standpunkt näher gelegenen. Hierbei ist vom Glanzlicht abgesehen.

Während einer Ebene durch parallele Lichtstrahlen eine gleichförmige geometrische Beleuchtung zu Theil wird, ist ihre perspectivische Beleuchtung, die sie, von einem Standpunkt A aus betrachtet, zeigt, in doppelter Hinsicht ungleichförmig, einmal wegen des Glanzlichtes, und dann wegen der schwächeren perspectivischen Beleuchtung ihrer vom Standort A entfernter liegenden Gegenden.

§. 358.

Die perspectivische Beleuchtung einer krummen Fläche, die durch parallele Lichtstrahlen beleuchtet ist, beurtheilt sich danach, daß jeder Punkt der krummen Fläche gleiche perspectivische Beleuchtung mit dem Berührungspunkt seiner Berührungsebene hat. Eine krumme Fläche kann ein Glanzlicht zeigen oder mehrere Glanzlichter oder auch gar keins, je nachdem sie selbst gestaltet oder der Standpunkt gelegen ist, aus welchem sie betrachtet wird.

§. 359.

Man stelle sich einen Körper vor, der durch Ebenen begränzt und durch parallele Lichtstrahlen beleuchtet ist, und nehme an, er werde von einem Standpunkt aus betrachtet. Die perspectivische Beleuchtung seiner einzelnen Flächen ist abhängig von der geometrischen Beleuchtung, die ihnen zu Theil wird, von ihrer physischen Beschaffenheit und von der Lage des Standpunktes, die auch besonders wegen der Glanzlichter wichtig ist, welche sich etwa zeigen. Es kann sich fügen, daß eine Fläche F, deren geometrische Beleuchtung stärker ist als die einer Fläche G, dennoch eine schwächere perspectivische Beleuchtung zeigt.

Aehnliches gilt von Körpern mit krummer Oberfläche.

§. 360.

Man stelle sich eine unendliche Ebene vor, welche durch divergirende Lichtstrahlen, die von einem Punkt P ausgehen, beleuchtet wird, und welche dieselben reflectirt. Von P aus fälle man eine Normale PQ auf die Ebene, verlängere die Normale über die Ebene hinaus, und mache die Verlängerung QP′ gleich dem Stück PQ. Ist die Ebene eine mathematische, so haben die reflectirten Lichtstrahlen sämmtlich eine solche Lage, daß sie, über die Ebene hinaus verlängert, den Punkt P′ treffen. Ist die Ebene eine physische, so erleidet nur ein Theil der Lichtstrahlen die oben erwähnte Zurückwerfung, während der andere Theil, wegen der unendlich vielen sich überall findenden Unregelmäßigkeiten der physischen Ebene, nach allen anderen möglichen Richtungen geworfen wird. Die erste Reflexion mag auch hier die regelmäßige, die andere die unregelmäßige heißen. Die Ebene sei nun eine physische, und sie werde von einem Standpunkt A aus betrachtet. Sie wird überall beleuchtet erscheinen, weil aus allen Gegenden der Ebene unregelmäßig reflectirte Lichtstrahlen nach dem Standpunkt A gelangen. Aus der Gegend N der Ebene, in welcher sie von einer von A nach P′ gezogenen geraden Linie geschnitten wird, gelangt, außer dem unregelmäßig reflectirten Licht, auch das regelmäßig reflectirte nach dem Standort A. Diese Gegend zeigt daher eine hellere Beleuchtung, als die übrigen Theile der Ebene, und sie heißt das Glanzlicht für diesen Standort und diese Beleuchtung. Größere oder geringere Annäherung einer physischen Ebene an die Vollkommenheit der mathematischen üben denselben Einfluß auf die perspectivische Beleuchtung der physischen Ebene, welchen sie bei der Beleuchtung durch parallele Lichtstrahlen ausüben, und den wir oben erörtert haben.

U. s. w. u. s. w.

§. 361.

Die geradlinige Verbreitung und die Zurückstrahlung sind die beiden Eigenschaften des Lichtes, welche hauptsächlich die Beleuchtung bedingen. Einige Thatsachen, auf die wir die Aufmerksamkeit noch lenken müssen, enthalten die nächsten Paragraphen.

§. 362.

Die Schlagschatten erscheinen nur dann in ihrer regelmäßigen Begränzung und vollen Stärke, wenn die Gegenstände, von welchen sie geworfen werden, sich nahe an den Flächen befinden, auf welche sie fallen; die Intensität der Schlagschatten zeigt sich aber vermindert und ihre Begränzung unbestimmter, weniger scharf, wenn die Entfernung der Gegenstände von diesen Flächen eine größere ist. Steht daher z. B. auf einer horizontalen Ebene ein höherer Gegenstand, und wirft er Schatten auf die Ebene, so erscheint der Schlagschatten des unteren Theils des Gegenstandes intensiver und schärfer begränzt, als der des oberen Theils. Die Beleuchtung durch reflectirtes Licht, und andere Eigenschaften des Lichtes, als Beugung, begründen diese Erscheinung. Sie muß in der Natur studirt werden.

§. 363.

Einem Auge, das gleichzeitig eine hell beleuchtete und eine im Schatten liegende Fläche sieht, die scharf an einander gränzen, erscheint die im Schatten liegende Fläche an dieser Gränze dunkler; wird dagegen die im Schatten liegende Fläche gleichzeitig mit einer noch dunkleren Fläche gesehen, und gränzen beide scharf an einander, so erscheint die im Schatten liegende Fläche an dieser Gränze heller, die andere an dieser Gränze dunkler; überhaupt, wenn zwei Flächen von verschiedener Beleuchtung an einander gränzen, so erscheint die mehr beleuchtete an der Gränze heller, die andere dunkler. Diese Erscheinungen, welche der Gegensatz hervorbringt, und die man mit dem Namen der Contraste belegt hat, sind in unserem Gesichtsorgan gegründet.

§. 364.

Ich will hier eine bemerkenswerthe Erscheinung anführen, die ich zwei Mal sehr deutlich wahrgenommen habe. Eine Stickerei sollte auf rothem Grunde schwarze Blümchen erhalten; der Theil des Grundes auf welchem die Blumen bereits eingefügt waren, erschien bedeutend dunkler als der, wo sie noch fehlten. — Eine blaßgrüne Mauer war zum Theil mit schwarzgrünen Latten benagelt, zum Ranken der Pflanzen; der mit den Latten versehene Theil der Mauer zeigte sich erheblich dunkler, als der andere.

Die Erscheinung im vorigen Paragraphen möchte verwandt sein mit dem Eindruck, welchen das Auge erfährt, wenn wir aus einem hellen Raum in einen dunklen treten oder umgekehrt; während bei den hier erwähnten Erscheinungen vielleicht das Auge die Contraste auszugleichen strebt.

§. 365.

Gegenstände, welche in bedeutenden Entfernungen vom Orte der Beobachtung liegen, zeigen sich sowohl in ihren Beleuchtungen als in ihren Schatten weniger intensiv. Man sieht nämlich undeutlich wegen der großen Entfernung an sich, und dann ist die Luftschicht, welche sich zwischen dem Orte der Beobachtung und dem Gegenstande befindet, mit den in ihr enthaltenen Dünsten von Einfluß. In der Zeichenkunst wird diese Erscheinung, ihrer bedeutenden Wirkung wegen, auf geringe Entfernungen übertragen; eine gegen den Beschauer schief stehende Ebene z. B. wird in ihrem entfernteren Theil etwas dunkler gehalten, wenn sie auch in der Natur gleichmäßig beleuchtet erscheinen würde.

Zweites Kapitel.

Uebungsbeispiele für die Beleuchtung und die Construction der Schatten bei parallelen Lichtstrahlen.

---

§. 366.

Beim geometrischen Zeichnen nimmt man im Allgemeinen eine Beleuchtung durch parallele Lichtstrahlen an, die von oben nach unten und von der linken zur rechten Hand dergestalt zwischen die Projectionsebenen fallen, daß sowohl die ersten als die zweiten Projectionen der Lichtstrahlen mit der Achse Winkel von 45° bilden. Stellt man sich einen Würfel vor, der auf der ersten Projectionsebene steht, und dessen eine Seitenfläche parallel der zweiten Projectionsebene ist, so sind die Lichtstrahlen parallel mit der Diagonale desselben, welche die vorn, oben, links gelegene Ecke des Würfels mit der hinten, unten, rechts gelegenen verbindet. Wir werden nicht immer diese Richtung der Lichtstrahlen voraussetzen.

§. 367.

Der Standort des Beschauers ist ein doppelter, nämlich in Bezug auf die verticale Projectionsebene dem Object gegenüber, so, daß sich das Object zwischen dem Beschauer und der verticalen Projectionsebene befindet; in Bezug auf die horizontale Projectionsebene wird der Standort des Beschauers oberhalb angenommen, so, daß auch hier das Object zwischen dem Beschauer und der horizontalen Projectionsebene befindlich ist.

§. 368.

Die Projectionen der dem Beschauer zugewendeten Flächen der Objecte beleuchtet man. Die verschiedenen Abstufungen in der Beleuchtung werden vornehmlich nach dem Verhältniß der geometrischen Beleuchtung beurtheilt, dann auch, sich der perspectivischen Beleuchtung annähernd, und indem man zu Hilfe nimmt, was die Anschauung der Natur lehrt, ausgeführt.

Die am hellsten beleuchteten Flächen läßt man weiß, die in geringerem Grade beleuchteten Flächen werden durch verhältnißmäßige Schattirung, die Schatten durch dunkle Schattirung angegeben. Die Abstufungen in der Beleuchtung führt man nicht mit mathematischer Genauigkeit sondern einfach abschätzend in solchen Verhältnissen aus, daß man eine gute Wirkung erreicht. Daher werden nicht bloß die Flächen, welche volle Beleuchtung haben, weiß gelassen, sondern auch die, welche nur die hellste Beleuchtung zeigen, ohne daß dies eben die volle zu sein braucht. Manche Zeichner pflegen auch die hellsten Flächen in geringem Grade zu schattiren.

§. 369.

Die Beleuchtung durch reflectirtes Licht tritt am meisten auf denjenigen Flächen hervor, die keine unmittelbare Beleuchtung erhalten. Es findet nämlich erstens die Zurückstrahlung in der Natur besonders stark in den den einfallenden Lichtstrahlen entgegen stehenden Richtungen Statt, und andrerseits macht sich auf den durch directes Licht beleuchteten Flächen die schwächere Beleuchtung durch Reflexion weniger bemerkbar. Beim geometrischen Zeichnen wird daher angenommen, daß die im Schatten liegenden Flächen durch reflectirte Lichtstrahlen beleuchtet werden, die parallel und den einfallenden Lichtstrahlen entgegengesetzt laufen. Die Annahme rechtfertigt sich, insofern ihre Resultate im Ganzen den Erscheinungen in der Natur entsprechen. Wir müssen diesen Gegenstand näher betrachten, weil er zu einem allgemeinen Gesetze führt, das für das geometrische Zeichnen Wichtigkeit hat.

Man stelle sich eine Kugel vor, welche durch Sonnenlicht beleuchtet wird. Der größte Kreis der Kugel, welcher auf den parallelen Lichtstrahlen normal steht, ist derjenige, in welchem sie der Berührungscylinder berührt, dessen Seiten parallel den Lichtstrahlen laufen, und er theilt die Kugelfläche in die beleuchtete und in die im Schatten liegende Halbkugel. Die Beleuchtung der im Licht liegenden Halbkugel ist nicht gleichmäßig; sie ist am schwächsten an der Gränze zwischen Schatten und Licht, am stärksten um den Punkt, in welchem sie von einer Normale geschnitten wird, die auf dem gedachten größten Kreise in seinem Mittelpunkt errichtet ist. Die im Schatten liegende Halbkugel wird durch reflectirte Lichtstrahlen erhellt, die parallel laufen und den einfallenden Lichtstrahlen entgegengesetzt. Die schwache Beleuchtung, welche diese reflectirten Lichtstrahlen der im Schatten liegenden Halbkugel gewähren, muß nun ähnliche Abstufungen zeigen wie die helle Beleuchtung der im Licht befindlichen. Sie ist ebenfalls am schwächsten an der Gränze zwischen Schatten und Licht, und am stärksten um den Punkt, in welchem die schon construirte Normale die Oberfläche dieser Halbkugel schneidet. Die beiden Halbkugeln erhalten also, von der Gränze zwischen Schatten und Licht ausgehend, gleiche Abstufungen in der Beleuchtung, nur daß der im Licht befindlichen eine stärkere Beleuchtung zu Theil wird.

Aehnliches gilt für jeden anderen Körper. Die dunkelsten Partieen auf der Oberfläche eines Körpers, liegen also, abgesehen von den Schlagschatten, welche etwa auf ihn fallen, in der Linie und deren Gegend, in welcher er von seinem Berührungscylinder berührt wird, dessen Seiten parallel den Lichtstrahlen laufen. Diese Linie wird von den einfallenden Lichtstrahlen gar nicht getroffen, und empfängt die schwächste Beleuchtung durch reflectirtes Licht. Die Schattirung, welche der Körper hier zeigt, nennt man seinen Wendeschatten.

§. 370. Aufgabe.

Es sind Fig. 132 die Projectionen eines Prismas gegeben. Dasselbe wird durch Lichtstrahlen beleuchtet, die parallel mit der durch ihre Projectionen l′ und l″ gegebenen Linie l einfallen*) Man soll die Projectionen des Prismas beleuchten und den

*) Wir werden überall in der Folge die Linie, mit welcher die einfallenden Lichtstrahlen parallel gehen, nur durch den einen Buchstab l und ihre Projectionen durch l′ und l″ bezeichnen.

Schatten construiren, welchen es auf die erste Projectionsebene wirft.

Auflösung. Aus dem Grundriß giebt sich ohne Weiteres zu erkennen, daß die Seitenkanten b'b und e'e in Bezug auf die Seitenebenen die Gränzen zwischen Schatten und Licht abgeben. Die links zwischen diesen Seitenkanten befindlichen Seitenebenen haben Beleuchtung, die übrigen liegen im Schatten. Die Seitenebene a'f'fa empfängt die stärkste Beleuchtung, die Seitenebene a'abb' eine verminderte, die Seitenebene f'fee' eine noch mehr verminderte. Von den im Schatten liegenden Seitenebenen wird die Seitenebene c'cdd' am stärksten durch Reflexion beleuchtet, die Seitenebene d'dee' in geringerem Grade, die b'c'cb endlich in noch geringerem. Man wird hierin deutlich die ähnlichen Abstufungen in der Beleuchtung der im Schatten und im Licht liegenden Theile erkennen (vorige §). — Von den dreien im Aufriß dem Beschauer zugewendeten Seitenebenen erhält also $a^0a''f''f^0$ die hellste Beleuchtung, die folgende eine verminderte, während sich $b^0b''c''c^0$ im Schatten zeigt. Die Beleuchtung der Fläche $a^0a''f''f^0$ ist an der Linie f^0f'' etwas geschwächt, wegen des Zurücktretens dieses Theils der Ebene. Die im Schatten liegende Fläche $b^0b''c''c^0$ ist an der Kante b^0b'' dunkler gehalten, wegen des Contrasts. Durch die etwas verminderte Beleuchtung an der Linie f^0f'' und den lichter werdenden Schatten an der Linie c^0c'' gewinnt man zugleich eine Andeutung von der Beleuchtung der an diesen Kanten gränzenden nicht sichtbaren Flächen. Die mittlere Fläche ist gleichmäßig gehalten, weil sie gleichmäßig gegen den Beschauer liegt. — Wenn man, von der Linie xy ausgehend, die Beleuchtung der Flächen nach beiden Seiten verfolgt, treten Gegensätze auf: man findet nämlich an der Kante b^0b'' den tiefsten Schatten, an der Kante a^0a'' die hellste Beleuchtung; nach der Kante c^0c'' hin tritt schwache Beleuchtung, nach der Kante f^0f'' hin geringe Verminderung der Beleuchtung ein. Diese Gegensätze sind in den im vorigen Paragraphen erwähnten ähnlichen Abstufungen und in der Lage der beleuchteten Flächen gegen den Beschauer gegründet, und sie erscheinen jedesmal unter ähnlichen Umständen.

Im Grundriß zeigt sich nur die obere Grundebene des Prismas im Licht liegend, und in gleichmäßiger Beleuchtung.

Wir wenden uns zur Construction des geforderten Schlagschattens. Der Schlagschatten des Prismas auf der ersten Projectionsebene wird in dem Durchschnitt seines Berührungscylinders, dessen Seiten parallel mit den Lichtstrahlen laufen, und der ersten Projectionsebene dargeboten. Der Berührungscylinder ist in dem vorliegenden Fall ein Berührungsprisma. Seine begränzenden Ebenen sind den Lichtstrahlen parallel, und durch die Seitenkanten $b'b$ und $e'e$, durch die oberen Grundkanten bc, cd, de und durch die unteren Grundkanten $b'a'$, $a'f'$ und $f'e'$ zu denken. — Durch die Punkte b, c, d, e denke man Linien, die parallel mit den Lichtstrahlen laufen. Diese Linien sind Seitenkanten des Schattenprismas. Ihre ersten Durchgänge b^I, c^I, d^I, e^I und die Punkte b', a', f', e' sind die Eckpunkte der Figur, welche den vollständigen Schlagschatten des Prismas auf der ersten Projectionsebene ausmacht. Der Durchgang b^I wird bekanntlich gefunden, indem man $b'b^I$ parallel mit l', $b''b^{II}$ parallel mit l'', und $b^{II}b^I$ normal auf der Achse construirt. Die Durchgänge c^I, d^I, e^I finden sich in derselben Weise; oder auch etwas einfacher, indem man $c'c^I$, $d'd^I$ und $e'e^I$ parallel l' zeichnet, und b^Ic^I parallel mit $b'c'$, c^Id^I parallel mit $c'd'$, d^Ie^I parallel mit $d'e'$. Die vollständige Figur des Schlagschattens ist nicht sichtbar, weil die beleuchtete obere Grundebene einen Theil derselben verdeckt; daher ist nur der übrig bleibende Theil $b^Ic^Id^Ie^Ie'd'c'b'$ schattirt angegeben. Wegen §. 362 ist der Schlagschatten nach $b^Ic^Id^Ie^I$ hin etwas lichter gehalten.

§. 371.

Bei der Beleuchtung haben wir im vorigen Paragraphen von den Projectionen von Flächen gesprochen, als wenn es die Flächen selbst wären, und dies wird auch in der Folge der Kürze wegen geschehen. Mißverständnisse dürften dadurch nicht entstehen, wenn man sich nur daran erinnern will, daß wir uns dieser Abkürzung bedienen. In allen Fällen, in welchen es darauf ankommt, die Flächen und ihre Projectionen zu unterscheiden, werden wir den Unterschied beobachten.

Der Vollständigkeit wegen ist in dem vorangegangenen Paragraphen auch die Beleuchtung der nicht sichtbaren Seitenflächen und die vollständige Figur des Schlagschattens in Betracht gezogen worden, obgleich ein Theil desselben verdeckt ist. In der Folge werden wir uns im Allgemeinen auf die Betrachtung der sichtbaren Theile beschränken. Wir empfehlen es aber den Studirenden, sich vorläufig auch von der Beleuchtung der nicht sichtbaren Flächen und von den verdeckten Theilen der Schatten Rechenschaft abzulegen.

§. 372. Aufgabe.

Es sind Fig. 133 die Projectionen einer Pyramide gegeben. Sie wird durch Lichtstrahlen beleuchtet, welche parallel mit einer Linie l einfallen, die durch ihre Projectionen l′ und l″ gegeben ist. Man soll die Projectionen der Pyramide beleuchten und ihren Schlagschatten auf den Projectionsebenen construiren, so weit er auf den Theilen P′ und P″ liegt.

Auflösung. Die Beleuchtung der drei im Aufriß sichtbaren Seitenflächen erläutert sich ähnlich, wie die Beleuchtung der drei Seitenflächen des Prismas in §. 370. Im Grundriß sind sämmtliche Seitenflächen sichtbar. Ihre Beleuchtung ist aus der Natur entlehnt.

Um den Schlagschatten der Pyramide zu erhalten, construire man durch ihre Spitze s eine gerade Linie st, parallel mit l, und deren Durchgänge s_I und t^{II}. Der erste Durchgang s_I ist der Schlagschatten der Spitze s auf der ersten Projectionsebene, der Durchgang t^{II} ihr Schlagschatten auf der zweiten. Man ziehe die Linien $s_I b^I$ und $s_I e^I$. Sie begränzen den Schlagschatten der Pyramide auf der ersten Projectionsebene. Diesen Schatten lassen wir nur bis zur Achse auf der ersten Projectionsebene erscheinen, von der Achse an dagegen durch die zweite Projectionsebene auffangen; und der Theil des Schlagschattens, welcher in der zweiten Projectionsebene liegt, ergiebt sich, indem man die Linien $t^{II}y$, $t^{II}x$ zieht.

§. 373.

Die Projectionsebenen gelten beim geometrischen Zeichnen als undurchsichtige Bildflächen. Deshalb werden die Gegenstände nur so weit dargestellt, als sie in dem vorderen Theil P′ der ersten Projectionsebene und in dem oberen Theil P″ der zweiten erscheinen. Deshalb ist auch im vorigen Paragraph der Schlagschatten in der ersten Projectionsebene nur bis zur Achse, und von da ab durch die zweite Projectionsebene aufgefangen dargestellt worden.

§. 374. Aufgabe.

Es sind, Fig. 134, die Projectionen eines Cylinders gegeben, der durch Lichtstrahlen beleuchtet ist, die parallel mit der gegebenen Linie l einfallen. Man soll die Projectionen des Cylinders beleuchten und den Schlagschatten construiren, welchen er auf die Projectionsebenen wirft.

Auflösung. Durch den Mittelpunkt c′ des Kreises, welcher den Grundriß des Cylinders ausmacht, ziehe man eine gerade Linie d′e′ parallel mit l′, und normal auf dieser den Durchmesser a′b′. Man denke die Seiten a′a und b′b des Cylinders, welche den Grundriß in den Punkten a′ und b′ treffen. In diesen Seiten wird der Cylinder von den mit den Lichtstrahlen parallelen Berührungsebenen berührt; sie bilden also die Gränzen zwischen Schatten und Licht auf dem Cylindermantel. Der beleuchtete Theil des Cylindermantels empfängt eine ungleichmäßige Beleuchtung: Sie ist am stärksten in der Seite d′d und deren Gegend, und vermindert sich bedeutend nach den Seiten a′a und b′b hin. Dies erhellet, wenn man für alle Seiten des beleuchteten Theils des Mantels Berührungsebenen denkt, und beachtet, daß die Seiten gleiche Beleuchtung mit ihren Berührungsebenen haben. Der im Schatten befindliche Theil des Cylindermantels empfängt eine schwache Beleuchtung durch reflectirte Lichtstrahlen, die parallel und den einfallenden entgegengesetzt laufen. Diese Beleuchtung ist in der Seite e′e am bedeutendsten und verliert sich nach den Seiten a′a und b′b hin. Der Cylindermantel hat also die stärkste Beleuchtung in der Seite d′d, die schwächste in den Seiten a′a und b′b′. Aus dem Gesagten ergiebt sich die Beleuchtung des Cylinders im Aufriß. — Die im Grundriß sichtbare Grundfläche des Cylinders liegt im Licht und ihre Beleuchtung ist gleichmäßig.

Wir gehen zur Construction des Schlagschattens über. Um den Schlagschatten des Cylinders auf der ersten Projectionsebene zu erhalten, betrachten wir zuvörderst den Schlagschatten, wel=

chen die obere Grundebene, allein gedacht, werfen würde. Wenn man sich den Schattencylinder der oberen Grundebene vorstellt, erhellet, daß ihr Schlagschatten auf der ersten Projectionsebene (mit der sie parallel läuft) ein ihr congruenter Kreis ist. Man construire durch den Mittelpunkt c der oberen Grundebene eine Linie parallel mit l, bestimme ihren ersten Durchgang c_1, und zeichne einen Kreis, der c_1 zum Mittelpunkt und mit der Grundebene gleichen Radius hat; dieser macht den Schlagschatten der oberen Grundebene auf der ersten Projectionsebene aus. Man ziehe ferner die Linie $a'a^1$ und $b'b_1$; sie und der Halbkreis $a^1e_1b_1$ begränzen den Schlagschatten des Cylinders auf der ersten Projectionsebene. — Dieser Schlagschatten bildet sich nur so weit, als er vor der Achse liegt. Er fällt von der Achse ab auf die zweite Projectionsebene, und der hier erscheinende Theil des Schlagschattens ist noch zu construiren. Man betrachte zunächst den Schlagschatten, welchen die obere Grundebene des Cylinders, allein gedacht, auf die zweite Projectionsebene wirft. Die obere Grundebene ist mit der zweiten Projectionsebene nicht parallel. Der Durchschnitt des Schattencylinders der oberen Grundebene mit der zweiten Projectionsebene (d. i. ihr Schlagschatten auf derselben) ist deshalb eine Ellipse. Diese zu erhalten nehme man in der Peripherie der oberen Grundebene Punkte an, lege durch sie Linien, die mit den Lichtstrahlen parallel laufen, und construire die zweiten Durchgänge der Linien. In den zweiten Durchgängen gewinnt man Punkte der Ellipse, vermittelst deren sie sich zeichnen läßt. Man zeichne noch xq^{II} normal auf der Achse. Die Linie xq^{II} und der oberhalb der Achse liegende Theil $q^{II}y$ der Ellipse begränzen den geforderten Schlagschatten, so weit er sich auf der zweiten Projectionsebene zeigt. Die Linie xq^{II} ist nämlich der zweite Schnitt einer Ebene, welche, durch die Seite b'b gehend, parallel mit den Lichtstrahlen gedacht werden kann, und die den Schattenkörper des Cylinders begränzt. Auch gelangt man zu der Linie xq^{II}, indem man durch den Punkt b eine mit l parallele Linie bq und deren zweiten Durchgang q^{II} construirt, welcher den Schatten des Punktes b auf der zweiten Projectionsebene ausmacht. — Wir haben nur der Erläuterung wegen des vollständigen Kreises und der vollständigen Ellipse erwähnt, die die Schlagschatten der oberen Grundebene auf den beiden Projectionsebenen bilden. Bei einer praktischen Ausführung wird man natürlich Ueberflüssiges ersparen: man wird den Punkt c_1 construiren, durch ihn die Linie a^1b_1 parallel mit $a'b'$, dann $a'a^1$ und $b'b^1$ parallel mit l' zeichnen, nur den Bogen a^1y schlagen, yv' parallel l' ziehen, und nur den elliptischen Bogen construiren, welchen der Bogen bv des oberen Grundkreises liefert.

§. 375.

Gewöhnlich wird die Beleuchtung des Cylinders im Aufriß in anderer Weise ausgeführt, als es im vorigen Paragraphen geschehen ist. Man zieht $c'p'$ normal auf der Achse, halbirt den Winkel $d'c'p'$ durch eine Linie $c'n'$, und giebt der Seite $n'n$ und deren Gegend im Aufriß die stärkste Beleuchtung. Der Grund dafür ist der, daß man die beleuchteten Projectionen der Gegenstände als perspectivische Bilder derselben, aus unendlicher Entfernung gesehen, betrachtet, und aus einem in unendlicher Entfernung liegenden Standpunkt die Seite $n'n$ im Glanzlicht erscheinen würde. Wenn man nämlich $n'z$ parallel mit l' und $n't$ parallel mit $c'p'$ zeichnet, so bilden diese Linien gleiche Winkel mit der Tangente des Kreises für den Punkt n'; und Lichtstrahlen, welche die Seite $n'n$ treffen, während sie parallel mit l' sind, werden parallel mit $n't$ oder $c'p'$ reflectirt. — Zunächst ist zu bemerken, daß die einfallenden Lichtstrahlen hierbei parallel mit l', also parallel mit der ersten Projectionsebene laufen müssen, wenn die Reflexion wirklich in der gedachten Weise erfolgen soll; dann aber gewinnt eine Beleuchtung nicht dadurch an Richtigkeit, daß man sie für einen Standpunkt berechnet, aus dem sie niemals gesehen werden kann. Die von uns angewendete Beleuchtung ist eben so wenig für irgend einen Standpunkt eingerichtet; sie ist aber als rein absolute Beleuchtung dem geometrischen Zeichnen gemäßer, und hat die Einfachheit für sich. Will man der anderen Beleuchtungsweise deshalb den Vorzug geben, weil man ihre Wirkung für vortheilhafter hält, so läßt sich dagegen nichts erinnern. Am zweckmäßigsten dürfte es aber beim geometrischen Zeichnen bleiben, sich der absoluten Beleuchtung zu bedienen, wo sie sich von ausreichender Wirkung zeigt, und nach der Anschauung der Natur, d. h. perspectivisch für einen bestimmten Standpunkt, zu beleuchten, wenn die geometrische Beleuchtung in ihrer Wirkung nicht genügt, oder nicht beurtheilt werden kann.

§. 376. Aufgabe.

Es ist, Fig. 135, ein Kegel durch seine Projectionen gegeben und eine Linie l. Der Kegel wird durch Lichtstrahlen beleuchtet, die parallel mit der Linie l einfallen. Man soll den Kegel beleuchten und den Schlagschatten construiren, welchen er auf die Projectionsebene wirft.

Auflösung. Durch die Spitze s des Kegels construire man eine gerade Linie st parallel mit l, und ihren ersten Durchgang s_1. Von s_1 aus lege man die Tangenten s_1a^1 und s_1b^1 an den Kreis, der die Grundebene des Kegels bildet, und denke die Seiten sa^1 und sb^1. In diesen Seiten hat man auf der Oberfläche des Kegels die Gränze zwischen Schatten und Licht. Wenn man nämlich durch die Seite a^1s und durch die Linie st eine Ebene denkt, und eine zweite durch die Seite b^1s und die Linie st, so sind diese Ebenen parallel mit den Lichtstrahlen und berühren den Kegel in den Seiten a^1s und b^1s; sie machen also die Begränzungen des Schattenkörpers des Kegels aus. — Die Beleuchtung des im Licht befindlichen Theils des Kegelmantels ist ungleichförmig. Man verlängere s_1s' bis c^1, und denke die Seite c^1s. In der Seite c^1s und deren Gegend ist die Beleuchtung am stärksten; sie vermindert sich nach den Seiten a^1s und b^1s hin. Der im Schatten liegende Theil des Kegelmantels empfängt durch reflectirtes Licht Beleuchtung, die am stärksten in der Seite d^1s und ihrer Gegend, schwächer nach den Seiten a^1s und b^1s ausfällt. Die stärkste Beleuchtung empfängt daher der Kegel in der Seite c^1s und ihrer Gegend, die schwächste in den Seiten a^1s und b^1s und deren Gegenden. Daraus erklärt sich die Beleuchtung des Kegels im Aufriß. — Die Beleuchtung des Kegels im Grundriß ist aus der Anschauung der Natur entnommen.

Der Schlagschatten des Kegels auf der ersten Projectionsebene ist durch die Linien s_1a^1 und s_1b^1 begränzt. Denn diese Linien sind die ersten Schnitte der oben gedachten, mit den

Lichtstrahlen parallel laufenden Berührungsebenen des Kegels. Nur der vor der Achse liegende Theil des Schlagschattens ist sichtbar. Den in der zweiten Projectionsebene befindlichen Theil zu erhalten, construire man den zweiten Durchgang t^{II} der Linie st, und ziehe die Linien $t^{II}x$ und $t^{II}y$. Diese sind die zweiten Schnitte der schon gedachten Ebenen, und sie begränzen den Schlagschatten auf der zweiten Projectionsebene.

§. 377. Aufgabe.

Es sind, Fig. 136, die Projectionen K′ und K″ einer Kugel K gegeben. Sie wird durch Lichtstrahlen beleuchtet, welche parallel mit einer gegebenen Linie l einfallen. Man soll die Kugel beleuchten und den Schatten construiren, welchen sie auf die Projectionsebenen wirft.

Auflösung. Man stelle sich den Berührungscylinder der Kugel vor, dessen Seiten parallel sind mit den Lichtstrahlen. Zu diesem Berührungscylinder gelangt man leicht, wenn man durch den Mittelpunkt a der Kugel eine Ebene E denkt, normal auf l, und die Peripherie des größten Kreises, in welchem sie die Kugel schneidet, als Richtungslinie, und die Linie l als Parallellinie nimmt. In der Berührungslinie des Cylinders, welche die Peripherie des gedachten größten Kreises ist, wird die Gränze zwischen Schatten und Licht auf der Oberfläche der Kugel dargeboten, und in dem Durchschnitt des Cylinders mit den Projectionsebenen der geforderte Schlagschatten. Es kommt daher darauf an, die Projectionen jenes Kreises und diesen Durchschnitt zu construiren. Die Projectionen jenes Kreises sowohl, als die Durchschnitte des Berührungscylinders mit den Projectionsebenen, sind Ellipsen. Wir werden deren Achsen bestimmen. — Man denke eine Ebene F, welche, durch den Mittelpunkt a der Kugel gehend, normal auf der ersten Projectionsebene steht, und mit den Lichtstrahlen parallel ist. Die Ebene F schneidet die Kugel in einem größten Kreise, den durch die Ebene E erhaltenen größten Kreis in einem Durchmesser cd und den Berührungscylinder in zwei Seiten, welche durch die Punkte c und d gehen und normal stehen auf dem Durchmesser cd. Mit der Ebene F schlage man die in ihr befindlichen Linien auf die erste Projectionsebene herab. Der erste Schnitt der Ebene F wird erhalten, indem man durch a' eine gerade Linie F' parallel mit l' zeichnet. Den in F befindlichen größten Kreis herabzuschlagen errichte man a'(a) normal auf F', nehme den Durchschnittspunkt (a) der Linie a'(a) mit der Peripherie des Kreises K' als Mittelpunkt, und beschreibe mit (a)a' als Radius einen Kreis. Nimmt man an, der Durchmesser cd und die durch c und d gehenden Seiten des Berührungscylinders wären mit der Ebene F, und die Linie l wäre mit ihrer ersten projicirenden Ebene in gleicher Richtung auf die erste Projectionsebene herabgeschlagen, so würden die herabgeschlagenen Seiten mit der herabgeschlagenen Linie l parallel laufen, und der herabgeschlagene Durchmesser würde auf den herabgeschlagenen Seiten und auf der herabgeschlagenen Linie l normal stehen. Man schlage deshalb ein beliebiges Stück pq der Linie l mit ihrer ersten projicirenden Ebene auf die erste Projectionsebene herab, wie es in der Figur geschehen ist, ziehe durch (a) den Durchmesser (c)(d), normal auf (p)(q) gerichtet, und die Linien $(c)c_1$ und $(d)d^1$ normal auf (c)(d); und man hat in (c)(d) den mit der Ebene F herabgeschlagenen Durchmesser cd, und in $(c)c_1$ und $(d)d^1$ die mit derselben Ebene herabgeschlagenen Seiten des Berührungscylinders, welche in ihr liegen. — Man fälle die Normalen (c)c' und (d)d' auf den Schnitt F': Das Stück c'd' ist die eine Achse und der Durchmesser (a)v die andere Achse der Ellipse, welche die erste Projection der Kreislinie ausmacht, in der der Berührungscylinder die Kugel berührt; und aus den Achsen läßt sich die Ellipse in bekannter Weise construiren. — Die Punkte c_1 und d^1, in welchen die herabgeschlagenen Seiten den Schnitt F' schneiden, sind die ersten Durchgänge dieser Seiten; und das Stück c_1d^1 ist die eine Achse der Ellipse, in der die erste Projectionsebene von dem Berührungscylinder geschnitten wird, während die andere gleich dem Durchmesser der Kugel ist. Diese Ellipse bildet, wie schon oben angedeutet wurde, den Schatten der Kugel auf der ersten Projectionsebene. — Die zweite Projection des Kreises, in welchem der Berührungscylinder die Kugel berührt, und der Durchschnitt des Berührungscylinders mit der zweiten Projectionsebene ergeben sich, indem man die Construction, welche wir in der ersten Projectionsebene ausgeführt haben, in der zweiten wiederholt.

Der beleuchtete Theil der Kugelfläche empfängt keine gleichmäßige Beleuchtung. Sie ist am stärksten in dem Punkt g und dessen Gegend, in welchem jener Theil der Kugelfläche von der Achse des Berührungscylinders geschnitten wird, und vermindert sich nach der Gränze zwischen Schatten und Licht zu. Dies erhellet, wenn man beachtet, daß jeder Punkt der Kugelfläche gleiche Beleuchtung mit seiner Berührungsebene zeigt. Die Beleuchtung nimmt von dem Punkte g aus nach allen Richtungen auf der Kugelfläche in gleichem Maaße ab; denn denkt man Parallelkreise für den Punkt g als Pol, und Berührungsebenen der Kugel für beliebige Punkte der Peripherie eines solchen Parallelkreises, so werden diese Berührungsebenen von den parallelen Lichtstrahlen unter gleichen Winkeln geschnitten. — Die Achse ag des Berührungscylinders befindet sich in der Ebene F; wenn man daher (a)(g) parallel der herabgeschlagenen Seite (c)c_1 zeichnet, so hat man die Achse des Berührungscylinders mit der Ebene F auf die erste Projectionsebene herabgeschlagen; und um die Projectionen des Punktes g zu erhalten, bedarf es nur des Zurückschlagens des Punktes (g) in die Ebene F. Zu dem Ende construire man (g)g′ normal auf F′, a″g″ parallel l″, und g′g″ normal auf der Achse: und g′ und g″ sind die Projectionen des Punktes g. — Die im Schatten befindliche Halbkugel empfängt durch reflectirte Lichtstrahlen eine Beleuchtung, deren Abstufungen denen ähnlich sind, die sich in der Beleuchtung der im Licht liegenden zeigen. — Die schwächste Beleuchtung der Kugelfläche findet in der Berührungslinie ihres Berührungscylinders und deren Gegend Statt, die stärkste in dem Punkt g: Die Projectionen der Kugel werden daher in den Projectionen dieser Berührungslinie und deren Gegenden am schwächsten beleuchtet und am stärksten in den Projectionen des Punktes g. —

§. 378.

Bei der Beleuchtung krummer Flächen sind besonders die Gegenden zu beachten, in welchen sie ihre schwächste, und die, in welchen sie ihre stärkste Beleuchtung empfangen. Die schwächste Beleuchtung findet in den Linien und deren Gegend Statt, in welchen die Flächen von ihren Berührungscylindern berührt werden, deren Seiten mit den Lichtstrahlen parallel laufen, wie dies bereits erörtert worden ist. Die Gegend der stärksten Beleuchtung bestimmt sich bei jeder Gattung von krummen Flächen in besonderer von der Natur der Flächen abhängigen Weise. Wir wollen hier besonders ermitteln, wie man von Cylinder- und von Kegelflächen, die durch parallele Lichtstrahlen beleuchtet sind, diejenigen Seiten auffindet, welchen die stärkste geometrische Beleuchtung zu Theil wird.

Man stelle sich einen Cylinder vor, beleuchtet durch parallele Lichtstrahlen. Man denke eine Ebene V, die parallel ist mit den Seiten des Cylinders und zugleich mit den Lichtstrahlen. Sie wird erhalten, wenn man durch einen beliebigen Punkt a eine Line ab parallel mit den Seiten des Cylinders und eine zweite ac parallel mit den Lichtstrahlen construirt, und durch beide Linien eine Ebene legt. Der Cylinder werde durch Ebenen L geschnitten, die parallel mit der Ebene V gehen. Die Ebenen L schneiden den Cylinder in Seiten, und sind parallel mit den Lichtstrahlen. Eine solche Ebene L enthält jedesmal die sämmtlichen Lichtstrahlen, von welchen die Seite getroffen wird, durch die die Ebene geht, und sie mag die Lichtebene dieser Seite heißen. Man stelle sich ferner die Berührungsebenen E für die Seiten des Cylinders vor. Die Lichtebenen und die Berührungsebenen der einzelnen Seiten bilden verschiedene Winkel mit einander, und von diesen Winkeln hängt die Beleuchtung ab, welche den Berührungsebenen zu Theil wird. Da die Seiten gleiche Beleuchtung mit ihren Berührungsebenen empfangen, so erhellet, daß diejenige Seite des Cylinders die stärkste geometrische Beleuchtung hat, bei der die Lichtebene L auf der Berührungsebene E normal steht. Die Berührungsebene E dieser Seite steht auf der Ebene V normal. Die am stärksten beleuchtete Seite wird daher erhalten in derjenigen, in welcher der Cylinder von einer auf der Ebene V normal stehenden Berührungsebene berührt wird, oder, was dasselbe leistet, von einer Berührungsebene, die parallel ist mit irgend einer auf der Ebene V normal stehenden Linie pq. Um also die Seite des Cylinders zu finden, welche die stärkste geometrische Beleuchtung empfängt, errichte man auf der Ebene V irgend eine Normale pq, und lege an den beleuchteten Theil des Cylinders eine Berührungsebene parallel mit der Linie pq: und die Seite, in welcher diese Berührungsebene den Cylinder berührt, ist die verlangte. Für den nicht beleuchteten Theil des Cylinders giebt es ebenfalls eine Berührungsebene, parallel mit der Linie pq laufend, und die Seite, in welcher diese den Cylinder berührt, empfängt die stärkste Beleuchtung durch Reflexion.

Es werde ferner ein Kegel gedacht, der durch parallele Lichtstrahlen beleuchtet ist. Durch die Spitze s des Kegels lege man eine gerade Linie as parallel mit den Lichtstrahlen. Wenn man durch die Linie as und durch irgend eine beleuchtete Seite bs des Kegels eine Ebene L denkt, so ist die Ebene parallel mit den Lichtstrahlen und enthält alle die Lichtstrahlen, welche die Seite bs treffen. Eine solche Ebene mag die Lichtebene der Seite heißen, durch die sie gedacht wird. Man denke die Berührungsebenen der beleuchteten Seiten des Kegels. Sie werden von den Lichtebenen unter ungleichen Winkeln geschnitten, und es wird diejenige Seite des Kegels die stärkste geometrische Beleuchtung zeigen, bei welcher die Lichtebene normal auf der Berührungsebene steht. Um diese Seite zu finden fälle man aus irgend einem Punkt a der Linie as eine Normale an auf den beleuchteten Theil des Kegels, und die Seite ns, welche die Normale trifft, ist die gesuchte. Von a aus kann eine zweite Normale auf den nicht beleuchteten Theil des Kegels gefällt werden; und die Seite, welche von dieser Normale getroffen wird, ist am stärksten durch Reflexion beleuchtet.

Die Seite, in welcher ein Cylinder die stärkste Beleuchtung empfängt, ist dieselbe, in der er von einer Normale getroffen wird, die mit einer Ebene parallel läuft, welche gleichzeitig parallel ist mit den Lichtstrahlen und mit den Seiten des Cylinders. Bei einem normalen Cylinder gehen sämmtliche Normalen desselben durch seine Achse. Daher wird die am stärksten beleuchtete Seite eines normalen Cylinders vermittelst einer Ebene E erhalten, die durch seine Achse gelegt ist, parallel mit den Lichtstrahlen. Die Seite, in welcher die Ebene E den beleuchteten Theil des Cylinders schneidet, ist die am stärksten beleuchtete. Dies leicht in die Augen springende Verfahren haben wir in §. 374 angewendet. Schiefe Cylinder gestatten die Anwendung dieses Verfahrens nicht; bei ihnen muß man das oben angegebene Verfahren ausführen.

Sämmtliche Normalen eines normalen Kegels gehen durch dessen Achse. Daher kann die hellste Seite eines normalen Kegels vermittelst einer Ebene gefunden werden, die durch seine Achse geht und parallel mit den Lichtstrahlen ist. Die Seite nämlich, in der diese Ebene den beleuchteten Theil des Kegels schneidet, hat die stärkste Beleuchtung. In §. 376 haben wir dies Verfahren, das sich ohne besondere Herleitung erkennen läßt, angewendet; für schiefe Kegel aber dient die oben entwickelte Vorschrift.

§. 379.

Fig. 137 und Fig. 138 haben wir Prisma und Cylinder zusammengestellt.

Um Fig. 137 den Schlagschatten zu erhalten, welchen der Cylinder auf das Prisma wirft, nehme man in der Peripherie der unteren Grundebene des Cylinders Punkte an, lege durch sie gerade Linien parallel mit der Linie l, und construire ihre Durchschnittspunkte mit den Seitenebenen des Prismas. Die Durchschnittspunkte gehören der Begränzung des Schlagschattens an, der von dem Cylinder auf das Prisma geworfen wird. Für den Punkt a ist die Construction angegeben. Im Grundriß ist dieser Schatten nicht sichtbar. — Um den Schlagschatten zu erhalten, welchen das Prisma auf den Cylinder wirft, construire man durch den Punkt c eine gerade Linie cd parallel mit l, und bestimme ihren Durchschnittspunkt d mit der oberen Grundfläche des Cylinders; c'd' ist die erste Projection des Schlagschattens der Seitenkante cc' auf der oberen Grundfläche des Cylinders; und weil die durch g und h mit l parallel laufenden Linien die obere Grundfläche des Cylinders nicht schneiden, so ziehe man noch d'x parallel c'g', und h'y parallel l' und man hat die Begränzung des Schlagschattens, welcher von dem Prisma auf den Cylinder geworfen wird.

Wir wenden uns zu Fig. 138, und construiren zuerst den Schlagschatten, welchen das Prisma auf den Cylinder wirft. Man nehme in den unteren Grundkanten des Prismas Punkte an, lege durch sie gerade Linien, welche mit der Linie l parallel laufen, und construire ihre Durchschnittspunkte mit dem Cylinder. Diese Durchschnittspunkte gehören der Begränzung des Schlagschattens an, der von dem Prisma auf den Cylinder geworfen wird. An dem Punkt c der Grundkante ab ist die Construction durchgeführt. — Um die Gränze des Schlagschattens auf der äußersten links liegenden Seitenkante des Cylinders zu erhalten, verlängere man diese Seitenkante bis d', ziehe d'c' parallel l', c'c'' normal auf der Achse und c''d'' parallel l''. — Es ist ferner der Schatten zu construiren, welchen der Cylinder auf das Prisma wirft. Er fällt auf die obere Grundfläche und ist im Grundriß sichtbar. Man ziehe den Durchmesser g'h' normal auf l', lege durch den Punkt g eine gerade Linie gv parallel mit l, und construire ihren Durchschnittspunkt v mit der oberen Grundebene des Prismas. Die Linie g'v' ist die erste Projection des Schlagschattens, der von der Seite gg' des Cylinders auf die obere Grundebene geworfen wird. Aehnlich verfahre man bei dem Punkte h. Die übrige Begränzung des Schlagschattens wird in dem Schlagschatten erhalten, welchen der Halbkreis gnh auf die obere Grundebene wirft, und sie findet sich, indem man durch den Mittelpunkt m eine gerade Linie ms construirt, parallel mit l, ihren Durchschnittspunkt s mit der oberen Grundebene bestimmt, und von s' aus, als Mittelpunkt, einen Kreis beschreibt, der den Radius m'g' hat. Die Construction dieses Schlagschattens erfolgt etwas einfacher, wenn man zuerst den Kreis, dessen Mittelpunkt s' ist, construirt, und dann für ihn und den Kreis, dessen Mittelpunkt m' ist, die gemeinschaftlichen Tangenten v'g' und h'q' zeichnet. In der ersteren Weise erhält man die Punkte v' und q' mit größerer Schärfe.

§. 380.

Die Beleuchtung hohler Körper und die Construction der Schatten bei ihnen erfolgt nach denselben Prinzipien, die uns bisher geleitet haben. Die Beleuchtung ebener Flächen bestimmt sich nämlich nach den Winkeln, unter denen sie von den parallelen Lichtstrahlen geschnitten werden, die Beleuchtung krummer Flächen nach der ihrer Berührungsebenen, u. s. w. Einige Beispiele werden zur Erläuterung ausreichen.

§. 381. Aufgabe.

Es ist, Fig. 139, ein hohler prismatischer Körper durch seine Projectionen gegeben. Er wird durch Lichtstrahlen beleuchtet, die parallel mit der gegebenen Linie l einfallen. Man soll den Körper beleuchten und den Schlagschatten construiren, der durch ihn selbst auf seine inneren Flächen geworfen wird.

Auflösung. Die Seitenebene a'abb' liegt im Schatten, und wirft Schlagschatten auf die übrigen beiden Seitenebenen. Beides erhellet aus dem Grundriß, wenn man a'g' parallel mit l' zeichnet. Man construire zuvörderst den Schlagschatten, welchen die Seitenebene a'abb' auf die anderen Seitenebenen wirft. Dieser Schlagschatten ist begränzt durch die Schatten der Kanten a'a und ab. Der Schatten der Kante ab auf der Seitenebene b'bcc' geht von dem Punkte b aus. Deshalb bedarf es zu seiner Bestimmung nur noch eines zweiten Punktes, wozu der Schatten g des Punktes a auf dieser Seitenebene dienen kann. Man lege durch a eine gerade Linie ag parallel mit l und bestimme ihren Durchschnittspunkt g mit der Seitenebene b'bcc', die zu dem Ende etwas über die Kante cc' hinaus zu verbreiten ist. Die Linie bg ist alsdann der Schlagschatten der Kante ba auf dieser Seitenebene. Er ist in der zweiten Projectionsebene sichtbar, und nur das zwischen den Kanten b'b und c'c liegende Stück b''x'' desselben kommt in Betracht. Von x ab fällt der Schatten der Kante ba auf die folgende Seitenebene c'cdd'. Deshalb bedarf es hier eines zweiten Punktes zu seiner Bestimmung, zu welchem am zweckmäßigsten der Schatten h des Punktes a auf der Ebene c'cdd' dient, der in dem Durchschnittspunkt der Linie ag und dieser Seitenebene dargeboten wird. Das Stück xh ist der Schlagschatten der Kante ba auf der Seitenebene c'cdd', und da a der Endpunkt der Kante ba ist, und die Kante aa' normal auf der ersten Projectionsebene steht, so gewinnt man in hh' noch den Schatten der letzteren Kante auf dieser Seitenebene. Nur in der zweiten Projectionsebene sind diese Schatten in den Projectionen x''h'' und h''h'' sichtbar. Man hat jetzt die Gränzen des verlangten Schlagschattens.

Die Seitenebene c'cdd' empfängt die stärkste Beleuchtung, die Seitenebene b'bcc' eine geminderte.

§. 382. Aufgabe.

Es ist, Fig. 140, ein hohler cylindrischer Körper durch seine Projectionen gegeben. Er wird durch Lichtstrahlen beleuchtet, die parallel mit der gegebenen Linie l einfallen. Man soll den Körper beleuchten und den Schlagschatten construiren, den er selbst auf seine inneren Flächen wirft.

Auflösung. Durch den Mittelpunkt m' der Grundebene ziehe man m'a' parallel mit l', und die Seite a'a ist diejenige, welche die stärkste Beleuchtung empfängt. Die Lichtebene der Seite a'a steht nämlich normal auf der Berührungsebene der inneren cylindrischen Fläche für diese Seite. Man ziehe m'b' normal auf m'a': die Seite b'b ist die Gränze zwischen Schatten und Licht, denn diese Seite ist die Berührungslinie einer mit den Lichtstrahlen parallelen Berührungsebene der inneren cylindrischen Fläche. Vermittelst der Seite a'a und der Seite b'b, welche die schwächste Beleuchtung erhält, bestimmt sich die Beleuchtung der inneren Fläche des Cylinders.

Der über dem Bogen b'c' stehende Theil des Cylindermantels befindet sich im Schatten, und wirft Schlagschatten. Dieser Schlagschatten wird begränzt durch den Schlagschatten des Bogens bc und den der Seite c'c. Man lege durch c eine gerade Linie cd parallel mit l und bestimme ihren Durchschnittspunkt d mit der innern Fläche des cylindrischen Körpers. Der Punkt d ist der Schlagschatten des Punktes c, und das Stück dd' der Schlagschatten der Seite cc', der in seiner zweiten Projection d''d'' sichtbar wird. Man nehme ferner in dem Bogen bc Punkte an, lege durch sie gerade Linien parallel mit der Linie l, und construire ihre Durchschnittspunkte mit der innern Cylinderfläche, wie dies beispielsweise bei dem Punkt g ausgeführt ist. Dadurch ergeben sich Punkte von dem Schlagschatten des Bogens bc.

§. 383.

Es ist, Fig. 141, eine hohle Halbkugel durch ihre Projectionen gegeben. Sie wird durch Lichtstrahlen beleuchtet, die parallel mit der gegebenen geraden Linie l einfallen. Man soll die Halbkugel beleuchten und den Schlagschatten construiren, welchen sie selbst auf ihre innere Fläche wirft.

Auflösung. Die Beleuchtung erfolgt nach §. 377. Eine

durch den Mittelpunkt m der Kugel parallel mit l gelegte gerade Linie ma liefert nämlich in ihrem Durchschnittspunkt a mit der inneren Fläche der Kugel den hellsten Punkt derselben, während eine durch m und normal auf ma gelegte Ebene den Wendeschatten auf der äußeren Kugelfläche (im Grundriß) bestimmt und den Schatten werfenden Halbkreis b''c''d'' im Aufriß abschneidet. — Der Schlagschatten, welcher auf die innere Fläche der hohlen Kugel fällt, ist begränzt durch den Schlagschatten des Halbkreises bcd. Diesen zu erhalten denke man einen geraden Cylinder, dessen Richtungslinie der Halbkreis bcd, und dessen Parallellinie die Linie l ist, und construire den Durchschnitt des Cylinders mit der Fläche der inneren Halbkugel. Die Achse des Cylinders ist die durch den Mittelpunkt parallel mit l gelegte Linie ma. Man zeichne eine gerade Linie F' parallel der Achse und betrachte sie als den ersten Schnitt einer mit der zweiten Projectionsebene parallelen Ebene F. Die Ebene F schneidet den Cylinder in einem Halbkreise, dessen Mittelpunkt g, und dessen Radius gleich dem der inneren Fläche der Halbkugel ist; und sie schneidet die innere Fläche der Kugel in einem Kreise, dessen Radius gleich ist xy, und dessen Mittelpunkt den Punkt m'' zur zweiten Projection hat. Wenn man daher von m'' aus mit xy als Radius einen Kreis beschreibt, und diesen von g'' aus mit m''d'' als Radius schneidet, so sind die Durchschnittspunkte p'' und q'' die zweiten Projectionen zweier Punkte p und q, in welchen der Kreis und der Halbkreis sich schneiden, und die der Durchschnittslinie des Cylinders und der inneren Kugelfläche angehören, also Punkte der Begränzung des verlangten Schlagschattens sind. In derselben Weise construirt man mehr Punkte, bis die Begränzung des Schlagschattens bestimmt ist.

§. 384. Aufgabe.

Es ist, Fig. 142, eine Nische durch ihre Projectionen gegeben. Sie wird durch Lichtstrahlen beleuchtet, welche parallel mit der gegebenen Linie l einfallen. Man soll die Nische beleuchten und die Schlagschatten construiren, welche in ihr sichtbar werden.

Auflösung. Der hohle Raum der Nische besteht in der Hälfte eines normalen Cylinders, die durch eine Viertelkugel gedeckt ist. — Die Beleuchtung der Nische erfolgt nach den beiden vorangegangenen Paragraphen. — Durch die zweite Projection m″ des Mittelpunktes der Viertelkugel ziehe man m″a″ normal auf l″; und der Bogen ab und die Seite bb[1] sind die Linien, in deren Schlagschatten auf der inneren Fläche der Nische die Begränzung des Schlagschattens sich darbietet, der auf diese Fläche geworfen wird. Man lege durch den Punkt b eine gerade Linie bc parallel mit l, und construire ihren Durchschnittspunkt c mit dem Cylindermantel: die Linie c″c° ist die zweite Projection des Schattens der Seite bb[1]. Ferner nehme man in dem Bogen ba Punkte d, g u. s. w. an, lege durch sie Linien parallel mit l und bestimme deren Durchschnittspunkte mit dem Cylindermantel. Durch diese Durchschnittspunkte ergiebt sich der Schatten, welchen der Bogen ba auf dem Cylindermantel wirft. Endlich construire man noch den Schatten des Bogens auf der inneren Fläche der Viertelkugel nach dem vorigen Paragraph.

§. 385.

Nächst den bisher behandelten Körpern und Flächen sind die Umdrehungsflächen, welche in den mannigfachsten Gestaltungen vorkommen, von Wichtigkeit.

Wir haben hier noch ein Verfahren für die Construction von Berührungscylindern an Umdrehungsflächen nachzutragen, welches zwar im Allgemeinen weniger einfach als das in §. 232 gelehrte ist, dennoch aber in manchen Fällen angewendet wird. Das in dem angeführten Paragraph mitgetheilte Verfahren erheischt nämlich die Construction von Tangenten für die Meridianlinie. Ist man gezwungen, diese Tangenten nach dem Augenmaaß zu legen, und ist die Krümmung der Curve gering, so wird die Bestimmung der Berührungspunkte unsicher, und dies kann für die fernere Construction Ungenauigkeiten herbeiführen. In solchen Fällen ist das Verfahren vorzuziehen, dessen wir hier erwähnen wollen.

Man stelle sich eine Umdrehungsfläche vor und einen Berührungscylinder für dieselbe, dessen Seiten parallel mit einer gegebenen Linie ab laufen. Man schneide die Flächen durch eine Ebene, welche parallel mit dieser Linie ist. Die Ebene schneidet die Umdrehungsfläche in einer Curve, den Berührungscylinder in Seiten, und die Seiten sind Tangenten der Curve und parallel der Linie ab. Wenn man daher umgekehrt die Umdrehungsfläche durch eine Ebene schneidet, die mit der Linie ab parallel ist, die Durchschnittsfigur construirt, und an diese Tangenten legt, welche parallel sind mit der Linie ab, so erhält man in den Tangenten Seiten des Berührungscylinders. Dies Verfahren ist nicht bloß bei Umdrehungsflächen, sondern bei allen beliebigen Flächen anwendbar, nur daß man an die Durchschnittsfiguren nicht immer Tangenten sondern zuweilen nur streifende Linien wird legen können. Bei den Anwendungen in der Schattenconstruction tritt statt der beliebigen Linien ab die Linie l auf. Die mit der Linie l parallelen Durchschnittsebenen heißen dann Lichtebenen. Die Lage der Lichtebenen ist dadurch, daß sie mit der Linie l parallel laufen, nicht vollkommen bestimmt. Sie können daher zugleich noch einer zweiten Bedingung entsprechen, z. B. auf der einen oder der anderen Projectionsebene normal zu stehen. Hierdurch wird es möglich, den Lichtebenen eine Lage zu geben, welche die Construction der Durchschnittsfiguren erleichtert. Die Projectionen der Seiten der mit den Lichtstrahlen parallelen Berührungscylinder werden erhalten, indem man sie parallel mit den Projectionen der Linie l und berührend für die Projectionen der Durchschnittsfiguren zeichnet.

In ähnlicher Weise können Berührungskegel construirt werden. Die Durchschnittsebenen sind dabei durch den Punkt a zu legen, welcher als Spitze des Berührungskegels gegeben ist, und die Tangenten für die Durchschnittsfiguren ebenfalls durch den Punkt a. Die Tangenten sind dann Seiten des Berührungskegels.

§. 386.

Es ist, Fig. 143, eine Umdrehungsfläche durch ihre Umdrehungsachse aa', welche auf der ersten Projectionsebene normal steht, und durch ihre Meridianlinie bg gegeben, deren Meridianebene mit der zweiten Projectionsebene parallel, und die also ihrer zweiten Projection b''g'' congruent ist. Die Meridianlinie ist zusammengesetzt aus zwei geraden Linien und einer Curve, die aus drei stetig in einander laufenden Bogen besteht, von welchen der obere und untere hyperbolisch ist, der mittlere einer Ellipse angehört. Man soll die Umdrehungsfläche beleuchten und den Schatten construiren, welchen sie auf die Projectionsebenen wirft, unter der Annahme, daß sie durch Lichtstrahlen beleuchtet werde, die parallel mit der gegebenen Linie l einfallen.

Auflösung. Die geraden Linien, welche die Enden der Meridianlinie ausmachen, erzeugen während der Umdrehung Kegelflächen, deren Beleuchtung nach der gegebenen Anleitung erfolgt. Um die am stärksten beleuchteten Gegenden desjenigen Theils der Umdrehungsfläche zu finden, welcher durch die Curve erzeugt wird, schlage man nach Anleitung der Paragraphen 241 und 242 folgenden Weg ein. Durch einen beliebigen Punkt c der Umdrehungsachse lege man eine gerade Linie cd parallel mit l, und denke die Meridianebene E, welche durch die Linie cd geht. In der Meridianlinie dieser Meridianebene befinden sich die Punkte der hellsten Beleuchtung, und es sind diejenigen, in welchen diese Meridianlinie von auf ihr normal stehenden Linien getroffen wird, die mit den Lichtstrahlen, oder, was dasselbe leistet, mit der Linie cd parallel sind. Von der Gestalt der Curve bleibt es übrigens in jedem besonderen Fall abhängig, ob für sie eine mit den Lichtstrahlen parallele Normale, oder deren mehrere sich construiren lassen; und jede liefert einen Punkt der hellsten Beleuchtung. Es kann ferner vorkommen, daß keiner von den Lichtstrahlen auf der in der Meridianebene E liegenden Meridianlinie normal steht. Und alsdann sind die Punkte der hellsten Beleuchtung diejenigen, in welchen die Lichtstrahlen mit der Curve die größten (sich am meisten dem rechten Winkel nähernden) Winkel bilden. Die obwaltenden Umstände und die Punkte der hellsten Beleuchtung selbst auszumitteln, denke man die Meridianebene E um die Umdrehungsachse aa' gedreht, bis sie in eine mit der zweiten Projectionsebene parallele Lage gelangt ist, und dann auf die zweite Projectionsebene herabgeschlagen, so daß die Umdrehungsachse aa' in ihre zweite Projection kommt. Die zweite Projection der Meridianlinie dient alsdann als die mit der Ebene E herabgeschlagene Meridianlinie. Die Linie cd herabzuschlagen, ziehe man $xd''(d)$ parallel mit der Achse, nehme $x(d)$ gleich $a'd'$ und ziehe $c''(d)$; die letzte Linie ist die mit der Ebene E in der angedeuteten Weise herabgeschlagene Linie cd. Man construire jetzt für die herabgeschlagene Meridianlinie ef Normalen, die der Linie $c''(d)$ parallel laufen, oder, wenn es solche Normalen nicht giebt, diejenigen mit der Linie c″(d) parallelen Linien, welche mit der Curve ef die größten Winkel bilden. Die Punkte, in welchen die Curve ef von den Normalen, oder von den zuletzt gedachten Linien getroffen wird, schlage man in die Ebene E zurück, und man hat alsdann die Punkte, in welchen die Umdrehungsfläche die hellste Beleuchtung empfängt. Wäre (h) ein solcher Punkt, so ziehe man, um ihn in die Ebene E zurückzuschlagen, (h)y parallel der Achse, nehme a′h′ gleich y(h), und ziehe h′h″ normal auf der Achse, und h′ und h″ sind die Projectionen des zurückgeschlagenen Punktes h. Denkt man eine größere Anzahl von Linien, die mit der Linie c″(d) parallel sind, so kann man nach den Winkeln, welche sie mit der Curve ef bilden, näher die Beleuchtung beurtheilen, welche der in der Ebene E liegenden Meridianlinie zu Theil wird, und dadurch eine genauere Anleitung zur Beleuchtung der Umdrehungsfläche selbst erhalten. Man bedarf ferner zur Beleuchtung der Linie des Wendeschattens. Sie bietet sich in der Berührungslinie des Berührungscylinders der Umdrehungsfläche dar, dessen Seiten der Linie l parallel laufen. Einen Punkt der Linie des Wendeschattens erhält man nach Anleitung des Paragraph 232 folgendermaßen. Für einen beliebigen Punkt k″ der Projection b″g″ zeichne man die Tangente s″k″, stelle sich den Parallelkreis vor, welchen der Punkt k der Umdrehungsfläche, und den Kegel, welchen die Tangente ks der Erzeugungslinie während einer Umdrehung beschreibt. Der Kegel berührt die Umdrehungsfläche in dem Parallelkreise. Der erste Schnitt des Kegels ergiebt sich, wenn man von a′ aus als Mittelpunkt mit a″k″ als Radius einen Kreis beschreibt. Durch die Spitze s des Kegels lege man eine Linie st parallel mit l, construire den ersten Durchgang s_1 der Linie st, lege von s_1 aus die Tangenten s_1m' und s_1n' an den ersten Schnitt des Kegels, construire die Seiten m′s und n′s desselben, und die Punkte p und q, welche diese Seiten mit dem Parallelkreise des Punktes k gemeinschaftlich haben. Eine durch die Seite ms und durch die Linie st gedachte Ebene ist mit den Lichtstrahlen parallel, berührt den Kegel in der Seite ms und die Umdrehungsfläche in dem Punkt p, so daß eine durch den Punkt p gelegte, mit den Lichtstrahlen parallele Linie pv in die Ebene fällt, und eine Berührungslinie für die Umdrehungsfläche abgiebt. Der Punkt p ist daher ein Punkt der Linie des Wendeschattens, eben so der Punkt q, und in derselben Weise kann man deren beliebig viele erlangen. Der erste Durchgang p' der Linie pv ist ein Punkt von der Begränzung des Schlagschattens, den die Umdrehungsfläche auf die erste Projectionsebene wirft; und es lassen sich solcher Punkte so viele erzielen, als zur Bestimmung des Schlagschattens erfordert werden. Der Schlagschatten auf der zweiten Projectionsebene findet sich vermittelst der zweiten Durchgänge solcher Linien wie pv.

§. 387. Zusatz.

Wenn die Umdrehungsachse parallel mit beiden Projectionsebenen läuft, so nehme man die dritte Projectionsebene zu Hilfe, und führe in Bezug auf die dritte und erste, oder in Bezug auf die dritte und zweite Projectionsebene dieselbe Construction aus, welche im vorigen Paragraphen bei der ersten und zweiten Projectionsebene ausgeführt ist. Läuft die Umdrehungsachse parallel mit der einen Projectionsebene, während sie schief auf der anderen steht, so construire man eine Ebene E normal auf der Umdrehungsachse, projicire auf die Ebene E die Linie l und die Umdrehungsfläche, und benutze die Ebene E und die auf ihr normal stehende Projectionsebene als Projectionsebenen, bei denen sich dann wieder wie zuvor verfahren läßt. Steht endlich die Umdrehungsachse schief auf beiden Projectionsebenen, so construire man eine Ebene E normal auf der Umdrehungsachse, und eine Ebene F parallel der Umdrehungsachse, projicire auf diese Ebenen die Umdrehungsfläche und die Linie l, und vermittle durch diese Ebenen die Construction des vorigen Paragraphen, welches durch Herabschlagen und Zurückschlagen möglich ist.

§. 388. Aufgabe.

Es ist, Fig. 144 und 145, eine Umdrehungsfläche gegeben durch ihre Umdrehungsachse aa', welche auf der ersten Projectionsebene normal steht, und durch den Kreis K, welcher als Meridianlinie dienen soll. - Der Kreis K wird in einer mit der zweiten Projectionsebene parallelen Meridianebene angenommen, so daß er seiner zweiten Projection K'' congruent ist. Die Umdrehungsfläche, welche durch Umdrehung des Kreises K um die

Umdrehungsachse aa' hervorgeht, ist ein Ring. Fig. 144 ist die eine Hälfte dieses Ringes, Fig. 145 die andere Hälfte dargestellt. Beide Hälften des Ringes werden durch Lichtstrahlen, welche parallel mit der gegebenen Linie l einfallen, beleuchtet. Man soll beide Ringhälften beleuchten und die Schlagschatten construiren, welche sie auf die erste Projectionsebene werfen.

Auflösung. Die Ringfläche zu beleuchten, muß man die Gegenden der stärksten Beleuchtung bestimmen und die Linien der Wendeschatten. Die Gegenden der stärksten Beleuchtung ergeben sich, indem man Normalen für die Umdrehungsfläche construirt, die der Linie l parallel laufen. Die Punkte, in welchen diese Normalen die Umdrehungsfläche treffen, erhalten die stärkste Beleuchtung. Für die Ringfläche giebt es der Normalen zwei, eine für den nach außen liegenden Theil der Ringfläche, eine für den nach innen liegenden. Die Linien der Wendeschatten können vermittelst der Berührungscylinder der Ringfläche gefunden werden, deren Seiten den Lichtstrahlen parallel laufen; die Berührungslinien sind die Linien der Wendeschatten. Der Berührungscylinder giebt es für diese Umdrehungsfläche ebenfalls zwei. Die besondere Natur unserer Ringfläche gestattet indeß eine einfachere Auflösung. Man stelle sich eine Kugel vor, welche mit dem Erzeugungskreise gleichen Radius hat und deren Mittelpunkt im Mittelpunkt des Erzeugungskreises liegt, für welche also der Erzeugungskreis ein größter Kreis sein würde, und lasse die Kugel gleichzeitig mit dem Erzeugungskreise eine Umdrehung um die Umdrehungsachse aa' vollführen. Während der Umdrehung wird die Linie des Wendeschattens auf der Kugel den Erzeugungskreis in anderen und anderen Punkten schneiden, und die jedesmaligen Durchschnittspunkte gehören den Linien des Wendeschattens der Ringfläche an. Während der Umdrehung bleibt die Linie des Wendeschattens auf der Kugel in gleicher Lage gegen die Lichtstrahlen; daher ist es nicht nöthig die Kugel in mehreren Lagen zu zeichnen, und der Wendeschatten der Kugel, in irgend einer Lage derselben construirt, wird den Wendeschatten derselben in jeder Lage repräsentiren. Man beschreibe, a' als Mittelpunkt nehmend, einen Kreis, der gleichen Radius mit dem Erzeugungskreise hat, betrachte ihn als erste Projection einer Kugel, und construire die Ellipse, welche die erste Projection des Wendeschattens der Kugel ausmacht. Der Kreis, welcher die zweite Projection der Kugel bildet, werde ebenfalls gezeichnet. Durch a' zeichne man eine gerade Linie E' und betrachte sie als ersten Schnitt einer Meridianebene E. Man stelle sich vor, die zuerst gedachte Kugel und der in E liegende Meridiankreis würden verrückt, so, daß diese Kugel mit der projicirten Kugel zusammenfällt. Dann würde wy die erste Projection des Meridiankreises und x die erste Projection des Punktes, in welchem der Meridiankreis und die Linie des Wendeschattens auf der Kugel sich schneiden. Wenn man daher zb' gleich yx nimmt, so hat man in b' die erste Projection eines Punktes von der Linie des Wendeschattens auf der Ringfläche. Der Punkt, dessen erste Projection x ist, liegt in der Peripherie eines Parallelkreises der projicirten Kugel, dessen Radius gleich ist dem Stück a'x, daher liegt dieser Punkt und seine zweite Projection in einer Höhe, die dem Abstande dieses Parallelkreises von der ersten Projectionsebene gleich ist. Deshalb nehme man a't gleich a'x, ziehe tv normal auf der Achse, vb'' parallel der Achse und b'b'' normal auf der Achse bis zum Durchschnitt b'' mit vb'', und b'' ist die zweite Projection des Punktes b. Ferner ist o die erste Projection des zweiten Punktes, in welchem die Linie des Wendeschattens auf der projicirten Kugelfläche und der Meridiankreis sich schneiden, und wenn man uc' gleich wo nimmt, so ist c' die erste Projection eines Punktes der zweiten Linie des Wendeschattens auf der Ringfläche. Der Punkt b ist, da er nach unten liegt, nur in der zweiten Projectionsebene sichtbar, der Punkt c, nach hinten liegend, nur in der ersten. In derselben Weise kann man sowohl bei Fig. 144 als in Fig. 145 so viele Punkte von den Linien des Wendeschattens erlangen, als man zu deren Bestimmung nöthig erachtet. Die Punkte der hellsten Beleuchtung der Ringfläche lassen sich vermittelst des Punktes der hellsten Beleuchtung der projicirten Kugel bestimmen, wie überhaupt die Beleuchtung aller einzelnen Punkte der Ringfläche sich von der Beleuchtung der correspondirenden Punkte der projicirten Kugel entlehnen läßt.

Die Begränzung des Schlagschattens, welchen das Ringstück, Fig. 144, auf die erste Projectionsebene wirft, wird erhalten, wenn man in den Linien des Wendeschattens und in den Bogen der das Ringstück begränzenden Kreisebenen, welche zwischen den Linien des Wendeschattens und oberhalb liegen, Punkte annimmt, durch sie gerade Linien parallel mit den Lichtstrahlen legt und ihre Durchschnittspunkte mit der ersten Projectionsebene construirt. Der Schlagschatten des Ringstücks, Fig. 145, ergiebt sich in derselben Weise, nur daß die Schlagschatten der unteren Bogen von den Peripherieen der das Ringstück begränzenden Kreisebenen zu construiren sind.

§. 389. Aufgabe.

Es ist, Fig. 146 und Fig. 147, eine Umdrehungsfläche gegeben durch ihre Umdrehungsachse aa', welche auf der ersten Projectionsebene normal steht, und durch ihre Meridianlinie, deren zweite Projection in Fig. 147 sichtbar und ihr congruent ist. Die Umdrehungsfläche ist ringförmig; und es ist Fig. 146 die eine, Fig. 147 die andere Hälfte derselben dargestellt. Beide Hälften der Ringfläche werden durch Lichtstrahlen beleuchtet, welche parallel mit der gegebenen Linie l einfallen. Man soll die einzelnen Hälften der Ringfläche beleuchten und die Schlagschatten construiren, welche sie auf sich selbst und auf die erste Projectionsebene werfen.

Auflösung. Wir beschäftigen uns zuvörderst mit der Ringhälfte in der ersteren Figur. Im Grundriß erscheint die obere ebene Fläche und zwei daran stoßende Kegelflächen. Die Beleuchtung dieser Flächen bedarf keiner Erörterung. Im Aufriß sind eine der Kegelflächen sichtbar, zwei Theile einer Cylinderfläche und die Einziehung, welches eine Umdrehungsfläche ist, die durch Umdrehung eines Halbkreises um die Umdrehungsachse aa' hervorgeht.

Die Beleuchtung der Kegelfläche und der Cylinderfläche bedarf auch hier keiner Erläuterung. Die Beleuchtung der durch den Halbkreis beschriebenen Umdrehungsfläche ergiebt sich vermittelst der Linie des Wendeschattens und des Punktes der hellsten Beleuchtung, welche wie bei den Umdrehungsflächen überhaupt gefunden werden. Die Linie des Wendeschattens auf der Einziehung wird durch den Schlagschatten verdeckt. — Der

Schlagschatten, welcher auf die Einziehung fällt und in der zweiten Projectionsebene sich zeigt, wird begränzt durch den Schlagschatten, den die Peripherie des Kreises, welchen der Punkt b während einer Umdrehung um die Achse aa' beschreibt, auf die Einziehung wirft. Diesen Schlagschatten zu finden, denke man einen geraden Cylinder, dessen Richtungslinie die erwähnte Kreisperipherie und dessen Parallellinie die Linie l ist, und construire den Durchschnitt dieses Cylinders und der Einziehung. Die Achse des Cylinders wird in einer geraden Linie cd erhalten, die man durch den Punkt a parallel mit der Linie l legt. Man zeichne eine gerade Linie F'' parallel der Achse, und betrachte sie als den zweiten Schnitt einer Ebene F, die der ersten Projectionsebene parallel ist. Die Ebene F schneidet die Einziehung in einem Kreise, dessen Halbmesser gleich fg ist, und dessen erste Projection erhalten wird, wenn man von a' aus mit fg als Radius einen Kreis beschreibt. Der gerade Cylinder wird von der Ebene F in einem Kreise geschnitten, dessen Mittelpunkt d und dessen Radius gleich xb'' ist. Wenn man daher von d' aus mit xb'' als Radius den eben construirten Kreis in e' schneidet, so ist e' die erste Projection eines Durchschnittspunktes beider Kreise, dessen zweite Projection e'' sich ergiebt, indem man e'e'' normal auf der Achse bis zum Durchschnitt e'' mit F'' zieht. Der Punkt e ist aber zugleich ein Punkt der Linie, in welchem die Einziehung von dem geraden Cylinder geschnitten wird, d. h. ein Punkt des Schlagschattens, welchen die durch b beschriebene Kreisperipherie auf die Einziehung wirft.

Wir wenden uns zur Construction des Schlagschattens, der auf die erste Projectionsebene geworfen wird. In dem Punkte h wird die erste Projectionsebene von der Seite der unteren cylindrischen Fläche getroffen, welche auf derselben die Gränze zwischen Schatten und Licht bildet. hi ist der Schatten dieser Seite, dessen Construction keiner Erläuterung bedarf. An hi reiht sich der Schatten ik eines Bogens der Kreisperipherie, welche von dem Punkt r beschrieben wird. An ik stößt der Schatten kl eines Bogens der Kreisperipherie, welche der Punkt b beschreibt, und es liegt dieser Bogen links von der Seite der oberen Cylinderfläche, die Gränze zwischen Schatten und Licht auf dieser Cylinderfläche ist. Hierauf folgt der Schatten lm der eben gedachten Seite der oberen Cylinderfläche; dann der Schatten mn des rechts von dieser Seite liegenden Bogens der Kreisperipherie, welche durch den Punkt q beschrieben wird. — lv ist der Schatten des Kreisbogens, der die innere Einziehung beschreibt. Das Uebrige wird keiner weiteren Erläuterung bedürfen.

Wir gehen zu der Ringfläche, Fig. 147, über. Die Beleuchtung im Grundriß bedarf der Erläuterung nicht. Im Aufriß ist die Erzeugungsfläche zweimal sichtbar, dann eine Kegelfläche, zwei Theile einer Cylinderfläche, und die Auskehlung, welche eine Umdrehungsfläche ist, die durch den inneren Halbkreis der Erzeugungsfläche beschrieben wird. Die Linie bc des Wendeschattens bei der Auskehlung und der Punkt der hellsten Beleuchtung bestimmen sich wie bei den Umdrehungsflächen überhaupt. Die Linie des Wendeschattens ist durch Schlagschatten verdeckt. Die Beleuchtung der übrigen im Aufriß sichtbaren Flächen erfolgt in bekannter Weise.

Die Begränzung des im Aufriß sichtbaren Schlagschattens ist gebildet durch die Schlagschatten, welche von den inneren Kreisbogen der sichtbaren Erzeugungsflächen und von den beiden Kreisbogen geworfen werden, die den oberen Theil der Cylinderfläche nach oben und unten begränzen. Durch den Punkt c des Wendeschattens der Auskehlung wird der Bogen cd des erzeugenden Halbkreises abgeschnitten, der auf die Auskehlung Schatten wirft. Punkte dieses Schattens werden erhalten, indem man durch den Punkt d und durch andere Punkte des genannten Bogens gerade Linien parallel mit den Lichtstrahlen legt und ihre Durchschnittspunkte mit der Auskehlung construirt, wozu die Anleitung in §. 184 gegeben ist. An den Schatten des Bogens cd reiht sich der Schatten des Kreisbogens, welchen der Punkt d bei der Umdrehung beschreibt. Man denke einen geraden Cylinder, dessen Richtungslinie der zuletzt gedachte Kreisbogen und dessen Parallellinie die Linie l ist, und construire den Durchschnitt dieses Cylinders und der Auskehlung; darin ergiebt sich der Schatten jenes Kreisbogens auf der Auskehlung. Punkte des Durchschnitts finden sich, wenn man, wie im ersteren Fall, den geraden Cylinder und die Auskehlung durch Ebenen F schneidet, welche der ersten Projectionsebene parallel gelegt sind. Solche Ebenen schneiden sowohl den geraden Cylinder als die Auskehlung in Kreisen, die sich einander schneiden und in ihren leicht zu bestimmenden Durchschnittspunkten Punkte der verlangten Durchschnittslinie darbieten. Auf der oberen cylindrischen Fläche sowohl als auf der unteren erscheint ein Schlagschatten, den die obere cylindrische Fläche wirft. Seine Begränzung zu erhalten construire man die Linie ee' des Wendeschattens der cylindrischen Flächen und den Schatten, welcher von dem Bogen ef auf die cylindrischen Flächen geworfen wird. Der Bogen ef wirft aber auch Schatten auf die Auskehlung, und dieser setzt die bereits construirte Begränzung des Schlagschattens auf der Auskehlung fort. Der Schlagschatten auf den Cylinderflächen findet sich wie in §. 382, der Schatten des Bogens ef auf der Auskehlung eben so wie der des Bogens, welchen der Punkt d beschreibt. Der Schlagschatten auf der Auskehlung wird endlich noch begränzt durch den Schatten, welchen der Bogen gb wirft und der gefunden wird, wie der Schatten des Bogens cd.

Der Schlagschatten auf der ersten Projectionsebene findet sich ähnlich, wie der in der vorigen Figur.

§. 390. Aufgabe.

Es ist, Fig. 148, ein dorisches Kapitäl nebst dem oberen Theil des Säulenschaftes durch Grund- und Aufriß gegeben. Das Ganze wird durch Lichtstrahlen beleuchtet, deren Projectionen mit der Achse Winkel von 45° bilden. Man soll die Beleuchtung und die Construction der Schatten ausführen.

Auflösung. Die Beleuchtung des Abacus, als eines prismatischen Körpers bedarf keiner Erläuterung.

Der Echinus ist eine Umdrehungsfläche. Die Gegend seiner stärksten Beleuchtung bestimme man wie bei den Umdrehungsflächen überhaupt. Die Linie seines Wendeschattens zu erhalten ist es hier zweckmäßig, sich der §. 385 erklärten Methode der Durchschnittsebenen zu bedienen. Man zeichne die Linie E' parallel mit l' und betrachte sie als den ersten Schnitt einer auf der ersten Projectionsebene normal stehenden Ebene E. Sie ist eine Lichtebene, weil sie mit den Lichtstrahlen parallel läuft. Einen Punkt der Durchschnittslinie der Ebene E und des Echinus findet man folgendermaßen: Man zeichne eine Linie F″ parallel der Achse, und betrachte sie als den zweiten Schnitt einer mit der ersten Projectionsebene parallelen Ebene F. Die Ebene F schneidet den Echinus in einem Kreise, dessen erste Projection leicht gezeichnet werden kann, die Ebene E aber in einer geraden Linie, deren Projectionen in E′ und F″ fallen. Der Durchschnittspunkt n des Kreises und der geraden Linie ist ein Punkt der Durchschnittslinie, in welchem die Ebene E und der Echinus sich schneiden. Die erste Projection n′ des Punktes n ist der Durchschnittspunkt der ersten Projection des Kreises und der Linie E′, die zweite n″ wird erhalten, wenn man von n′ aus eine Normale auf die Achse fällt und dieselbe verlängert bis zum Durchschnitt n″ mit F″. In derselben Weise construire man so viele Punkte der Durchschnittslinie, als man zu deren Bestimmung nothwendig findet. Die zweite Projection der Durchschnittslinie ergiebt sich als eine Curve, die erste liegt in E′. An die zweite Projection lege man eine Tangente parallel mit l″, fälle von dem Berührungspunkt p″ eine Normale auf die Achse, und verlängere sie bis zum Durchschnitt p′ mit E′, und der Punkt p ist ein Punkt, welcher der Linie des Wendeschattens angehört. Mehr Punkte dieser Linie gewinnt man in derselben Art. Die Lichtebenen können auch dergestalt gelegt werden, daß ihre zweiten Schnitte mit der Projection l″ parallel laufen und die Ebenen dabei normal auf der zweiten Projectionsebene stehen. Dabei ändert sich in der Construction nichts Wesentliches. Betrachten wir z. B. die so angenommene Ebene G. Um einen Punkt der Linie zu erhalten, in welcher sie den Echinus schneidet, dient wie vorher eine Ebene F, die parallel mit der ersten Projectionsebene ist. Die Ebene F schneidet den Echinus in einem Kreise, dessen erste Projection bereits vorliegt, die Ebene G in einer geraden Linie, die auf der zweiten Projectionsebene normal steht und deren zweiter Durchgang sich in dem Durchschnittspunkt m″ der Linien G″ und F″ darbietet, während ihre erste Projection auf der Achse normal steht. Der Durchschnittspunkt des Kreises und der geraden Linie gehört zugleich der Durchschnittslinie der Ebene G und des Echinus an. Seine zweite Projection ist m'', seine erste ergiebt sich, wenn man von m' aus eine Normale auf die Achse fällt und dieselbe bis zum Durchschnitt m' mit der ersten Projection des Kreises verlängert. Nachdem die Durchschnittslinie der Ebene G und des Echinus vermittelst einer ausreichenden Anzahl von Punkten construirt worden, legt man an ihre erste Projection, welche sich als Curve ergiebt, eine mit l parallele Tangente, und der Berührungspunkt q ist ein Punkt von der Linie des Wendeschattens.

Die abgeschrägten Riemchen unterm Wulst sind durch Kegelflächen begränzt, deren Beleuchtung erörtert ist. Die unten die Riemchen begränzenden Ebenen kommen nicht in Betracht.

Die Kanneluren sind kegelförmige Flächen, welche oben nischenförmig auslaufen. In der Figur sind aber die Kanneluren als cylinderförmige Flächen angenommen und behandelt worden, weil die Abweichung nur unbedeutend ist. Die nischenförmige Beendigung der Kanneluren pflegt nicht nach einem mathematischen Gesetz gebildet zu sein. Ihre Beleuchtung muß daher aus der Natur entlehnt oder dem Urtheil des geübten Zeichners überlassen werden.

Der Hals des Kapitäls ist von dem Säulenschaft durch einen Einschnitt unterschieden, der durch kegelförmige Flächen gebildet ist.

Wir wenden uns zur Construction des Schlagschattens, welcher durch den Abacus verursacht wird. Dieser Schlagschatten ist begränzt durch die Schlagschatten der Kanten ab und ac. Man ziehe a''d'' parallel l'', und die Linie a''d'' ist der zweite Schnitt einer durch ab gehenden, mit den Lichtstrahlen parallelen Ebene, daher also eine Begränzung des Schlagschattens, welchen der Abacus wirft. Diese Schattengränze endigt mit dem Schatten α des Punktes a, der den Steg $a\alpha^{1}$ trifft, wie es aus dem Grundriß hervorgeht. Den Schatten zu erhalten, welchen die Kante ac wirft, denke man durch ac eine mit den Lichtstrahlen parallele Ebene H und construire ihren Durchschnitt mit den Flächen, auf welche von der Kante ac Schatten geworfen wird. Man bestimme zuvörderst den Durchschnitt der

Ebene H mit dem Echinus. Hierzu können die schon früher parallel mit der ersten Projectionsebene durch den Echinus gelegten Ebenen F u. s. w. benutzt werden. Die Ebene F schneidet nämlich den Echinus in einem Kreise (dessen erste Projection bereits gezeichnet ist) und die Ebene H in einer mit der Achse parallelen Linie, und die Punkte, in welchen diese Linie und der Kreis sich schneiden, gehören der Durchschnittslinie der Ebene H und des Echinus an. In der Ebene H befindet sich die Linie ad. Die Linie ad wird von der Ebene F in dem Punkte g geschnitten, dessen zweite Projection der Durchschnittspunkt g″ der Linien F″ und a″d″ ist. Der Punkt g befindet sich nun in der Ebene F, und mit der Linie ad zugleich in der Ebene H, ist also ein Punkt der Durchschnittslinie gh beider Ebenen. Daher wird die erste Projection dieser Durchschnittslinie erhalten, wenn man g′h′ parallel mit der Achse zeichnet; die zweite liegt in F″. Die Punkte, in welchen die Linie g′h′ und die erste Projection des erwähnten Kreises sich schneiden, sind die ersten Projectionen zweier Punkte der Linie, in welcher der Echinus von der Ebene H geschnitten wird, und die die Schattengränze auf dem Echinus ausmacht. Die zweiten Projectionen liegen in F″. Durch Wiederholung desselben Verfahrens erlangt man so viele Punkte der Linie, als man zu ihrer Bestimmung nothwendig erachtet. — Der Schatten der Kante ac fällt weiter auf die Kegelflächen, welche die Riemchen begränzen. Zur Bestimmung dieser Schatten hat man nur nöthig, die Punkte zu construiren, in welchen die die Kegelflächen begränzenden Kreisperipherieen die Ebene H schneiden. Diese Durchschnittspunkte finden sich wie die Durchschnittspunkte der in den Ebenen F u. s. w. liegenden Kreise, indem man die Ebenen zu Hilfe denkt, welche jene Kreisperipherieen enthalten. — Der Schatten der Kante ac erscheint hierauf wieder auf dem kleinen cylinderförmigen Theil des Halses, welcher zwischen den nischenförmigen Beendigungen zweier Kanneluren liegt. Diesen Theil des Schattens zu erlangen ist die äußere cylinderförmige Fläche des Halses gedacht worden, wie sie ohne Kanneluren erscheinen würde, und der Schatten construirt, welchen die Kante ac auf sie wirft. Hierzu bedarf es keiner Erläuterung. — Endlich wirft die Kante ac noch Schatten in die eine der Kanneluren, zu dessen Bestimmung keine Anleitung nöthig ist. — Müßten die äußere Oberfläche des Halses, ohne Kanneluren gedacht, und die Kanneluren als kegelförmige Flächen behandelt werden, so würden auch daraus keine Schwierigkeiten erwachsen. Der Theil des Schattens, welcher in die nischenförmige Beendigung der Kannelur fällt, ist nach der Anschauung der Natur oder nach geübtem Urtheil auszuführen, wenn diese nischenförmige Beendigung keinem mathematischen Gesetz entspricht.

Den Schlagschatten, welcher von dem Echinus geworfen wird, die Schatten, welche die Riemchen werfen, die Schatten, welche in dem Einschnitt entstehen, der den Hals des Kapitäls vom Säulenschaft sondert, und endlich die Schatten, welche die Kanneluren auf sich selbst werfen, wird man ohne weitere Anleitung construiren können.

§. 391. Aufgabe.

Es ist, Fig. 149, eine attische Base nebst dem unteren Theil des darauf ruhenden Säulenschaftes durch Grund- und Aufriß gegeben. Das Ganze wird durch Lichtstrahlen beleuchtet, deren Projectionen mit der Achse Winkel von 45° bilden. Man soll die Beleuchtung und die Construction der Schatten ausführen.

Auflösung. Mit Ausnahme der Plinthe und der Kanneluren, die in ionischer Weise ausgeführt sind, kann das Uebrige als eine Umdrehungsfläche angesehen und behandelt werden.

Der gegebene Theil ab des Säulenschaftes ist zu gering, als daß die Verjüngung in Betracht zu ziehen wäre; deshalb sehe man seine äußere Oberfläche als cylindrisch an, und bestimme demgemäß seine hellste Beleuchtung und die Linie seines Wendeschattens. Wäre ein größerer Theil des Schaftes gegeben, so müßte man ihn wie eine Umdrehungsfläche behandeln.

An den Theil ab des Säulenschaftes reiht sich der Ablauf bc. Er wird durch die Umdrehung des Quadranten bc erzeugt. Seine hellste Beleuchtung und die Linie seines Wendeschattens ergeben sich nach der allgemeinen Vorschrift, welche für Umdrehungsflächen gegeben ist.

Das Riemchen cd ist ein Cylinder. Seine Beleuchtung erfolgt nach §. 374.

Der obere und der untere Pfühl sind Ringflächen, wie die in §. 388 behandelte. Die zu ihrer Beleuchtung nöthige Construction ist also nach Anleitung jenes Paragraphen auszuführen.

Zwischen dem oberen und unteren Pfühl liegt die Kehle mit ihren Riemchen. Die Kehle wird als Umdrehungsfläche, die Riemchen sind Cylinder, und werden als solche behandelt. Bei der Kehle ist die Methode der Lichtebenen in Anwendung zu bringen, um die Linie des Wendeschattens zu bestimmen.

Die Plinthe ist ein prismatischer Körper, dessen Beleuchtung sehr einfach erfolgt.

Die Kanneluren sind Flächen, welche mit der in §. 384 behandelten Aehnlichkeit haben. Ihre Beleuchtung und die Construction der Schlagschatten in ihnen kann daher nach Anleitung jenes Paragraphen ausgeführt werden. Die Kanneluren erstrecken sich bis in den Ablauf, und hierdurch wird ihre Gestalt abweichend von der Gestalt der §. 384 behandelten Fläche, und in ihrer nischenförmigen Beendigung im Allgemeinen zu einer solchen, die keinem mathematischen Gesetz entspricht. Deshalb kann denn auch die Beleuchtung und der Schlagschatten in dem unteren Theil jeder einzelnen Kannelur nicht wie dort bestimmt, sondern muß aus der Natur entlehnt oder dem Urtheil des geübten Zeichners überlassen werden.

Der Theil ab des Säulenschaftes wirft Schlagschatten auf den Ablauf. Seine Begränzung wird gefunden, wenn man für den Cylinder ab eine mit den Lichtstrahlen parallele Berührungsebene und deren Durchschnitt mit dem Ablauf construirt. Die Durchschnittslinie der Berührungsebene und des Ablaufs erlangt man nach Anleitung des Paragraph 180.

Der Schlagschatten, welchen der cylindrische Saum des Säulenschaftes auf den oberen Pfühl wirft, wird begränzt durch den Schlagschatten seiner dunkelsten Seite gh und des Bogens hn, die leicht durch wenige Punkte und in bekannter Weise erlangt werden können.

Der Schatten, welchen das obere Riemchen der Kehle auf die Kehle wirft, findet sich nach Anleitung des §. 389. U. s. w.

§. 392.

In Fig. 150 und 151 sind zwei Schrauben dargestellt. Die Behandlung der Spiralflächen, welche an ihnen auftreten, erfolgt nach dem zehnten Kapitel des zweiten Abschnitts.

Wenn Gegenstände ihrer Natur nach die Construction gestatten, aber in zu kleinem Maaßstab gegeben sind, um die Construction an ihnen auszuführen, muß man sie vergrößert zeichnen, an der Zeichnung im größeren Maaßstab die Construction vollziehen und deren Resultat auf die Zeichnung im kleineren Maaßstab übertragen.

Vierter Abschnitt.

Die Perspective.

Erstes Kapitel.

Einleitendes und Allgemeines.

§. 393.

Wir nehmen eine Ebene an, welche wir Bildebene oder Tafel, und außerhalb derselben einen Punkt, den wir Gesichtspunkt oder das Auge nennen, und stets durch O bezeichnen.

Die gerade Linie durch irgend einen Punkt A und durch den Punkt O heiße der Strahl des Punktes A, und der Punkt a, in welchem dieser Strahl die Bildebene schneidet, werde die Perspective des Punktes A genannt.

§. 394.

Befindet sich ein Punkt A in der Bildebene, so fällt seine Perspective a mit ihm zusammen.

§. 395.

Die Perspective einer beliebigen Linie wird gebildet durch die Perspectiven ihrer sämmtlichen Punkte.

§. 396.

1) Geht eine gerade Linie durch den Gesichtspunkt, so ist ihre Perspective ein Punkt, nämlich ihr Durchschnittspunkt mit der Bildebene.

Denn die Strahlen sämmtlicher Punkte der Linie fallen mit ihr zusammen.

2) Die Perspective einer geraden Linie, welche nicht durch den Gesichtspunkt geht, ist eine gerade Linie.

Die Strahlen sämmtlicher Punkte der Linie befinden sich in der Ebene, welche durch die Linie und den Gesichtspunkt sich legen läßt, also die Perspectiven der Punkte in der Durchschnittslinie dieser Ebene mit der Bildebene.

§. 397.

Die Ebene, welche durch die Strahlen sämmtlicher Punkte einer geraden Linie gebildet wird, die nicht durch das Auge geht, möge die Strahlenebene der Linie genannt werden. Der Durchschnitt der Strahlenebene mit der Bildebene ist die Perspective der Linie.

§. 398.

Die Perspective einer krummen Linie ist gerade, wenn die krumme Linie sich in einer Ebene befindet, die durch den Gesichtspunkt geht.

Die Perspective einer krummen Linie, welche sich nicht in einer Ebene befindet, die durch den Gesichtspunkt geht, ist eine krumme Linie.

§. 399.

Die Strahlen sämmtlicher Punkte einer krummen Linie bilden im Allgemeinen einen Kegel, den wir den Strahlenkegel der krummen Linie nennen. Sein Durchschnitt mit der Bildebene ist die Perspective der krummen Linie.

§. 400.

Die Strahlen sämmtlicher Punkte einer geradlinigten Figur bilden im Allgemeinen eine Strahlenpyramide, welche in ihrem Durchschnitt mit der Bildebene die Perspective der Figur darbietet.

Der Kürze wegen werden wir in der Folge den Ausdruck Strahlenkegel im allgemeinsten Sinn nehmen, und darunter auch Strahlenpyramiden und Strahlenebenen verstehen. Unter dem Strahlenkegel eines Körpers werden dann die Strahlen sämmtlicher Punkte aller Linien an ihm verstanden, die dem Gesichtspunkt zugewendet liegen.

§. 401.

Man denke einen beliebigen Gegenstand, etwa ein Gebäude, davor die Bildebene, vor dieser den Gesichtspunkt (so also, daß der Gegenstand und der Gesichtspunkt sich zu verschiedenen Seiten der Bildebene befinden), und denke die Perspective aller

Linien hergestellt, welche an dem Gegenstande hervortreten. En in dem Gesichtspunkt befindliches Auge wird, abgesehen von Beleuchtung und Färbung, und unter der Annahme, daß das Licht sich geradlinigt verbreite, einerlei Eindruck empfangen, gleichviel ob es den Gegenstand oder dessen Perspective erblickt. Die Perspective eines Gegenstandes ist also ein Abbild desselben in Bezug auf die an ihm hervortretenden Linien, und ein solches Abbild wird ein perspectivisches Bild, eine perspectivische Zeichnung des Gegenstandes genannt.

§. 402.

Die Wissenschaft, welche perspectivische Zeichnungen herstellen lehrt, heißt Perspective. Sie heißt noch besonders Linear-Perspective, wenn sie bloß auf die Linien Rücksicht nimmt, Luft-Perspective, wenn sie auch Beleuchtung und Farbe in ihren Kreis zieht.

§. 403.

Man stelle sich einen gewöhnlichen normalen Kegel vor, und betrachte die Spitze als Gesichtspunkt, den Mantel als Strahlenkegel der Peripherie des Grundkreises. Eine Bildebene, welche den Kegel schneidet und parallel der Grundebene ist, liefert einen Kreis als Perspective des Grundkreises, und jener Kreis wird als Kreis erscheinen, wenn er auch nicht aus dem Gesichtspunkt betrachtet wird, so lange man sich nicht allzu weit seitwärts von dem Gesichtspunkt entfernt. Ist die Bildebene dagegen schief gegen die Achse des Kegels gerichtet, so liefert sie eine Ellipse als Perspective des Grundkreises und diese wird nicht mehr als Kreis erscheinen, wenn das sie betrachtende Auge den Gesichtspunkt verläßt.

Ueberhaupt liefert eine Ebene, welche den Strahlenkegel eines Gegenstandes dergestalt schneidet, daß die Strahlen im Allgemeinen unter sehr spitzen Winkeln getroffen werden, ein Bild, welches, aus einem Punkte betrachtet, der mehr rechtwinklig über dem Bilde steht, verzogen erscheint dadurch, daß die einen Ausdehnungen unverhältnißmäßig größer sind als andere. Ein solches Bild ist von unangenehmer Wirkung, sobald es nicht genau aus dem Gesichtspunkt betrachtet wird, und deshalb muß man die Bildebene stets so legen, daß keine Strahlen allzu spitze Winkel mit ihr ausmachen.

§. 404.

Wird der Strahlenkegel eines Gegenstandes durch parallele Ebenen geschnitten, welche zu einer Seite des Gesichtspunktes liegen, so entstehen in ihnen ähnliche Durchschnittsfiguren, deren Abmessungen sich verhalten wie die Entfernungen der Ebenen von dem Gesichtspunkt.

Eine zwischen dem Gesichtspunkt und dem Gegenstande gelegene Bildebene gewährt also stets ein Bild, welches kleiner als der Gegenstand ist, und um so kleiner wird, je mehr man die Bildebene dem Gesichtspunkte nähert. Rückt man die Bildebene über den Gegenstand hinaus, so daß also der Gegenstand zwischen den Gesichtspunkt und die Bildebene geräth, so ergiebt sich ein Bild, größer als der Gegenstand, und um so größer, je weiter man die Bildebene von dem Gesichtspunkt entfernt.

Im Allgemeinen verlangt man Bilder, welche kleiner sind als die Gegenstände, nimmt also die Bildebene zwischen dem Gesichtspunkt und dem Object. Wir setzen für die Folge diese Lage der Bildebene voraus.

Eine Ebene, welche den über den Gesichtspunkt hinaus ausgedehnten Strahlenkegel schneidet und dergestalt liegt, daß sich der Gesichtspunkt zwischen der Bildebene und dem Gegenstande befindet, liefert ein umgekehrtes Bild, die oberen Theile des Gegenstandes unten, die rechts liegenden links.

§. 405.

Die begränzte Bildebene, deren man sich zum Zeichnen bedient, hat gewöhnlich die Gestalt eines Rechtecks, auch die eines Kreises u. s. w. Die Begränzung der Bildebene heißt ihr Rahmen, auch werden wir die begränzte Bildebene selbst den Rahmen nennen.

§. 406.

Der Bildebene giebt man eine lothrechte Stellung. Nur besondere Fälle bedingen eine Ausnahme.

Diese Stellung ist die angemessenste, weil sie die bequemste für den Beschauer ist, und im Allgemeinen an den Gegenständen die lothrechte Richtung vorherrscht.

§. 407.

Obgleich das menschliche Auge viele Gegenstände gleichzeitig überblickt, betrachtet es mit Schärfe doch stets nur einen Punkt. Um sich von dieser, vielleicht befremdenden Behauptung zu überzeugen, wähle man zwei Punkte, etwa einen halben Zoll von einander entfernt, und man wird nicht beide gleichzeitig scharf zu betrachten vermögen, sondern nur den einen oder den anderen; man wird bemerken, daß das Auge eine kleine Bewegung macht, um von der Betrachtung des einen Punktes zu der des anderen überzugehen; und man wird stets dieselben Bemerkungen machen, wie nahe an einander die Punkte auch rücken mögen. Ein Gegenstand von irgend einer Ausdehnung kann daher nur betrachtet werden, indem das Auge sich bewegt, und diese Bewegung wird bei Gegenständen von größerer Ausdehnung noch durch Bewegungen des Kopfes oder des Körpers überhaupt verstärkt.

§. 408.

Wenn man bei unveränderter Stellung des Kopfes prüft wie weit man vermittelst der Bewegung der Augen am weitesten zur Rechten und zur Linken deutlich sieht, und von den äußersten Gegenständen gerade Linien nach den Augen denkt, so findet sich, daß diese Linien beiläufig einen rechten Winkel bilden, eben so, wenn man prüft, welche Gegenstände sich nach unten und nach oben erreichen lassen. Nicht bei allen Personen sind diese Winkel dieselben, namentlich übersteigt der verticale Winkel den rechten bei Augen von größerer hervortretender Wölbung.

Der Mensch sieht also, bei ruhiger Haltung des Kopfes, vermittelst der Bewegung der Augen, die Gegenstände, welche sich innerhalb eines normalen Kegelmantels befinden, dessen gegenüberstehende Seiten überall einen rechten Winkel bilden, oder dessen Seiten gegen die Achse unter 45° geneigt sind. Dieser Kegel heiße der Gesichtskegel, seine Achse die Gesichtsachse, Augenachse.

Für jeden Beschauer denken wir den Gesichtskegel, die Gesichtsachse in horizontaler Lage, und betrachten die Spitze des Gesichtskegels als des Beschauers Gesichtspunkt. Was der Beschauer in einerlei Stellung des Kopfes überblickt, ist für diese Stellung sein Gesichtsfeld.

§. 409.

Indem wir die Spitze des Gesichtskegels als den Gesichtspunkt des Beschauers betrachten, weichen wir von der Wahrheit ab, denn für zwei Augen bestehen zwei Gesichtspunkte, und dann kommt die Beweglichkeit der Augen hinzu, wodurch für jede Stellung jedes Auges ein Gesichtskegel auftritt, also bei einerlei Stellung des Kopfes der Gesichtskegel unendlich viele sich ergeben. Die Entfernung der Augen ist indeß, im Vergleich zu der Ausdehnung des Gesichtsfeldes, so gering, daß ihre beiden Gesichtskegel als zusammenfallend dürfen betrachtet werden, ohne einen bemerkbaren Fehler zu begehen, noch weniger sind die Unterschiede zu beachten, welche aus der Beweglichkeit der Augen entspringen.

§. 410.

Zu einem Bilde dürfen nicht mehr Gegenstände vereinigt werden, als in einem Gesichtsfelde liegen, d. h. sich bei einer Stellung des Kopfes überblicken lassen; denn sonst könnte es sich fügen, daß Gegenstände welche in einer und in einer zweiten Stellung des Kopfes sichtbar sind, bei der ersten eine wesentlich verschiedene Perspective lieferten als bei der anderen. Gemälde von größerer Ausdehnung sind als an einander gereihte Bilder zu betrachten und zu behandeln.

§. 411.

Wir sehen jeden Gegenstand vermittelst zweier Strahlenkegel, von welchen die Spitze des einen im einen, die des anderen im anderen Auge liegt. Diese Strahlenkegel dürfen bei entfernteren Gegenständen als zusammenfallend betrachtet werden, und ihre gemeinschaftliche Spitze befindet sich in der des Gesichtskegels. Nähere und namentlich kleinere Objecte sehen wir vermittelst der beiden Strahlenkegel anders, als sie vermittelst eines erscheinen: es sind dem einen Auge Flächen sichtbar, welche für das andere verdeckt liegen, oder es erscheinen dem einen Auge Flächen weniger verkürzt als dem zweiten. Perspective Zeichnungen kleinerer, dem Auge nahe liegender Gegenstände werden daher von anderer Wirkung bleiben, als die natürliche Anschauung sie gewährt. Dazu kommt, daß das Sehen nicht ein lebloses Linienziehen sondern eine lebendige mit Urtheil verbundene Handlung ist, bei welcher wir unwillkürlich scheinbare übergroße Ausdehnungen oder Verkürzungen auf ihre wahren Verhältnisse zurückführen.

Nur auf größere in angemessener Entfernung liegende Gegenstände dürfen daher die Regeln der Perspective streng angewendet werden. Näher gelegene kleinere Gegenstände wird der Zeichner nicht rein perspectivisch sondern zugleich der natürlichen Anschauung gemäß behandeln, um Bilder von wohlthuender Wirkung zu erzielen.

§. 412.

Aus einer perspectivischen Zeichnung lassen sich, wie später einleuchten wird, die wirklichen Größen entnehmen. Soll dies indeß möglich sein, so darf man natürlich die Richtigkeit nicht der besseren Wirkung opfern. Zeichnungen, aus welchen die Abmessungen der Gegenstände genau sollen entnommen werden, führt man aber besser in geometrischer Weise aus als perspectivisch. Es dürfte daher die Perspective überhaupt nur anzuwenden sein, wo es sich um eine Verdeutlichung oder um künstlerische Darstellung handelt, und während die Perspective eine wichtige Grundlage für den Zeichner ausmacht, bildet die natürliche Anschauung eine zweite, und nach ihr wird er, wo es nöthig ist, die Gesetze jener mildern mit Ueberlegung und Geschmack.

§. 413.

Wenn man beabsichtigt von irgend einem Gegenstande, z. B. von einem Gebäude, eine perspectivische Zeichnung herzustellen, so ist zunächst die Wahl des Gesichtspunktes von Wichtigkeit. Eine Regel dafür läßt sich nicht aufstellen, nur einige allgemeine Bestimmungen wollen wir entwickeln.

Es ergiebt sich ein gefälligeres Bild, wenn man nicht durch den Hauptgegenstand (das Gebäude) allein den Rahmen ausfüllt, sondern noch einiges von benachbarten Gegenständen, etwas Vorgrund und Himmel, hineinbringt.

Nach den äußersten Gränzen der Gegenstände, welche der Rahmen aufnehmen soll, denke man links und rechts einen horizontalen Strahl. Der Winkel, welchen diese Strahlen bilden, wird kleiner oder größer, je nachdem man den Gesichtspunkt von dem Gegenstande entfernt oder ihm näher führt. Der Gesichtspunkt darf dem Gegenstande nicht näher rücken, als daß jener Winkel ein rechter ist, weil sonst der Gesichtskegel nicht mehr die Gegenstände umschließt, welche das Bild ausmachen sollen, sie also nicht ohne eine Wendung des Kopfes könnten übersehen werden. Andererseits darf man die Entfernung des Gesichtspunktes vom Gegenstande nicht größer nehmen, als daß ein Auge von mittlerer Schärfe die Einzelnheiten erkenne, welche sollen erkennbar bleiben. Die größte Ausdehnung dessen, was man überhaupt abbilden will, pflegt als äußerste Entfernung des Gesichtspunktes vom Gegenstande zu gelten.

Bei architektonischen Gegenständen wird der Gesichtspunkt in einer Höhe von etwa sechs Fußen angenommen. Sonst ist darauf zu achten, daß der Gesichtspunkt überhaupt eine günstige Ansicht gewähre.

Nachdem der Gesichtspunkt festgestellt ist, bleibt die Größe des Rahmens noch willkürlich. Ein kleinerer Rahmen muß dem Gesichtspunkt näher, ein größerer ihm ferner stehen, damit er die Gegenstände aufnehme und von ihnen ausgefüllt werde. Die Lage des Gesichtspunktes zum Rahmen ist stets verhältnißmäßig seiner Lage zum Gegenstande. Bilden die Strahlen nach den äußersten Gegenständen einen rechten Winkel, so bilden auch die nach den Seiten des Rahmens einen rechten Winkel, oder ist die Entfernung des Gesichtspunktes vom Gegenstande gleich seiner größten Länge, oder gleich der Diagonale des natürlichen Bildes, so ist auch die Entfernung des Gesichtspunktes vom Rahmen gleich seiner größten Länge, oder gleich seiner Diagonale, und umgekehrt.

Die Stellung des Rahmens wird so eingerichtet, daß die Gesichtsachse ihn rechtwinklig schneidet, und zwar im Allgemeinen in der lothrechten Linie, welche ihn in zwei gleiche Theile theilt. Wollte man, namentlich bei langen Bildern, die Gesichtsachse mehr zur einen Seite des Rahmens legen, so würden die nach der anderen Seite gehenden Strahlen leicht allzu spitze Winkel mit der Bildebene ausmachen. Nur bei hohen Bildern läßt sich die Gesichtsachse mehr zur Seite bringen, ohne jenen Uebelstand herbeizuführen.

Trifft die Gesichtsachse den Rahmen in seiner mittleren lothrechten Linie, und ist die Entfernung des Gesichtspunktes vom Rahmen seiner halben größten Länge gleich, so bilden die Strahlen nach deren Endpunkten einen rechten Winkel. Die Entfernung des Gesichtspunktes vom Rahmen befindet sich daher im Allgemeinen zwischen der halben größten Länge des Rahmens und der ganzen Länge bis zur Diagonale. Die letztere überschreitet man gewöhnlich nicht, weil sonst die Entfernung des Auges vom Bilde zu groß wird, um deutlich zu erkennen. Die größere Entfernung gewährt im Allgemeinen eine bessere Wirkung als die kleinere, welche leicht nach den Seiten hin unangenehme Verziehungen mit sich bringt.

Zweites Kapitel.

Vom Vertiefungspunkt.

§. 414.

Perspectivische Zeichnungen von Gegenständen, welche durch Grund- und Aufriß gegeben sind, können sofort nach den Lehren der beschreibenden Geometrie hergestellt werden. Es handelt sich nur um die Construction von Strahlenkegeln, die entweder Ebenen oder Berührungskegel sind, und um die Construction ihrer Durchschnitte mit der Bildebene. Diese Constructionen lassen sich vereinfachen durch ein Gesetz, welches im gegenwärtigen Kapitel soll entwickelt werden.

§. 415.

Wir denken, wie schon erwähnt, die Bildebene stets lothrecht, die Augenachse normal auf ihr, und die Gegenstände hinter der Bildebene, d. h. zu der Seite, auf welcher der Gesichtspunkt nicht liegt. Die Gegenstände werden selten weiter gedacht, als sie sich hinter der Bildebene befinden.

§. 416.

Man denke eine unendliche gerade Linie, und den Strahl, welcher zu dem in der Unendlichkeit liegenden Punkt der geraden Linie gehört. Dieser Strahl werde der Verschwindungs- oder Vertiefungsstrahl der geraden Linie genannt, und der Punkt, in welchem er die Bildebene schneidet, heiße der Verschwindungs- oder Vertiefungspunkt der Linie.

§. 417.

Der Vertiefungsstrahl einer geraden Linie ist mit derselben parallel, und umgekehrt, wird durch den Gesichtspunkt O eine Linie Ov gedacht, parallel einer geraden Linie AB, so ist die Linie Ov der Vertiefungsstrahl der Linie AB.

§. 418.

Beliebig viele parallele Linien haben einerlei Vertiefungsstrahl, also auch einerlei Vertiefungspunkt.

Denn wird durch den Gesichtspunkt ein Strahl gedacht parallel mit einer der Linien, so ist er parallel einer jeden, also auch Vertiefungsstrahl einer jeden.

§. 419.

Ist eine unendliche gerade Linie der Bildebene parallel, so ist ihre Perspective eine unendliche gerade Linie; und die Linie ist parallel ihrer Perspective.

§. 420.

Schneidet eine unendliche gerade Linie AB die Bildebene in einem Punkt A, so ist ihre Perspective begränzt, und zwar einerseits durch den Punkt A und andererseits durch ihren Vertiefungspunkt v.

Der in der Bildebene befindliche Punkt A der Linie ist zugleich seine Perspective. Der Vertiefungsstrahl schneidet die Bildebene, weil die mit ihm parallele Linie die Bildebene schneidet, und der Vertiefungspunkt v ist die Perspective des in unendlicher Ferne liegenden Punktes der Linie AB. Daher ist die begränzte Linie Av die Perspective der Linie AB, die in A beginnt und sich hinter der Bildebene ins Unendliche erstreckt.

Die Linie und ihre Perspective schneiden sich in dem Punkt A.

§. 421.

Sind zwei gerade Linien parallel und dabei parallel mit der Bildebene, so sind ihre Perspectiven parallel oder fallen in einander.

§. 422.

Sind zwei gerade Linien AB und CD parallel, und schneiden sie die Bildebene in A und C, so schneiden sich ihre Perspectiven, wenn sie nicht etwa zusammenfallen.

Die Linien haben einerlei Vertiefungspunkt v, also sind Av

und Cv ihre Perspectiven, und diese schneiden sich in v, wenn nicht etwa A, C und v in gerader Linie sich befinden.

§. 423.

Der Punkt O″, in welchem die Bildebene von der Augenachse geschnitten wird, heißt der Hauptpunkt, das Stück OO″ der Augenachse der Augenabstand.

Eine durch die Augenachse gelegte horizontale Ebene heiße die horizontale Ebene des Auges, schlechthin die Horizontalebene. Sie schneidet die Tafel in einer horizontalen Linie, welche durch den Hauptpunkt geht, und diese Linie heißt der Horizont.

Denkt man den Augenabstand mit der Horizontalebene H auf die Tafel nach unten herabgeschlagen, so geräth der Augenabstand OO″ in lothrechte Lage, steht also rechtwinklig auf dem Horizont H″, und der Punkt (O) der Tafel, in welchen O geräth, heißt der Hilfspunkt.

§. 424.

Der Hauptpunkt ist Vertiefungspunkt aller geraden Linien, welche auf der Bildebene normal stehen.

Denn die Augenachse ist Vertiefungsstrahl einer jeden.

§. 425.

Durch die Augenachse werde eine Ebene E gedacht und deren Schnitt E″ auf der Tafel. Er geht durch den Hauptpunkt O″. Die Vertiefungsstrahlen aller geraden Linien, welche mit der Ebene parallel sind, befinden sich in der Ebene E, und ihre Vertiefungspunkte in dem Schnitt E″.

Die Ebene E werde die Vertiefungsebene, die Linie E″ die Vertiefungslinie des Systems von geraden Linien genannt, welche mit der Ebene E parallel gehen, auch beziehlich die Vertiefungsebene und die Vertiefungslinie jeder einzelnen von diesen Linien.

Die Horizontalebene ist Vertiefungsebene und der Horizont Vertiefungslinie aller horizontalen Linien.

Wird der Augenabstand OO″ mit irgend einer Vertiefungsebene E auf die Tafel herabgeschlagen, so steht der herabgeschlagene Abstand O″[O] rechtwinklig auf der Vertiefungslinie E″, und es werde [O] der Hilfspunkt zur Vertiefungsebene E oder zur Vertiefungslinie E″ genannt.

§. 426.

Da alle Vertiefungslinien durch den Hauptpunkt gehen, so wird die Vertiefungslinie irgend einer gerade Linie erhalten, indem man eine gerade Linie durch ihren Vertiefungspunkt und durch den Hauptpunkt legt.

§. 427.

Bildet eine gerade Linie mit der Tafel den Winkel α, so bildet auch ihr Vertiefungsstrahl den Winkel α mit der Tafel, und zwar mit der Vertiefungslinie.

Bildet daher eine gerade Linie AB mit der Tafel den Winkel α, und ist ihre Vertiefungslinie E″ gegeben, so darf man nur aus dem Hilfspunkt [O] der letzteren eine Linie [O]v ziehen, unter dem Winkel α gegen E″ geneigt, um in ihrem Durchschnitt v mit E″ den Vertiefungspunkt der Linie AB zu erhalten.

Und zieht man aus einem Hilfspunkt [O] Linien unter den Winkeln β, γ, δ,... gegen seine Vertiefungslinie E″ geneigt, so erhält man die Vertiefungspunkte von Linien, die mit seiner Vertiefungsebene E parallel sind und die Tafel unter den Winkeln β, γ, δ,... schneiden. Auf solche Weise lassen sich voraus die Vertiefungspunkte von Linien bestimmen; und wenn man dies bei irgend einer Vertiefungslinie mit einer gewissen Vollständigkeit thut, so pflegt man eine so getheilte Vertiefungslinie einen perspectivischen Transporteur zu nennen. Es ist indeß nicht rathsam, Vertiefungspunkte früher zu bestimmen, als man sie gebraucht.

§. 428.

Der Winkel, welchen irgend zwei gerade Linien bilden, wird auch gebildet von ihren Vertiefungsstrahlen.

Drittes Kapitel.

Die Constructionen aus der Grundebene.

§. 429.

Die Gegenstände, von welchen eine perspectivische Zeichnung hergestellt werden soll, befinden sich im Allgemeinen auf einer horizontalen Ebene, oder es kann eine solche als ihre Grundlage gedacht werden. Diese horizontale Ebene G nennt man die Grundebene, ihre Durchschnittslinie G″ mit der Bildebene die Grundlinie.

§. 430.

Die Grundebene wird als erste, die Bildebene zugleich als zweite Projectionsebene benutzt. Die Grundlinie ist alsdann die Achse.

Ferner werde durch die Augenachse eine verticale Ebene V gedacht; man nenne sie die verticale Ebene des Auges, schlechthin die Verticalebene. Die Durchschnittslinie der Verticalebene mit der Grundebene wollen wir die zweite Achse nennen, die Durchschnittslinie V″ der Verticalebene mit der Bildebene heiße die dritte Achse.

Der Punkt O^0, in welchem die aus den Projectionen O′ und O″ des Gesichtspunktes auf die Grundlinie gefällten Normalen die Grundlinie treffen, heißt der Grundpunkt. Er ist Durchschnittspunkt der drei Achsen.

Die Grundebene, die Bildebene und die Verticalebene machen drei Projectionsebenen aus, ihre Achsen drei Coordinatenachsen, deren Anfangspunkt der Grundpunkt O^0 ist. Und beliebige Punkte denkt man stets gegeben durch ihre Coordinaten auf diesen Achsen oder durch ihre normalen Abstände von den Ebenen. Der normale Abstand eines Punktes von der Bildebene heißt seine Tiefe, der von der Grundebene seine Höhe, der Abstand von der Verticalebene möge seine Abscisse genannt werden. Punkte denken wir stets gegeben durch ihre Abscisse, ihre Tiefe und ihre Höhe, und werden die Abscisse auf der Grundlinie abgetragen voraussetzen.

§. 431.

Auf dem Horizont denke man links und rechts vom Hauptpunkt O'' zwei Punkte Y und Z genommen, so, daß $O''Y = O''Z = O''O$, d. h. gleich dem Augenabstand sei. Die Punkte Y und Z heißen die Distanz-Punkte. Denkt man den Gesichtspunkt O mit der Verticalebene links und rechts auf die Bildebene herabgeschlagen, so fällt der Gesichtspunkt in die Distanzpunkte. Die Strahlen OY und OZ bilden (da $OO'' = O''Y$ und $OO'' = O''Z$) mit der Tafel Winkel von 45°; die Distanzpunkte sind daher die Vertiefungspunkte der horizontalen Linien, welche mit der Tafel Winkel von 45° bilden.

§. 432.

Die bisher angegebenen Bezeichnungen werden wir beibehalten. Es ist also

O der Gesichtspunkt oder das Auge;

O'' der Hauptpunkt, d. h. die Projection des Gesichtspunktes auf der Bildebene;

O' die Projection des Gesichtspunktes auf der Grundebene;

OO'' die Gesichtsachse;

(O) der Hilfspunkt, d. h. der mit der Horizontalebene des Auges auf die Bildebene nach unten herabgeschlagene Gesichtspunkt;

O^0 der Grundpunkt;

H die Horizontalebene des Auges;

H'' der Horizont;

Y und Z sind die Distanzpunkte;

G ist die Grundebene;

G'' die Grundlinie;

V die Verticalebene des Auges;

V'' die dritte Achse. Mit ihr fällt O''(O) zusammen.

§. 433.

Wir gehen nunmehr zur Construction der Perspective von Gegenständen über, welche sich in der Grundebene befinden.

§. 434. Aufgabe.

In der Grundebene ist eine unendliche gerade Linie gegeben, welche in dem Punkt A, Fig. 152, auf der Grundlinie normal steht; man soll die Perspective der Linie zeichnen.

Auflösung. Der Punkt A ist der Durchgang der Linie in der Bildebene, daher ist AO'' die verlangte Perspective nach §. 420. und §. 424.

§. 435.

Der Durchschnittspunkt einer Linie mit der Bildebene möge ferner schlechthin ihr Durchgang genannt werden. Die Durchgänge in anderen Ebenen werden wir dagegen als solche angeben.

§. 436. Aufgabe.

In der Grundebene befinde sich eine unendliche gerade Linie, welche mit der Grundlinie einen Winkel von 45° bildet und dieselbe in dem Punkt A, Fig. 153, schneidet; man soll die Perspective der Linie construiren.

Auflösung. Die Linie bildet zugleich mit der Bildebene einen Winkel von 45°. Ihr Vertiefungspunkt ist also einer der Distanzpunkte Y und Z, je nachdem die Linie nach der linken oder nach der rechten Seite gerichtet ist. Nehmen wir das Letztere an, so geht die verlangte Perspective durch den Durchgang A und den Punkt Z.

§. 437. Aufgabe.

Es ist, Fig. 154, in der Grundebene ein Punkt A durch seine Abscisse O^0A^0 und seine Tiefe A^0A gegeben, und man soll seine Perspective a construiren.

Auflösung. Man lege in der Grundebene durch den Punkt A irgend zwei Linien, welche sich in ihm schneiden, construire deren Perspectiven, und der Punkt, in welchem diese sich schneiden, ist die Perspective a des Punktes A.

Vermittelst der beiden vorstehenden Aufgaben ergeben sich zunächst folgende Auflösungen:

I. Als eine der durch A zu legenden Linien benutze man die auf der Grundebene normal stehende Linie A^0A, deren Perspective A^0O'' ist. Man nehme A^0B gleich der gegebenen Tiefe A^0A, und denke als zweite Linie die Linie BA. Sie bildet mit der Bildebene einen Winkel von 45°, ihre Perspective ist BY, und der Durchschnittspunkt a der Linien A^0O'' und BY ist die Perspective des Punktes A.

II. Es verhält sich

$$O''a : A^0a = O''Y : A^0B$$

d. h. die Linie A^0O'' ist durch a in zwei Stücke getheilt, die sich verhalten wie der Augenabstand zur Tiefe des Punktes A. Jede Construction, welche diese Theilung der Linie A^0O'' herbeiführt, liefert daher den Punkt a. So könnte man z. B. $O''V$ gleich $\frac{1}{n}O''Y$ und $A^0S = \frac{1}{n}A^0B$ nehmen; und es würde die Linie VS den Punkt a gewähren. Dies ist beachtenswerth für Fälle, in welchen A^0B zu groß ist, um aufgetragen zu werden.

III. Man mache A^0B gleich A^0C gleich der gegebenen Tiefe A^0A des Punktes, und denke die Linien BA und CA. Beide bilden mit der Grundlinie Winkel von 45°, ihre Perspectiven sind BY und CZ, und diese liefern den Punkt a.

Auch hier kann man, wie in II., statt der Linien $O''Y$ und A^0B sowohl als statt der Linien $O''Z$ und A^0C proportionale Stücke gebrauchen.

Später werden sich noch andere Auflösungen ergeben.

§. 438. Aufgabe.

In der Grundebene befinde sich eine unendliche gerade Linie AB, welche parallel mit der Grundlinie ist und gegeben durch ihre Tiefe, d. h. ihren Abstand von der Grundlinie. Man soll die Perspective ab der Linie AB zeichnen.

Auflösung. Die Perspective der Linie AB ist parallel der Grundlinie; man bedarf daher nur eines Punktes derselben, um sie zu zeichnen.

Die Linie AB schneide die zweite Achse in B. Man denke den Strahl OB, und er trifft die dritte Achse, welche in $O''O'$ liegt, in dem Punkte b, der die Perspective des Punktes B ist

Den Strahl OB denke man mit der Verticalebene auf die Bildebene herabgeschlagen; dabei geräth O in einen Distanzpunkt, B in die Grundlinie, und es wird $O^0(B)$ gleich der gegebenen Tiefe der Linie AB. Man mache daher, Fig. 155, $O^0(B)$ gleich der gegebenen Tiefe, ziehe (B)Z, und durch b eine Linie ab parallel der Grundlinie.

Oder: Man construire die Perspective a irgend eines Punktes A der Linie AB, indem man A^0 beliebig auf der Grundlinie nimmt, A^0C gleich der gegebenen Tiefe macht, und A^0O'' und CY zieht. Setzt man A^0 in O^0, so entsteht die vorige Construction.

§. 439.

Statt der Stücke $O''Z$ und $O^0(B)$, und statt derer $O''Y$ und A^0C hätte man sich im vorigen Paragraphen proportionaler Stücke bedienen können.

Wiederholungen zu vermeiden, werden wir auf diesen Umstand nicht überall in der Folge aufmerksam machen, empfehlen aber, ihn zu beachten.

§. 440.

In den Anwendungen darf man das Papier nicht mit allzu vielen Linien bedecken, daher nur solche wirklich ziehen, welche unentbehrlich sind. So würde man z. B. in der letzten Aufgabe, nachdem die Linie A^0O'' gezogen ist, nicht auch CY ziehen, sondern nur das Lineal an C und Y legen, und den Punkt A andeuten. Und hätte man mehrere mit der Grundlinie parallele Linien in Perspective zu setzen, so würde man für alle sich derselben Linie A^0O'' oder O^0O'' bedienen.

§. 441. Aufgabe.

In der Grundebene ist eine unendliche gerade Linie AB gegeben, welche die Grundlinie schneidet; man soll die Perspective der Linie construiren.

Auflösung. I. Die Linie sei gegeben durch den Winkel α, welchen sie mit der Grundlinie bildet und durch den Punkt A, Fig. 156, in dem sie die Grundlinie schneidet. — Die Linie bildet auch mit der Tafel den Winkel α. Man ziehe daher (O)b unter dem Winkel α gegen den Horizont geneigt, und es ist (O)b der herabgeschlagene Vertiefungsstrahl der Linie AB, und Ab ihre Perspective.

II. Ist die Linie AB gegeben wie zuvor, und befindet sich ihr Vertiefungspunkt in zu großer Ferne, als daß er könnte benutzt werden, so construire man die Perspective b irgend eines Punktes B der Linie, und es ist Ab die verlangte Perspective.

III. Ist die Linie durch zwei Punkte gegeben, so construire man deren Perspectiven, und lege durch diese eine gerade Linie.

§. 442. Aufgabe.

Es ist in der Grundebene eine begränzte gerade Linie AB gegeben, und man soll ihre Perspective ab construiren.

Auflösung. Man construire die Perspectiven a und b ihrer Endpunkte A und B, und zeichne ab.

Ist z. B. Fig. 157 AB parallel der Grundebene, so ziehe man A^0O'' und B^0O'', construire a und ziehe ab parallel mit der Grundlinie bis zum Durchschnitt b mit B^0O''.

In Fig. 158 verlängere man die in der Grundebene befindliche Linie AB bis zu ihrem Durchgang C, ziehe (O)D parallel AB, verbinde den Durchgang C mit dem Vertiefungspunkt D, und ziehe A^0O'' und B^0O'', und es ist ab die Perspective von AB.

U. m. dergl.

§. 443. Aufgabe.

Es ist in der Grundebene ein neck gegeben, und man soll dessen Perspective zeichnen.

Auflösung. Man setze Seiten, Diagonalen, Ecken in Perspective, so viel als nöthig sind die Perspective der Figur zu bestimmen.

Es sei z. B. Fig. 159 in der Grundebene das Dreieck ABC gegeben. Man verlängere die Seiten bis zu ihren Durchgängen D, E, F, ziehe in der Grundebene durch eine Ecke A die Linie A^0K normal zur Grundlinie und verlängere die Seite BC bis zum Durchschnitt K mit dieser Normale. Es werde nun A^0O'' gezogen, $A^0(A)$ gleich A^0A, $A^0(K)$ gleich A^0K genommen, und die Linie A^0O'' durch die Linien (A)Y und (K)Y in a und k geschnitten. a und k sind dann die Perspectiven der Punkte A und K. Und zieht man noch Fk, Da bis b und Ea bis c, so ist abc die Perspective des Dreiecks ABC.

§. 444.

Aehnlich verfahre man bei Figuren von beliebig vielen Seiten. Man wird also

1) die nicht in allzu großer Ferne liegenden Durchgänge von Seiten (Diagonalen) bestimmen,
2) in der Grundebene eine Normale auf der Grundlinie errichten, die möglichst viele Seiten (Diagonalen) oder deren Verlängerungen schneidet; am füglichsten legt man die Normale durch einen Eckpunkt,
3) die Durchschnittspunkte der Normale mit den Seiten (Diagonalen) in Perspective setzen, und
4) durch die in Perspective gesetzten Durchschnittspunkte und durch die Durchgänge die Perspective der Figur zu erlangen suchen. Reichen aber die gedachten Punkte dazu nicht aus, so wird man noch einen Eckpunkt oder mehrere in Perspective setzen, oder die Figur durch eine zweite Normale schneiden, oder durch eine Linie, welche parallel der Grundlinie ist, oder Vertiefungspunkte benutzen u. s. w.

§. 445.

Wir haben im vorigen Paragraphen den Grundriß mit der perspectivischen Zeichnung verbunden. Gewöhnlich befindet sich der Grundriß auf einem besonderen Blatt. Dann wird auf ihm die Grundlinie angegeben und der Grundpunkt O^0, man construirt auf ihm die nöthigen Punkte der Grundlinie und überträgt sie, O^0 als Anfangspunkt gebrauchend, auf die Grundlinie der perspectivischen Zeichnung. So würde man im Beispiel des vorigen Paragraphen die Punkte E, D, A^0, (A) (K), F übertragen.

§. 446. Aufgabe.

Es ist in der Grundebene eine krumme Linie gegeben, und man soll ihre Perspective construiren.

Auflösung. Man setzt so viele Punkte der Curve in Perspective, als man nöthig erachtet, die Perspective der krummen Linie zu zeichnen.

Bei einem Kreise nimmt man die Punkte gewöhnlich dergestalt, daß sie die Eckpunkte eines regulären necks ausmachen, die Kreislinie also in gleiche Theile zerlegen.

Verwickelte krummlinigte Figuren, z. B. Verzierungen, überdeckt man mit einem Netz von congruenten Quadraten, setzt dies Netz in Perspective, und benutzt das in Perspective gesetzte Netz als Leitung zur perspectivischen Zeichnung der Figur.

Auch vermittelst einer Reihe von Tangenten, die man in Perspective setzt, läßt sich die Perspective einer Curve zeichnen.

§. 447.

Die Perspective einer geraden Linie, welche sich in der Grundebene befindet und durch die erste Projection des Gesichtspunktes geht, steht auf der Grundlinie normal.

Denn die Strahlenebene der Linie steht normal auf der Grundebene.

Viertes Kapitel.

Perspectivische Theilung gerader Linien in der Grundebene.

§. 448.

Eine Linie perspectivisch theilen soll heißen, die Perspective der Linie theilen, so daß die Theile der Perspective vorgeschriebenen Theilen der Linie selbst entsprechen. Eine Linie perspectivisch vervielfältigen soll heißen, die Perspective der Linie dergestalt verlängern, daß die verlängerte Perspective einem vorgeschriebenen Vielfachen der Linie selbst entspricht.

§. 449. Aufgabe.

Es ist, Fig. 160, die Perspective ab einer in der Grundebene befindlichen geraden Linie AB gegeben, und man soll die Linie AB perspectivisch in n Theile theilen, deren Verhältniß gegeben ist.

Auflösung. Aus einem beliebigen Punkt c des Horizonts ziehe man durch die Endpunkte a und b die Linien cD und cF, theile DF nach dem vorgeschriebenen Verhältniß, und verbinde die Theilpunkte Q, V, ... mit c: die Perspective ab wird dadurch in der verlangten Weise getheilt. — Die Linien Dc, Qc, Vc, ...Fc sind die Perspectiven von parallelen Linien, welche sich in der Grundebene befinden, und von denen die erste Dc durch den Punkt A, die Fc durch B geht; durch sie wird AB nach dem vorgeschriebenen Verhältniß getheilt, und x, y, ... sind die Perspectiven der Theilpunkte auf AB.

Fällt das Stück DF zu groß aus, so kann statt dessen eine mit der Grundlinie parallele Linie KL benutzt werden.

§. 450.

Die Lösung des vorigen Paragraphen führt zugleich zur perspectivischen Vervielfältigung. Denn nimmt man, Fig. 160, KU gleich n · KL, zieht cU, und verlängert ab bis zum Durchschnitt s mit cU, so ist as die Perspective der geraden Linie ABS, die gleich nAB ist.

Und wäre ab oder ein Theil ax von ab perspectivisch gleich t beliebigen Einheiten, etwa Fußen, so ersieht sich leicht, wie auf ab jede beliebige Anzahl von Einheiten, Fußen, kann perspectivisch abgeschnitten werden.

§. 451.

Es werde in der Grundebene eine gerade Linie AB gedacht, welche die Grundlinie in dem Punkt A schneidet, Fig. 161. Man nehme auf der Grundlinie AC gleich AB und denke BC. Dadurch entsteht ein gleichschenkliges Dreieck ABC. Man ziehe den Vertiefungsstrahl (O)β der Linie AB und den (O)γ der Linie BC. Der Winkel (O)$\beta\gamma$ ist gleich dem Winkel BAC, und der Winkel β(O)γ gleich ABC, nach §. 428. Das Dreieck (O)$\beta\gamma$ ist demnach ähnlich dem Dreieck BAC, also gleichschenklig, und der Punkt γ wird erhalten, indem man $\beta\gamma$ gleich β(O) nimmt.

Die Linie Aβ ist die Perspective der unendlichen Linie AB, die Linie Cγ die Perspective von CB, also Ab die Perspective der begränzten Linie AB, welche ihrer Größe nach in AC vorliegt.

Durch eine Linie γD wird Ab in v perspectivisch getheilt nach dem Verhältniß, in welchem AC durch D getheilt ist (d. h. AB durch die Linie DV, welche parallel geht mit CB).

Die Linie AB kann hiernach beliebig getheilt oder vervielfältigt werden, wie in den vorstehenden Paragraphen. Auch ist das Verfahren dasselbe, nur daß hier in AC die wahre Länge von AB vorliegt.

Der Punkt γ heißt der Theilungspunkt der Linie AB.

§. 452.

Für eine Linie in der Grundebene, welche mit der Grundlinie parallel geht, ist jeder Punkt des Horizonts Theilungspunkt. Denn der Vertiefungspunkt β befindet sich in unendlicher Entfernung, daher ist für jeden Punkt γ des Horizonts (O)β gleich $\gamma\beta$.

Jede gerade Linie in der Grundebene, welche nicht mit der

Grundlinie parallel ist, hat zwei Theilungspunkte, von welchen sich stets der eine auf dem Theil YZ des Horizonts befindet. Für eine Linie, welche normal auf der Grundlinie steht, ist jeder von den Distanzpunkten Theilungspunkt. Für jede andere Linie AB, Fig. 161, bestehen gleichfalls zwei Theilungspunkte, je nachdem rechts oder links von A aus man AC gleich AB nimmt; die eine Linie CB bildet mit der Grundlinie einen Winkel größer als 45°, die andere CB einen Winkel kleiner als 45°, und der Theilungspunkt vermittelst der ersteren liegt zwischen Y und Z, der andere nicht. Es kann stets der erstere gebraucht werden.

§. 453.

Der Theilungspunkt läßt sich benutzen, die wahre Größe einer perspectivisch gegebenen Linie herzustellen, welche sich in der Grundebene befindet. Zieht man z. B. aus dem Theilungspunkt γ, Fig. 161, der Linie vb, die Linien γv und γb, so ist DC die wirkliche Länge der Linie VB, deren Perspective vb ist.

Und ist, Fig. 162, ab parallel der Grundlinie, so ist sowohl CD als EF gleich AB, denn die in der Grundebene befindlichen Vierecke CDAB und EFAB sind Parallelogramme.

Aus ihrer Perspective ab kann eine in der Grundebene befindliche Linie AB auch dadurch hergestellt werden, daß sie die Hypotenuse ist eines rechtwinkligen Dreiecks, welches die Differenz der Tiefen A^0A und B^0B zur einen und das Stück A^0B^0 der Grundlinie zur anderen Kathete hat. Der Punkt A^0 findet sich aber Fig. 159, indem man $O''a$ zieht, und dann die Tiefe vermittelst Ya in $A^0(A)$; eben so erzielt sich B^0 und die Tiefe $B^0(B)$.

§. 454.

Gleichen oder proportionalen Theilen einer geraden Linie AB, welche sich in der Grundebene befindet und mit der Grundlinie parallel ist, entsprechen gleiche oder proportionale Theile ihrer Perspective ab.

Die Linie ist parallel ihrer Perspective, die nach den Theilpunkten gehenden Strahlen theilen also die Perspective nach dem Verhältniß, in welchem die Linie getheilt ist.

Fünftes Kapitel.

Hilfsconstructionen.

§. 455.

Häufig liegen Verschwindungspunkte außerhalb des Reißbretts, und man wünscht nach ihnen gerade Linien zu ziehen. Die Elementar-Geometrie giebt dazu bereits Anleitung. Wir wollen hier noch einiges zur Erweiterung und Erleichterung anführen.

§. 456.

Es seien Fig. 163, 164 und 165 die drei Linien AB, DE und CC′ parallel. Aus einem beliebigen Punkt C der einen ziehe man nach den beiden festen Punkten A und B der anderen die Linien CA und CB, aus einem zweiten beliebigen Punkt C′ der ersten die Linien C′A und C′B. Die Stücke DE und D′E′ welche von diesen Linien auf der dritten abgeschnitten werden, sind einander gleich.

Denn es verhält sich

$$AB : DE = AC : DC = AC' : D'C' = AB : D'E'.$$

§. 457. Aufgabe.

Es ist die Perspective ab einer Linie gegeben und ein Punkt c, man soll durch c eine Linie cg zeichnen, welche den Horizont in dem Vertiefungspunkt von ab trifft.

Auflösung. Man ziehe, Fig. 166, ad beliebig durch c, nehme b auf ab beliebig und ziehe be parallel mit ad, ziehe ae, cf parallel de, fg parallel ab, und cg ist die verlangte Linie, nach §. 411 Geom. Theil I.

Zweite Auflösung. Man ziehe, Fig. 167, cb parallel dem Horizont, irgendwo ge parallel dem Horizont (statt ge kann die Grundlinie dienen, wenn sie geeignet liegt), nehme d im Horizont beliebig, ziehe dc, db, und mache ag gleich ef, so ist gc die verlangte Linie, nach dem vorigen Paragraph.

§. 458.

Sind, Fig. 168, in horizontaler Linie mehrere Punkte c, d, e, ... gegeben, aus welchen man Linien ziehen soll, die mit ab nach demselben Punkte des Horizonts H″ gehen, so nehme man im Horizont t beliebig, ziehe ta, tb, tc, td, ... bis zum Durchschnitt mit der Grundlinie oder irgend einer mit dem Horizont parallelen Linie $\beta\varepsilon$, mache die Stücke $b\gamma'$, $\gamma'\delta'$, $\delta'\varepsilon$, ... beziehlich gleich den Stücken, $\beta\gamma$, $\gamma\delta$, $\delta\varepsilon$, ..., und $c\gamma'$, $d\delta'$, $e\varepsilon'$, ... sind die verlangten Linien nach §. 456.

§. 459. Aufgabe.

Es sind die Perspective ab einer geraden Linie gegeben und mehrere Punkte c, d, ..., welche in gerader nicht horizontaler Linie sich befinden. Man soll durch sie Linien legen, welche mit ab den Horizont in demselben Punkt treffen.

Auflösung. Man ziehe, Fig. 169, bv parallel ak, und es kommt darauf an, bv zu theilen in dem Verhältniß, nach welchem ak durch c, d, ... getheilt ist. Zu dem Ende ziehe man av, dann $c\gamma'$, $d\delta'$, ... parallel kv, und $\gamma'\gamma$, $\delta'\delta$, ... parallel ab. $c\gamma$, $d\delta$, ... sind die verlangten Linien.

Andere Auflösung. Man ziehe, Fig. 170, bv parallel ak, nach einem beliebigen Punkt t des Horizonts at, bf parallel H″, fl parallel bv. Die Linie fl ist gleich bv, und sie wird durch die Linien ct, dt, ... getheilt in einerlei Verhältniß mit ak. Wenn man daher $b\gamma$, $\gamma\delta$, ... beziehlich gleich $f\gamma'$, $\gamma'\delta'$, ... nimmt, so sind $c\gamma$, $d\delta$, ... die verlangten Linien.

Für manche Fälle ist es bequem, Fig. 171, zwei Linien ak und bv normal zum Horizont zu ziehen und jede in n gleiche Theile zu theilen. Jede durch entsprechende Theilpunkte gelegte gerade Linie geht dann durch den Vertiefungspunkt von ab.

Hat man durch zerstreut liegende Punkte dergleichen Linien zu ziehen, so kann man durch zwei und zwei Punkte eine gerade Linie legen und wiederholt verfahren wie zuvor.

§. 460.

Alle Gesetze, welche in den vorstehenden Kapiteln in Bezug auf die Grundebene aufgestellt worden sind, gelten für jede andere horizontale Ebene. Denn bei der Entwickelung jener Gesetze ist weder die Entfernung der Grundebene von der Horizontalebene des Auges, noch der Umstand, daß sie unterhalb des Horizonts liegt, von irgend einem Einfluß gewesen. Man wird daher die gewonnenen Constructionen für jede horizontale Ebene dürfen in Anwendung bringen, indem man die Durchschnittslinie mit der Bildebene wie die Grundlinie benutzt.

Aber nicht bloß für Ebenen, welche mit der Grundebene parallel sind, gelten diese Constructionen, sie finden auch Anwendung bei jeder Ebene, welche auf der Bildebene normal steht, sobald man die Horizontalebene des Auges durch die Vertiefungsebene, den Horizont durch die Vertiefungslinie, den Hilfspunkt durch den Hilfspunkt jener Ebene ersetzt, und die Distanzpunkte auf die Vertiefungslinie trägt.

Endlich lassen sich die entwickelten Constructionen mit geringen, leicht erkennbaren Abweichungen auf jede beliebige Ebene anwenden; man hat nur nöthig, die Horizontalebene durch eine Ebene zu ersetzen, welche mit jener Ebene parallel ist.

Sechstes Kapitel.

Gesetz der Höhen, und von der Perspective beliebiger Gegenstände, welche durch Grund- und Aufriß gegeben sind.

§. 461.

Steht eine gerade Linie normal auf der Grundebene, so steht ihre Perspective auf der Grundlinie normal.

Die Strahlenebene der Linie steht normal auf der Grundebene, und da zugleich die Bildebene normal auf der Grundebene steht, so ist die Durchschnittslinie beider, d. h. die Perspective der Linie, normal zur Grundebene, also auch zur Grundlinie.

Nicht umgekehrt wegen §. 447.

§. 462. Aufgabe.

Eine begränzte gerade Linie AB steht in dem Punkt A auf der Grundebene normal, die Perspective a des Punktes A ist gegeben, man soll die Perspective ab der Linie AB construiren.

Auflösung. Nach dem vorigen Paragraph ist ab normal zur Grundlinie gerichtet. — Jede durch AB gelegte Ebene, welche nicht parallel der Bildebene geht, schneidet die letztere in einer Linie, die normal zur Grundlinie ist. — Man denke durch A in der Grundebene eine gerade Linie, welche die Grundlinie in dem beliebigen Punkt C schneidet, durch B eine Linie BD, parallel mit AC. Die Linie BD trifft die Bildebene in einem Punkt D, dergestalt, daß CD normal zur Grundlinie und gleich AB ausfällt. Die Linien AC und BD haben einerlei Vertiefungspunkt v im Horizont. —

Man nehme daher, Fig. 172, den Punkt C in der Grundlinie beliebig, zeichne Ca bis v, CD normal zur Grundlinie und gleich AB, ziehe Dv, und ab normal zur Grundlinie bis zum Durchschnitt mit Dv, und es ist ab die verlangte Perspective von AB.

§. 463.

Gleichen oder proportionalen Theilen einer auf der Grundebene normal stehenden Linie AB entsprechen gleiche oder proportionale Theile ihrer Perspective ab.

Man denke durch die Theilpunkte von AB Parallelen mit AC (vor. Paragraph und Fig. 172.); sie theilen CD wie AB, und ab ist parallel CD, wird also getheilt wie CD durch die Linien, welche aus den Theilpunkten von CD nach v gehen, und welche die Perspectiven jener Parallelen sind.

§. 464.

Statt CD gleich AB zu machen, kann man daher CM gleich $\frac{1}{n}$AB nehmen, erhält dann in aμ den nten Theil von ab, der leicht zu ab sich ergänzen läßt.

§. 465.

Man denke zwei gerade Linien AB und CD, welche in den Punkten A und C auf der Grundebene normal stehen. Die Ebene der Linien sei parallel der Bildebene. Sind die Linien AB und CD einander gleich, so sind auch ihre Perspectiven ab und cd einander gleich, und verhalten sich die Linien wie n : q, so stehen ihre Perspectiven in diesem Verhältniß.

Sind die Linien gleich, so sind die Linien AC und BD parallel, und dabei parallel mit der Bildebene, also ist ac parallel bd und daraus erhellet die erste Behauptung. Ist CD $= \frac{q}{n}$AB gleich dem Stück AE von AB, so ist cd $=$ ae $= \frac{q}{n}$ab, also ab : cd $=$ n : q.

Stehen daher beliebig viele gerade Linien normal auf der Grundebene, und befinden sie sich sämmtlich in einer Ebene, welche parallel der Bildebene ist, so verhalten sich die Perspectiven der Linien wie die Linien selbst; sind also die Linien gleich, so sind es auch ihre Perspectiven. Dabei befinden sich die Perspectiven ihrer Fußpunkte in horizontaler Linie und, wenn die Linien gleich sind, auch die Perspectiven ihrer oberen Endpunkte.

§. 466.

Es sei, Fig. 173, abcd die Perspective eines in einer horizontalen Ebene befindlichen Vierecks ABCD, welches einem normalen Prisma ABCDEFKL als Grundebene dient. Die Seitenkanten des Prismas sind lothrechte Linien, und ihre Perspectiven stehen normal auf dem Horizont H''. Eine der Seitenkanten, etwa AE, sei nach §. 462 in Perspective gesetzt. Die Perspective der oberen Grundebene ergiebt sich dann, indem man die Perspectiven der oberen Grundkanten durch die Vertiefungspunkte der mit ihnen parallelen unteren Grundkanten richtet, also ef durch r, el durch t, lk durch v.

Das Prisma werde durch eine horizontale Ebene geschnitten, und α sei die Perspective des Punktes, in welchem die Seitenkante AE getroffen wird. Die Perspective $\alpha\beta\gamma\delta$ der Durchschnittsfigur ergiebt sich wie zuvor, indem man $\alpha\beta$ durch r, $\alpha\delta$ durch t, $\beta\gamma$ durch u zieht.

Die Perspective $\alpha\beta\gamma\delta$ verkürzt sich in ihrer lothrechten Ausdehnung um so mehr, je näher sie dem Horizont tritt, bis sie in eine gerade Linie übergeht, wenn sie den Horizont erreicht.

Wir haben aus der Perspective abcd einer Figur, welche sich in einer horizontalen Ebene befindet, sehr einfach die Perspectiven efkl, $\alpha\beta\gamma\delta$ von Figuren erhalten, welche jener congruent sind, und sich lothrecht über jener in horizontalen Ebenen befinden. Man macht hiervon Anwendung überall, wo es auf die Construction der Perspectiven so gelegener congruenter Figuren ankommt. Gehören z. B. die Punkte a, b, c, d der Perspective einer beliebigen Curve an, welche die Begränzung der Grundebene eines normalen Cylinders ausmacht, und ist aα dessen perspectivische Höhe, so bieten sich sofort in α, β, γ, δ Punkte von der Perspective der Curve dar, welche die andere Grundebene begränzt.

Und hat man von einer horizontal gelegenen Figur die Perspective $\alpha\beta\gamma\delta$ zu construiren, welche sich stark verkürzt, und entspringen daraus Unbequemlichkeiten für die Construction, so kann man die Figur zuerst in eine vom Horizont entferntere

Ebene verlegen, die Perspective abcd construiren, und daraus die $\alpha\beta\gamma\delta$. Dabei wird man im Allgemeinen nicht nöthig haben, die Perspective abcd vollständig herzustellen, und sich auf das Nothwendige beschränken.

Die Perspective abcd construirt man genau so, wie wenn die Ebene ABC Grundebene wäre. Vergl. §. 460.

§. 467. Aufgabe.

Es ist, Fig. 174, eine gerade Linie AB durch ihre Projectionen gegeben, und man soll ihren Vertiefungspunkt construiren.

Auflösung. Wir benutzen, wie bereits §. 430. angegeben ist, die Grundebene als erste Projectionsebene, die Bildebene als zweite. Man denke die Linie auf die Horizontalebene des Auges projicirt; die Projection in dieser Ebene liegt gegen den Horizont eben so, wie die Projection in der Grundebene gegen die Achse. Den Vertiefungsstrahl zu construiren bediene man sich der Horizontalebene als erste, der Bildebene als zweite Projectionsebene. Man zeichne demnach $(O)v^0$ parallel $A'B'$, v^0v normal auf H'', $O''v$ parallel $A''B''$, und es sind $(O)v^0$ und $O''v$ die Projectionen des Vertiefungsstrahls, und v ist der Vertiefungspunkt der Linie AB.

Befinden sich Grund- und Aufriß auf einem besonderen Blatt, so kann man auf diesem die Construction ausführen und dann den Punkt v auf das zur perspectivischen Zeichnung dienende Blatt übertragen.

§. 468. Aufgabe.

Es ist eine gerade Linie AB durch ihre Projectionen gegeben, und man soll ihre Perspective construiren.

Auflösung. Man construire die Perspective von den ersten Projectionen A′ und B′ zweier Punkte A und B der Linie, und setze dann nach §. 462 die Höhen A′A und B′B der Punkte A und B in Perspective. Dadurch ergeben sich die Perspectiven a und b der Punkte A und B, durch welche sich die Perspective der Linie selbst bestimmt. Auch läßt sich der Vertiefungspunkt der Linie benutzen.

§. 469. Aufgabe.

Es ist eine krumme Linie durch ihre Projectionen gegeben, und man soll die Perspective der Linie herstellen.

Auflösung. Von einer ausreichenden Anzahl von Punkten der Curve setze man die ersten Projectionen in Perspective, und dann nach §. 462 die Höhen der Punkte. Dadurch ergeben sich die Perspectiven derselben, durch welche die Perspective der Linie zu zeichnen ist.

§. 470.

Und soll man von einem beliebigen Gegenstande, der durch seine Projectionen gegeben ist, die Perspective construiren, so gelangt man im Allgemeinen am einfachsten zum Ziel, indem man zuerst vom Grundriß so viel als nöthig ist in Perspective setzt, und dann nach §. 462 die Höhen von den Punkten, welche zur Bestimmung der geforderten Perspective nothwendig sind und ausreichen.

Die Perspective vom Grundriß eines Gegenstandes nennt man seinen perspectivischen Grundriß. Wo es zweckmäßig ist, verlegt man den Grundriß in Anwendung des §. 466 in eine tiefer gelegene Ebene.

Siebentes Kapitel.

Beispiele.

---

§. 471. Aufgabe.

Es ist Fig. 175 ein Fußboden im Grundriß gegeben, und man soll ihn in Perspective setzen, während er sich in der Grundebene befindet.

Auflösung. Der Fußboden besteht aus regelmäßigen Sechsecken, in deren jedem in gleicher Weise nach den abwechselnden Ecken Radien gezogen sind. Das Ganze läßt sich auf drei Gruppen gerader Linien zurückführen: die Linien der einen Gruppe stehen normal auf der unteren Linie AC, die Linien der anderen Gruppen bilden mit AC Winkel von 30°, nur daß die einen, wie AB, rechts geneigt sind, die anderen links, wie CB. Es ist nämlich der Winkel ABC, als Winkel des Sechsecks, gleich 120°, folglich BAC = BCA = 30°.

Auf G'', Fig. 176, übertrage man O°d, nehme dc gleich DC und trage dies Stück auf, so oft es erforderlich ist. Aus allen Theilpunkten ziehe man Linien nach O'', sie sind die Perspectiven der Gruppe von Linien, welche auf der Grundlinie normal stehen. Auf (O)O'' nehme man (O)V beliebig, und beschreibe darüber ein gleichseitiges Dreieck (O)SV. Der Winkel V(O)S beträgt 60°, daher bildet die Verlängerung der Linie (O)S mit dem Horizont einen Winkel von 30°, und liefert den Vertiefungspunkt N der Gruppe von Linien, welche nach rechts gerichtet die Grundlinie unter 30° schneiden. Auf der anderen

Seite des Horizonts nehme man $O''Q$ gleich $O''N$, und es ist Q der Vertiefungspunkt der dritten Gruppe. Nach den Vertiefungspunkten N und Q ziehe man nun Linien aus allen Theilpunkten auf der Grundlinie, und ferner aus den Punkten m, n u. s. f. auf df und kl, welche sich durch jene ergeben. Und hat man in solcher Weise die drei Gruppen von Linien in Perspective gesetzt, so bleibt nur übrig, die Theile derselben auszuziehen, welche den Fußboden bilden.

Sollte die Seite DK nicht in die Grundlinie fallen, sondern parallel mit ihr gehen in einer gegebenen Tiefe, so nehme man Fig. 177 auf der Grundlinie D^0K^0 gleich DK, ziehe D^0O'', K^0O'', construire die Perspective D^0d der Tiefe D^0D, ziehe dk parallel der Grundlinie, mache D^0C gleich DC, ziehe CO'', trage dc über die ganze Linie dk, und verfahre weiter von der Linie dk aus wie zuvor.

Endlich wollen wir den Fußboden in Perspective setzen in der Lage, welche er im Grundriß, Fig. 175, gegen die Grundlinie [G''] hat.

Man übertrage die Punkte E und I auf die Grundlinie, Fig. 178, bestimme den Vertiefungspunkt α der Linie EK und ziehe ihre Perspective $E\alpha$. Man übertrage weiter die Stücke ED, DC, trage DC wiederholt auf bis K, bestimme den Theilungspunkt β der Linie EK, indem man $\alpha\beta$ gleich $\alpha(O)$ nimmt, und ziehe nach ihm gerade Linien aus den Punkten $D, C, \ldots. K$. Dadurch ergeben sich die Perspectiven $d, c, \ldots. k$ der Punkte $D, C, \ldots. K$. — Id ist die Perspective von ID, und liefert, verlängert, die Perspective $d\gamma$ von DF und den Vertiefungspunkt γ dieser Linie. Nach ihm sind aus den Punkten $c, \ldots. k$ Linien zu ziehen, um die Richtung der Perspectiven kl zu erhalten und der Liniengruppe, die normal steht auf DK. Vermittelst des Theilungspunktes δ der Linie IF bestimme man die Perspectiven $m, n, p, r \ldots. f$ der Punkte $M \ldots. F$, und wenn man aus $m, n, \ldots. f$ nach α zieht, geht der Punkt l und die Theilung der Linie kl hervor. (Die Theilung der Linie kl kann in einem anderen Fall der Theilung von cx entsprechen; dann würde aus den Theilpunkten von cx nach α zu ziehen sein, um die Theilung von kl zu erhalten.) Vermittelst der Theilung der vier

Seiten ist nun leicht die Perspective der beiden übrigen Liniengruppen herzustellen, welche den Fußboden bilden, und dann die Perspective des Fußbodens selbst.

Wir haben hier die Vertiefungspunkte der beiden letzten Liniengruppen nicht benutzt, weil der eine derselben in zu großer Ferne liegt. Auch im ersten Fall hätte sich das Verfahren des letzten anwenden lassen.

§. 472.

In Fig. 179 ist die Ecke einer Mauer von der Stärke eines Steines im Kreuzverbande perspectivisch dargestellt. Wegen des kleinen Maaßstabes sind die Fugen bloß durch einfache Linien angedeutet.

Die lothrechte Kante ab ist in die Bildebene gelegt, und auf ihr ist die Dicke des Steines (plus Fuge) wiederholt aufgetragen. Die willkürlich genommene Richtung der Linie ac bestimmt ihren Vertiefungspunkt γ, der zugleich Vertiefungspunkt der Lagerfugen des rechts liegenden Mauerstückes ist und der Stoßfugen des links gelegenen. Eine in (O) auf (O)γ errichtete Normale liefert in ihrem Durchschnitt mit dem Horizont den Vertiefungspunkt δ der Linie ad, und dieser ist zugleich Vertiefungspunkt aller Lagerfugen des Mauerstückes linker Hand und der Stoßfugen des Mauerstückes zur Rechten. Auf der Grundlinie ist ae gleich der Breite des Steines, ef gleich seiner halben Breite genommen, und das letzte Stück weiter aufgetragen. Der Theilungspunkt ε der Linie dc ergiebt sich, indem man $\gamma\varepsilon$ gleich γ(O) nimmt. Nach ihm sind aus den Punkten e, f, ... Linien gezogen, und diese liefern die Punkte auf der Linie ac, durch welche die Stoßfugen des rechts liegenden Mauerstückes gerichtet sind. Aehnlich zur anderen Seite. Die Stoßfugen, welche an den oberen Flächen, an der Abtreppung und an der Verzahnung des Mauerstücks zur Rechten sichtbar sind, gehen nach dem Vertiefungspunkt δ; die Stoßfugen auf der oberen Fläche des Mauerstücks links nach dem Vertiefungspunkt γ. Das Weitere bedarf der Erläuterung nicht.

Soll die vordere Kante der Mauer nicht in der Bildebene liegen, sondern in gegebener Tiefe, so erlangt man die Perspective ab und deren Theilung nach dem vorigen Kapitel. Eine durch den Theilungspunkt ε gelegte Linie εa liefert in ihrem Durchschnitt O mit der Grundlinie den Punkt a', von welchem aus die Breite des Steines a'e' und wiederholt die halbe Breite e'f' aufzutragen ist, um durch die Linien e'ε, f'ε .... die Theilung der Perspective ac zu erhalten, u. s. w.

§. 473.

Fig. 180 stellt die Dachverbindung mit aufgekämmten Sparren und Hängewerk perspectivisch dar.

Die Dachverbindung wird von der Bildebene parallel mit den Sparren geschnitten, und dieser Durchschnitt ist geradezu aus dem (nicht beigefügten) Aufriß in die Bildebene übertragen. Die Schwellen, die Hölzer A, der Forstbalken und der Träger stehen auf der Bildebene normal; für ihre Kanten und für die übrigen auf der Bildebene normalen Linien ist daher der Hauptpunkt O'' Vertiefungspunkt, wodurch sich sofort ihre Perspectiven ergeben. Die Perspective der Balken, der Sparren u. s. w. zu erhalten, ist wegen der Gedrängtheit der Linien das in §. 466 angedeutete Verfahren zur Anwendung gebracht. Auf einer tiefer gelegenen horizontalen Ebene ist nämlich ein perspectivischer Grundriß der rechtwinklich auf der Bildebene stehenden oberen Kanten des Mauerwerks (Gesimses) und des Forstbalkens hergestellt; und die Perspectiven der gedachten Linien ergeben sich sehr leicht, da sie durch den Hauptpunkt O'' gerichtet sind. In diesem perspectivischen Grundriß ist die Theilung der Linien vermittelst des Theilungspunktes ausgeführt, der für alle rechtwinklich auf der Bildebene stehenden Linien ein Distanzpunkt ist. Die Theilpunkte sind durch lothrechte Linien nach oben übertragen, und alsdann ist die perspectivische Zeichnung der Balken, Sparren, Streben, der Hängesäule, der Bänder u. s. w. ohne Schwierigkeit auszuführen.

§. 474.

In Fig. 182 ist eine gewundene Treppe perspectivisch dargestellt, deren geometrischer Grundriß in Fig. 181 vorliegt. Die Höhe der Stuffen ist zu einem halben Fuß, die Höhe des Gesichtspunktes gleich 6 Fußen angenommen.

In dem geometrischen Grundriß ist die erste Projection O' des Gesichtspunktes und die Grundlinie G' angegeben. Die Linie

AD steht normal auf AC, und in der Verlängerung von AD befindet sich O'.

Zuerst ist der geometrische Grundriß, in einer tiefer gelegenen Hilfsgrundebene gedacht, Fig. 182 in Perspective gesetzt. Vermittelst des Vertiefungspunktes α der Linie AC ist die Richtung ihrer Perspective Ac, vermittelst des Vertiefungspunktes β der Linie AD die Richtung ihrer Perspective Ad erhalten. Die letztere bestimmt sich auch dadurch, daß sie nach §. 447 normal auf der Grundlinie steht. t ist Theilungspunkt der Linie AC, u Theilungspunkt von AD. Die Stücke AP, AM, ... auf G'' sind aus Fig. 181 übertragen, und indem man Pt, Mt, ... zieht, ergeben sich die Perspectiven p, m, ... der Punkte P, M, ... Aehnlich findet sich die Perspective d. Die Richtung dα ist die der Perspective von DB, und mβ liefert dann die Perspective b des Punktes B. Den Hilfspunkt (O) als Mittelpunkt nehmend ist über der Richtung (O)α mit beliebigem Radius ein Halbkreis geschlagen. Dieser ist getheilt wie der Halbkreis ABC im Grundriß. Die durch (O) und die Theilpunkte gerichteten Linien liefern die Verschwindungspunkte der Stuffen, welche mit m verbunden die Perspectiven derselben gewähren. Stuffen, deren Vertiefungspunkte in größerer Ferne liegen, sind bis zum Durchschnitt mit einer von den Seiten des Rechtecks ACED verlängert, und vermittelst der Durchschnittspunkte ist ihr Grundriß in Perspective gesetzt. Von dem Grundriß der Wangen die Perspective herzustellen, sind solche Punkte in Perspective gesetzt, in welchen im Grundriß die Längenkanten der Stuffen von den Wangen geschnitten werden. Die Perspectiven dieser Punkte ergeben sich vermittelst der Theilungspunkte der Längenkanten, oder auch einfach durch Transversalen. Zieht man z. B. im Grundriß BX bis zum Durchschnitt Y mit der Grundlinie, überträgt den Punkt Y und zieht Yb, so ergiebt sich die Perspective x des Punktes X. Dergleichen Transversalen können weiter aus D, E gezogen werden, überhaupt aus Punkten, deren Perspective vorliegt, wie z. B. X. — Die Abrundungen an der ersten Stuffe construirt man durch einige Punkte. U. s. w.

Nach dieser Vorbereitung ergiebt sich die Perspective der Treppe folgendergestalt. Man zieht durch m die lothrechte Linie mm'; sie ist die Perspective der Achse der Treppe. Auf die Linie Aβ, welche in A normal steht auf G'', trage man von β aus abwärts die Höhe des Gesichtspunktes, 6 Fuße, nach dem Maaßstab des Aufrisses. Durch den erhaltenen Punkt λ geht die Grundlinie der Ebene, auf welcher die Treppe steht, und eine durch λ nach α gerichtete Linie giebt die Perspective m' des Punktes M in dieser Grundebene. Die erste Stuffe liegt zum Theil vor der Bildebene. In ihrem Durchschnitt mit der Bildebene ist ihre perspectivische Höhe einer Stuffenhöhe im Aufriß gleich. Wenn man daher in δ die Normale $\delta\omega$ errichtet, sie durch die horizontale Linie $\lambda\omega$ schneidet, und $\omega\pi$ gleich nimmt der Höhe einer Stuffe im Aufriß, so erhält man in $\omega\alpha$ und $\pi\alpha$ die Richtungen von den Perspectiven der vorderen Kanten der ersten Stuffe. Man nehme $\lambda\varphi$ gleich der Höhe einer Stuffe im Aufriß und ziehe $\varphi\alpha$; dadurch ergiebt sich in m'σ die perspectivische Höhe einer Stuffe. m'σ ist aufwärts getragen, so oft es nöthig ist, die Höhen sämmtlicher Stuffen zu erhalten. Die Längenkanten der Stuffen der Richtung nach in Perspective zu setzen, hat man jetzt nur nöthig, gerade Linien zu legen durch die Vertiefungspunkte der Längenkanten und die den Stuffenhöhen entsprechenden Punkte auf der Perspective der Treppenachse. Läßt sich der Vertiefungspunkt nicht benutzen, so construire man nach §. 462 die perspectivische Höhe irgend eines Punktes der Kante und lege durch den erhaltenen Punkt und den entsprechenden Höhenpunkt in der Achse eine gerade Linie. Bei der Stuffe 11 z. B. ziehe man Ak bis zum Durchschnitt l mit dem Horizont, errichte die lothrechte Linie kk', und verbinde den Theilpunkt 11 auf der Linie Aβ mit l; dadurch ergiebt sich die Perspective k', welche mit dem Theilpunkt 11 auf der Achse zu verbinden ist. Die Perspectiven der lothrechten Stuffenkanten ergeben sich vermittelst lothrechter Linien, die man von den Punkten ausgehen läßt, welche im perspectivischen Grundriß die Längenkanten begränzen. — Die Perspective der Wangen geht hervor, indem man die perspectivischen Höhen einer ausreichenden Anzahl von Punkten derselben construirt, eben so die Perspective der Handgriffe.

U. s. w.

§. 475.

Wir haben Fig. 179 die lothrechte Kante ab der Mauer in die Bildebene gelegt, weil dann ihre Theilung geradezu konnte aufgetragen werden, und in §. 473, der Erleichterung wegen, die Dachverbindung durch die Bildebene geschnitten. Aehnlich verfahre man überall, wo es rathsam erscheint, wenn auch einzelne vorspringende Theile des Gegenstandes vor die Bildebene gerathen sollten, welches weder die Wirkung beeinträchtigt, noch die Construction erschwert.

§. 476.

Fig. 183 ist ein korinthisches Gebälk nebst Kapitäl perspectivisch dargestellt. Die Perspective der geraden Linien ergiebt sich einfach, die der Curven, indem man solche Punkte derselben in Perspective setzt, welche vorzugsweise als bestimmend erscheinen, und dann weiter zeichnet aus freier Hand.

Achtes Kapitel.

Von der Perspective der Schatten.

§. 477.

Die allgemeinen Gesetze für Beleuchtung und Schatten sind bereits im vorigen Abschnitt entwickelt worden, auch insofern sie die Perspective betreffen.

Will man die Perspective eines Gegenstandes beleuchten, so muß es perspectivisch geschehen im Sinn von §. 356. Hierzu ist die Bestimmung des Glanzlichtes von Wichtigkeit. Für eine Ebene erfolgt sie nach §. 357. Die Glanzlichter krummer Flächen können im Allgemeinen nicht auf elementarem Wege construirt werden, und man muß sich darauf beschränken, sie in den geometrischen Zeichnungen versuchsweise zu finden und dann in Perspective setzen.

Was absolut keine Beleuchtung empfängt, hat sie auch perspectivisch nicht. Daher sind Wendeschatten und Schlagschatten geradezu aus der geometrischen Zeichnung in die Perspective zu übertragen. Im Allgemeinen und namentlich in allen verwickelteren Fällen ist es nämlich am vortheilhaftesten, Wendeschatten und Schlagschatten zuerst geometrisch zu construiren und dann ihre Perspective aus der geometrischen Zeichnung. Nur in besonderen Fällen läßt sich sofort die Perspective von Schatten einfach erlangen. Diesen Fällen wollen wir noch einige Paragraphen einräumen.

§. 478. Aufgabe.

Es ist Fig. 184 die Perspective ab einer geraden Linie AB gegeben, welche in dem Punkt A auf der Grundebene normal steht; und man soll die Perspective des Schattens construiren, welchen die Linie auf die Grundebene wirft, während die Lichtstrahlen parallel gehen einer Linie l deren Projectionen l' und l'' gegeben sind.

Auflösung. Wir construiren zuerst den Vertiefungspunkt der Lichtstrahlen, und ziehen zu dem Ende nach Anleitung des §. 467 (O)p parallel l', ps normal zum Horizont, und O''s parallel l''. Dann ist s der Vertiefungspunkt der Lichtstrahlen, p der Vertiefungspunkt ihrer ersten Projectionen. — Der Schatten, welchen die auf der Grundebene normal stehende Linie AB auf die Grundebene wirft, ist parallel den ersten Projectionen der Lichtstrahlen, seine Perspective fällt daher in die Linie ap. Die Perspective des Lichtstrahls, welcher den Punkt B trifft, ist bs. Es ist also β die Perspective des Schattens, welchen der Punkt B, und aβ die Perspective des Schattens, welchen die Linie AB auf die Grundebene wirft.

§. 479. Aufgabe.

Es ist Fig. 185 die Perspective ab einer geraden Linie AB gegeben, welche auf der Grundebene in dem Punkt A normal steht, und die Perspective cdkl einer Ebene CDKL welche gleichfalls auf der Grundebene normal steht und sie in der Linie CD schneidet; man soll die Perspective des Schattens construiren, welchen die Linie AB auf die Grundebene und auf die Ebene CDKL wirft. Die Lichtstrahlen gehen parallel einer Linie deren Projectionen gegeben sind.

Auflösung. Man construire wie im vorigen Paragraph die Vertiefungspunkte p und s, und die Perspective aβ des Schattens, welchen AB auf die Grundebene wirft. In dem Punkte γ, in welchem aβ und cd sich schneiden, errichte man die lothrechte Linie $\gamma\delta$ bis zum Durchschnitt mit bs, und $\gamma\delta$ ist die Perspective des Schattens, welcher von AB auf die Ebene CDKL geworfen wird, $\alpha\gamma\delta$ die Perspective des Schattens der Linie AB überhaupt.

§. 480.

Die Construction bliebe ungeändert, wenn statt der Ebene CDKL ein Cylinder gegeben wäre, dessen Seiten auf der Grundebene normal stehen.

§. 481.

Und fiele, Fig. 186 (Tafel XXVIII) der Schatten der Linie AB von der lothrechten Ebene CK weiter auf eine horizontale Ebene LM, so würde man verfahren wie zuvor, und nur noch δp ziehen bis zum Durchschnitt φ mit bs, um in $a\gamma\delta\varphi$ die Perspective des Schattens der Linie AB zu erhalten.

§. 482.

Ueberhaupt sind nach den vorstehenden Paragraphen die Perspectiven der Schatten zu construiren, welche beliebige Punkte, also auch beliebige Körper, auf horizontale oder verticale Ebenen werfen, oder auf Cylinderflächen, deren Seiten auf der Grundebene normal stehen.

Endlich lassen sich die Schatten lothrechter Linien auf schiefen Ebenen finden, wenn man Durchschnitte derselben mit horizontalen und verticalen Ebenen kennt, und indem man nöthigenfalls die Linien verlängert; u. s. w.

§. 483.

Die Perspective der Abspiegelungen erhält man einfach vermittelst des physikalischen Gesetzes, nach welchem sie erfolgen.

Neuntes Kapitel.

Einfaches Verfahren zur Perspective von Gegenständen, welche durch Grundriß und Aufriß gegeben sind.

§. 484.

In Fig. 189 ist ein Gebäude perspectivisch dargestellt, dessen Grund- und Aufriß (letzterer von einer Front) in den Figuren 187 und 188 vorliegen.

Nachdem im Grundriß die Grundlinie (G″) und die erste Projection O′ des Gesichtspunktes bestimmt sind, ziehe man aus den Punkten des Grundrisses, in welchen lothrechte Linien des Gebäudes stehen, die man in Perspective zu setzen hat, gerade Linien nach O′, z. B. aus den Punkten A, B, C.... die Linien $A\alpha$, $B\beta$, $C\gamma$.... Die Punkte α, β, γ...., in welchen diese Linien die Grundlinie (G″) schneiden, übertrage man auf die Grundlinie G″ der perspectivischen Zeichnung, und errichte hier in ihnen lothrechte Linien. In diese lothrechten Linien fallen die Perspectiven der lothrechten Linien des Gebäudes, welche in den Punkten A, B, C.... den Grundriß treffen. Nach §. 447 stehen nämlich die Perspectiven der Linien αA, βB, γC.... normal auf der Grundlinie, sie fallen also mit den Perspectiven jener Linien des Gebäudes zusammen. Hierauf ist nur erforderlich, die nothwendigen Linien des Grundrisses in Perspective zu setzen und das Gesetz der Höhen anzuwenden um die Perspective des Gebäudes zu erhalten.

Der Weg, welchen wir eben angedeutet haben, verdient besonders empfohlen zu werden, weil man dabei den Theilungspunkt nicht gebraucht, und er den Vortheil gewährt, leicht eine perspectivische Zeichnung in anderem Maaßstabe oder auch anderer Ansicht zu entwerfen, indem man die Linien O'A, O'B, ... vermittelst einer neuen Grundlinie schneidet.

Die perspectivische Höhe der Figuren im Vorgrunde ergiebt sich nach §. 462: man verlängert die dortigen Linien vC und vD in den Vorraum.

FSC
www.fsc.org
MIX
Papier | Fördert gute Waldnutzung
FSC® C083411

Kolibri 360 GmbH
Ferdinand-Jühlke-Straße 7
99095 Erfurt, Deutschland
produktsicherheit@kolibri360.de